新一代信息技术系列教材

基于新信息技术的Hadoop大数据技术

○主　编　何永亚　苏秀芝　王　康

○副主编　胡　涛　陆伟霞

○主　审　马　庆

西安电子科技大学出版社

内 容 简 介

本书面向 Hadoop 大数据技术，通过大量实例，循序渐进地介绍了 Hadoop 生态系统常用组件的安装及使用方法。

全书共 15 个项目，主要内容包括：在虚拟机中安装 CentOS 7、安装 Hadoop 伪分布、配置平台基础环境、搭建 Zookeeper 分布式集群、搭建 HDFS 分布式集群、搭建 YARN 分布式集群、Hadoop 分布式计算框架(MapReduce)、Hive 的安装与部署、Hive 常用命令的使用、搭建 HBase 分布式集群、Sqoop 的安装与部署、Flume 的安装与使用、搭建Kafka 分布式集群、Davinci 的安装与部署以及互联网金融项目的离线分析。本书内容由浅入深，涵盖了 Hadoop 大数据生态系统的各个主要知识点。

本书内容翔实，通俗易懂，可作为应用型本科、职业本科、高职高专院校大数据专业的教材，也可作为大数据应用开发人员的参考书。

图书在版编目(CIP)数据

基于新信息技术的 Hadoop 大数据技术 / 何永亚，苏秀芝，王康主编. --西安：西安电子科技大学出版社，2023.9(2023.10 重印)
ISBN 978–7–5606–7009–6

Ⅰ.①基…　Ⅱ.①何…　②苏…　③王…　Ⅲ.①数据处理软件　Ⅳ.①TP274

中国国家版本馆 CIP 数据核字(2023)第 152607 号

策　　划　秦志峰　杨丕勇
责任编辑　秦志峰
出版发行　西安电子科技大学出版社(西安市太白南路 2 号)
电　　话　(029) 88202421　88201467　　邮　　编　710071
网　　址　www.xduph.com　　电子邮箱　xdupfxb001@163.com
经　　销　新华书店
印刷单位　咸阳华盛印务有限责任公司
版　　次　2023 年 9 月第 1 版　2023 年 10 月第 2 次印刷
开　　本　787 毫米×1092 毫米　1/16　印张 14.5
字　　数　339 千字
印　　数　1001～3000 册
定　　价　44.00 元
ISBN　978–7–5606–7009–6 / TP
XDUP 7311001–2

前　言

随着移动互联网的快速发展，大数据时代已经到来，大数据技术也已融入人们生活的各个方面。2023 年 3 月 7 日，根据国务院关于提请审议国务院机构改革方案的议案，组建了国家数据局。从这一举措可以看出国家对大数据技术的重视程度，也可以看出大数据技术的应用前景十分广阔，这使学习和掌握大数据技术成为迫切的现实需求。

Hadoop 是大数据技术中非常重要的一个组成部分。本书系统地介绍了 Hadoop 大数据开发技术的基础知识与应用、Hadoop 核心组件以及 Hadoop 生态系统的常用组件，最后通过完整的案例整合了相关技术组件。

本书由几位高校教师合作编写。我们在本书中融入了大数据应用的实践经验，注重理论与实践相结合，避免了纯理论地、孤立地学习技术组件，从而使读者在学习了大数据相关技术后，能够真正地将其应用到实际工作中。

本书共 15 个项目，其主要内容如下：

项目一为在虚拟机中安装 CentOS 7，主要介绍了 Linux 的相关概念以及在虚拟机中安装部署 CentOS 7。

项目二为安装 Hadoop 伪分布，主要介绍了大数据技术的常用概念以及 Hadoop 伪分布的安装。

项目三为配置平台基础环境，主要介绍了部署集群前的各项准备工作。

项目四为搭建 Zookeeper 分布式集群，主要介绍了 Zookeeper 的相关概念以及 Zookeeper 集群的安装与配置。

项目五为搭建 HDFS 分布式集群，主要介绍了 HDFS 的构架与工作原理以及 HDFS 集群的搭建。

项目六为搭建 YARN 分布式集群，主要介绍了 YARN 的构架设计与工作原理以及 YARN 集群的安装与配置，最后还介绍了集群运维的常用命令。

项目七为 Hadoop 分布式计算框架(MapReduce)，主要介绍了 MapReduce 的设计思想和优缺点，还重点介绍了 MapReduce 的编程模型和运行机制。

项目八为 Hive 的安装与部署，主要介绍了 Hive 的原理与构架以及 Hive 的安装和部署。

项目九为 Hive 常用命令的使用，主要介绍了 Hive 中常用命令的使用。

项目十为搭建 HBase 分布式集群，主要介绍了 HBase 的模型及构架、分布式集群的安装和部署、Shell 的操作以及 Java 客户端。

项目十一为 Sqoop 的安装与部署，主要介绍了 Sqoop 的概念、安装、部署和使用。

项目十二为 Flume 的安装与使用，主要介绍了 Flume 组件的安装、部署以及基本用法。

项目十三为搭建 Kafka 分布式集群，主要介绍了 Kafka 集群的安装、部署以及使用方法。

项目十四为 Davinci 的安装与部署，主要介绍了 Davinci 组件的相关构架以及安装与部署。

项目十五为互联网金融项目的离线分析，主要介绍了项目需求、流程设计和创建相应的数据库与表格等，然后按照大数据离线项目的流程详细介绍了互联网金融项目的完整开发过程。

本书由何永亚、苏秀芝、王康任主编，胡涛、陆伟霞任副主编。其中，何永亚负责拟定、编写大纲和统稿工作，并编写了项目一至项目十三，苏秀芝、王康编写了项目十四和项目十五，胡涛、陆伟霞参与了本书资料的搜集整理及内容勘误等工作，马庆参与了本书的审定工作。

读者可以通过超星平台加入相应的在线课程进行学习并下载课程资源，课程网址为https://mooc1-1.chaoxing.com/course-ans/courseportal/234740187.html。

由于编者水平有限，书中难免有不妥之处，恳请广大读者批评指正。编者的电子邮箱为1073926709@qq.com。

编　者

2023 年 5 月

目　录

项目一　在虚拟机中安装 CentOS 7

1.1　Linux 概 述

1.1.1　Linux 操作系统简介

Linux 概述

Linux 的全称为 GNU/Linux，是一种免费使用和自由传播的类 UNIX 操作系统，其内核由林纳斯・本纳第克特・托瓦兹(Linus Benedict Tovalds)于 1991 年 10 月 5 日首次发布。Linux 主要受到 Minix 和 UNIX 思想的启发，是一个基于 POSIX 的多用户、多任务、支持多线程和多 CPU 的操作系统，可运行主要的 UNIX 工具软件、应用程序和网络协议，而且支持 32 位和 64 位硬件。Linux 继承了 UNIX 以网络为核心的设计思想，是一个性能稳定的多用户网络操作系统。Linux 有上百种不同的发行版，如基于社区开发的 Debian、ArchLinux 和基于商业开发的 RedHat Enterprise Linux、SUSE、Oracle Linux 等。

Linux 操作系统的主要特点有：良好的用户界面，可移植性，全面支持网络协议，支持多任务及多用户，免费及源代码开放，可靠的安全系统。

1.1.2　Linux 操作系统的应用场景

Linux 操作系统的应用场景如下：

(1) 高端服务器领域。在高端服务器市场，Linux 的占有率已经达到 25%。

(2) 桌面应用领域。新版本的 Linux 完全可以作为一种集办公应用、多媒体应用、网络应用等多方面功能于一体的图形界面操作系统。

(3) 嵌入式应用领域。目前能够支持嵌入式开发的操作系统有 Palm OS、嵌入式 Linux、Windows CE 等。

1.1.3 Linux版本

Linux版本大致分为两类：内核版本和发行版本。

1. 内核版本

内核是系统的心脏，是运行程序和管理像磁盘与打印机等硬件设备的核心程序，它提供了一个在裸设备与应用程序间的抽象层。例如，程序本身不需要了解用户的主板芯片集或磁盘控制器的细节就能在高层次上读写磁盘。

内核的开发和规范一直由Linus领导的开发小组控制，版本也是唯一的。开发小组每隔一段时间会公布新的版本或其修订版，从1991年10月Linus向世界公开发布的内核0.0.2版本(0.0.1版本功能相当简陋，所以没有公开发布)到目前最新的内核2.6.22版本，Linux的功能越来越强大。

2. 发行版本

由于仅有内核而没有应用软件的操作系统是无法使用的，所以许多公司或社团将内核、源代码及相关的应用程序组织构成一个完整的操作系统，让一般的用户可以简便地安装和使用Linux，这就是所谓的发行版本。一般谈论的Linux系统便是针对这些发行版本的。目前各种发行版本有数十种，它们的发行版本号各不相同，使用的内核版本号也可能不一样。

Linux常见的发行版本如下：

(1) RedHat：十分稳定且好用，但是需要付费。

(2) CentOS：虽然不如RedHat，但功能全面，而且免费。

(3) Ubuntu：拥有图形化界面，方便操作，PC中运行于Ubuntu系统上的软件较多。

1.2 Linux的常用命令

1.2.1 ls命令

ls是list的缩写，通过ls命令不仅可以查看Linux文件夹包含的文件，而且可以查看文件权限(包括目录、文件夹和文件权限)和目录信息等。

1. 常用参数

-a：列出目录中的所有文件，包含以“.”开始的隐藏文件。

-r：反序排列。

-t：以文件修改时间排序。

-S：以文件大小排序。

-h：以易读大小显示。

-l：除了文件名之外，还将文件的权限、所有者和文件大小等信息详细列出来。

2. 实例

(1) 按易读方式和时间反序排序，并显示文件的详细信息，命令如下：

ls -lhrt

(2) 按大小反序显示文件的详细信息，命令如下：

ls -lrS

(3) 列出当前目录中所有以“t”开头的目录的详细内容，命令如下：

ls -l t*

(4) 列出文件的绝对路径(不包含隐藏文件)，命令如下：

ls | sed "s:^:`pwd`/:"

(5) 列出文件的绝对路径(包含隐藏文件)，命令如下：

find $pwd -maxdepth 1 | xargs ls -ld

1.2.2　cd 命令

cd 命令用于切换当前目录至某目录。

cd(ChangeDirectory)命令语法如下：

cd [目录名]

实例：

(1) 进入根目录，命令如下：

cd /

(2) 进入“home”目录，命令如下：

cd ~

(3) 进入上一次工作路径，命令如下：

cd -

(4) 把上个命令的参数作为 cd 的参数使用，命令如下：

cd !$

1.2.3　pwd 命令

pwd 命令用于查看当前工作目录路径。

实例：

查看当前路径，命令如下：

pwd

1.2.4　mkdir 命令

mkdir 命令用于创建文件夹。

1. 常用参数

(1) -m：对新建目录设置存取权限，此权限也可以用 chmod 命令设置。

(2) -p：可以创建一个路径或文件夹。此时若路径中的某些目录不存在，加上此选项后，系统将自动建立好那些尚不在的目录，即使用此参数一次可以建立多级目录。

2. 实例

(1) 在当前工作目录下创建名为 t 的文件夹，命令如下：

mkdir t

(2) 在 tmp 目录下创建路径为 test/t1/t 的目录，若目录不存在，则创建目录，命令如下：

mkdir -p /tmp/test/t1/t

1.2.5 rm 命令

rm 命令用于删除一个目录中的一个或多个文件或目录。如果没有使用“-r”选项，则 rm 不会删除目录。如果使用 rm 删除文件，通常可以将该文件恢复原状。命令格式为：

rm [选项]文件…

1. 常用参数

-r：删除一个路径。

-f：显示删除的所有文件。

2. 实例

删除 test 子目录及子目录中所有档案，并且不用一一确认，命令如下：

rm -rf test

1.2.6 rmdir 命令

rmdir 命令用于从一个目录中删除一个或多个子目录项，并且删除某目录时也必须具有对其父目录的写权限。

注意：不能删除非空目录。

1. 常用参数

-p：删除子目录以及删除成为空目录的目录。

2. 实例

若 parent 子目录被删除，则它成为空目录，将一并删除此空目录，命令如下：

rmdir -p parent/child/child11

1.2.7 mv 命令

mv 命令用于移动文件或修改文件名，根据第二参数类型(如第二参数为目录，则移动文件；如第二参数为文件，则重命名该文件)来决定。

当第二个参数为目录时，第一个参数可以是多个以空格分隔的文件或目录，然后根据命令移动第一个参数指定的多个文件到第二个参数指定的目录中。

实例：

(1) 将文件 test.log 重命名为 test1.txt，命令如下：

mv test.log test1.txt

(2) 将文件 log1.txt 移动到根目录 test3 中，命令如下：

mv log1.txt /test3

(3) 移动当前文件夹下的所有文件到上一级目录，命令如下：

mv * ../

1.2.8　cp 命令

cp 命令用于将源文件复制至目标文件，或将多个源文件复制至目标目录。

注意：在命令行进行复制时，如果目标文件已经存在，则提示是否覆盖，但是在 shell 脚本中，如果不加“-i”参数，则不会提示，而是直接覆盖。

1. 常用参数

-i：提示。

-r：复制目录及目录内所有项目。

-a：复制的文件的时间与原文件的一致。

2. 实例

复制 a.txt 到 test 目录下，并且保持原文件时间，如果原文件存在，则提示是否覆盖，命令如下：

cp -ai a.txt test

1.2.9　cat 命令

cat 命令的主要功能为一次性显示整个文件内容，命令如下：

cat filename

1.2.10　head 命令

head 命令用于将档案数据显示至终端屏幕，默认显示其相应文件的前 10 行。

1. 常用参数

-n<行数>：显示的行数(行数为负数时，表示从后往前数)。

2. 实例

(1) 显示 1.log 文件前 20 行，命令如下：

head 1.log -n 20

(2) 显示 t.log 文件最后 10 行，命令如下：

head -n -10 t.log

1.2.11　chmod 命令

chmod 命令用于修改或控制 Linux 系统文件或目录的访问权限。该命令有两种用法：一种是包含字母和操作符表达式的文字设定法；另一种是包含数字的数字设定法。

每一文件或目录的访问权限都有三组，每组用三位表示，分别为：文件属主的读、写和执行权限；与属主同组的用户的读、写和执行权限；系统中其他用户的读、写和执行权限。

以文件 log2012.log 为例，命令如下：

ls-l log2012.log

-rw-r--r-- 1 root root 296K 11-13 06:03 log2012.log

命令前部分有 10 个字符，第一个字符指定了文件类型。一般而言，一个目录也是一个文件。如果第一个字符是横线，则表示是一个非目录的文件；如果是 d，则表示是一个目录。从第二个字符开始到第十个字符，每三个字符为一组，分别表示了三组用户对文件或者目录的权限。权限字符用横线代表空许可，r 代表只读，w 代表写，x 代表可执行。

1. 常用参数

-c：当发生改变时，报告处理信息。

-R：处理指定目录及其子目录下的所有文件。

2. 权限范围

u：目录或者文件的当前的用户。

g：目录或者文件的当前的群组。

o：除了目录或者文件的当前用户或群组之外的用户或者群组。

a：所有的用户及群组。

3. 权限代号

r：读权限，用数字 4 表示。

w：写权限，用数字 2 表示。

x：执行权限，用数字 1 表示。

-：删除权限，用数字 0 表示。

s：特殊权限。

4. 实例

(1) 增加 t.log 文件所有用户的可执行权限，命令如下：

chmod a+x t.log

(2) 撤销原来所有的权限，然后使拥有者具有可读权限，并输出处理信息，命令如下：

chmod u=r t.log -c

(3) 给 t.log 文件的属主分配读、写、执行(用数字 7 表示)的权限，给 t.log 文件的所在组分配读、执行(用数字 5 表示)的权限，给其他用户分配执行(用数字 1 表示)的权限，命令如下：

chmod 751 t.log -c(或者 chmod u=rwx,g=rx,o=x t.log -c)

(4) 给予 html 目录下可读可写可操作权限，命令如下：

chmod -R u+x./ html

1.2.12 chown 命令

chown 命令是将指定文件的拥有者改为指定的用户或组，用户可以是用户名或者用户 ID，组可以是组名或者组 ID。文件是以空格分开要改变权限的文件列表，支持通配符。

1. 常用参数

-c：显示更改部分的信息。

-R：处理指定目录及子目录。

2. 实例

(1) 改变拥有者和群组并显示改变信息，命令如下：

chown -c mail:mail log2012.log

(2) 改变文件群组，命令如下：

chown -c :mail t.log

(3) 将文件夹及子文件目录的属主及属组改为 mail，命令如下：

chown -cR mail: test/

1.2.13 ln 命令

ln 命令的功能是为文件在另外一个位置建立一个同步的链接(link)。当在不同目录需要该文件时，可通过 ln 创建的链接查找该文件，从而减少磁盘占用量。

链接分为软链接和硬链接。

1. 软链接

(1) 软链接以路径的形式存在，类似于 Windows 操作系统中的快捷方式。

(2) 软链接可以跨文件系统，硬链接不可以。

(3) 软链接可以对一个不存在的文件名进行链接。

(4) 软链接可以对目录进行链接。

2. 硬链接

(1) 硬链接以文件副本的形式存在，但不占用实际空间。

(2) 不允许给目录创建硬链接。

(3) 硬链接只有在同一个文件系统中才能创建。

注意：

(1) ln 命令会保持每一处链接文件的同步性，也就是说，不论用户改动了哪一处，其他文件都会发生相同的变化。

(2) ln 命令的链接分为软链接和硬链接两种，软链接为“ln -s 源文件　目标文件”，它只会在选定的位置上生成一个文件的镜像，不会占用磁盘空间；硬链接为“ln 源文件　目标文件”，没有参数“-s”，它会在选定的位置上生成一个和源文件大小相同的文件。无论是软链接还是硬链接，文件都保持同步变化。

(3) ln 指令用于链接文件或目录，若同时指定多个文件或目录，且最后的目的地是一个已经存在的目录，则会把前面指定的所有文件或目录复制到该目录中。若同时指定多个文件或目录，且最后的目的地并非是一个已存在的目录，则会出现错误信息。

3. 常用参数

-b：删除，覆盖以前建立的链接。

-s：软链接(符号链接)。

-v：显示详细处理过程。

4. 实例

(1) 给文件创建软链接，并显示操作信息，命令如下：

ln -sv source.log link.log

(2) 给文件创建硬链接，并显示操作信息，命令如下：

ln -v source.log link1.log

(3) 给目录创建软链接，命令如下：

ln -sv /opt/soft/test/test3 /opt/soft/test/test5

1.2.14 date 命令

date 命令主要用于显示或设定系统的日期与时间。

1. 常用参数

-d<字符串>：显示字符串所指的日期与时间，字符串前后必须加上双引号。

-s<字符串>：根据字符串来设置日期与时间，字符串前后必须加上双引号。

-u：显示 GMT(格林尼治标准时间)。

%H：小时(00～23)。

%I：小时(00～12)。

%M：分钟(用 00～59 表示)。

%s：总秒数。起算时间为 1970-01-01 00:00:00 UTC(世界标准时间)。

%S：秒(用本地的惯用法表示)。

%a：星期的缩写。

%A：星期的完整名称。

%d：日期(用 01～31 表示)。

%D：日期(含年月日)。

%m：月份(用 01～12 表示)。

%y：年份(用 00～99 表示)。

%Y：年份(用 4 位数表示)。

2. 实例

(1) 显示下一天，命令如下：

date +%Y%m%d --date="+1 day" //显示下一天的日期

(2) -d 参数的使用，命令如下：

date -d "nov 22" //今年的 11 月 22 日是星期三

date -d '2 weeks' //2 周后的日期

date -d 'next monday' //下周一的日期

date -d next-day +%Y%m%d 或者 date -d tomorrow +%Y%m%d //明天的日期

date -d last-day +%Y%m%d 或者 date -d yesterday +%Y%m%d //昨天的日期

date -d last-month +%Y%m //上个月是几月

date -d next-month +%Y%m　　//下个月是几月

1.2.15　kill 命令

kill 命令用于发送指定的信号到相应进程。不指定信号将发送 SIGTERM(15)终止指定进程，如果仍无法终止该程序，就可用“-KILL”参数，其发送的信号为 SIGKILL(9)，将强制结束进程。使用 ps 命令或者 jobs 命令可以查看进程号，root 用户(即超级管理员用户)将影响所有用户的进程，非 root 用户只能影响自己的进程。

1. 常用参数

-l：列出信号列表。

-a：当处理当前进程时，不限制命令名和进程号的对应关系。

-p：指定 kill 命令只打印相关进程的进程号，而不发送任何信号。

-s：指定发送信号。

-u：指定用户。

2. 实例

先使用 ps 查找进程 pro1，然后用 kill 终止进程，命令如下：

kill -9 $(ps -ef | grep pro1)

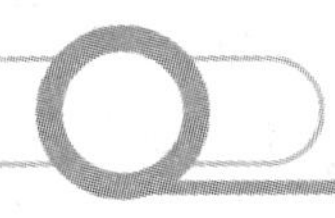

1.3　VMware Workstation 的安装与部署

VMware Workstation 的安装步骤如下：

(1) 双击运行安装包程序，弹出如图 1-1 所示的安装界面，单击“下一步”按钮。

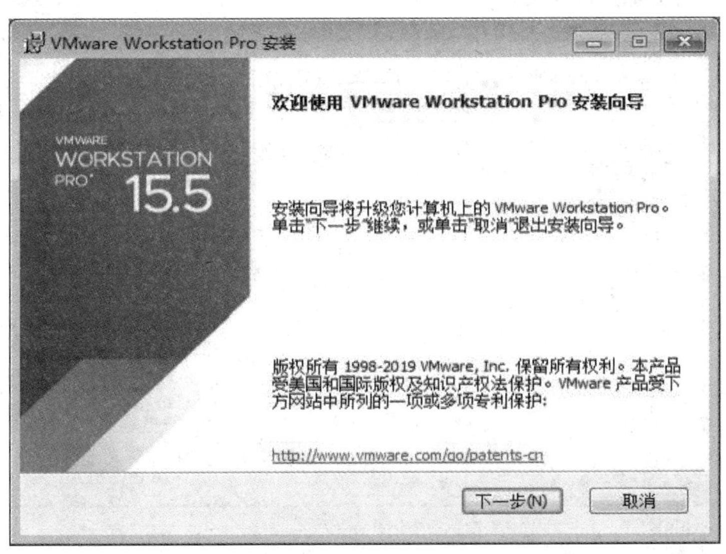

图 1-1　运行安装包程序

(2) 弹出如图 1-2 所示的界面，勾选“我接受许可协议中的条款”，单击“下一步”按钮。

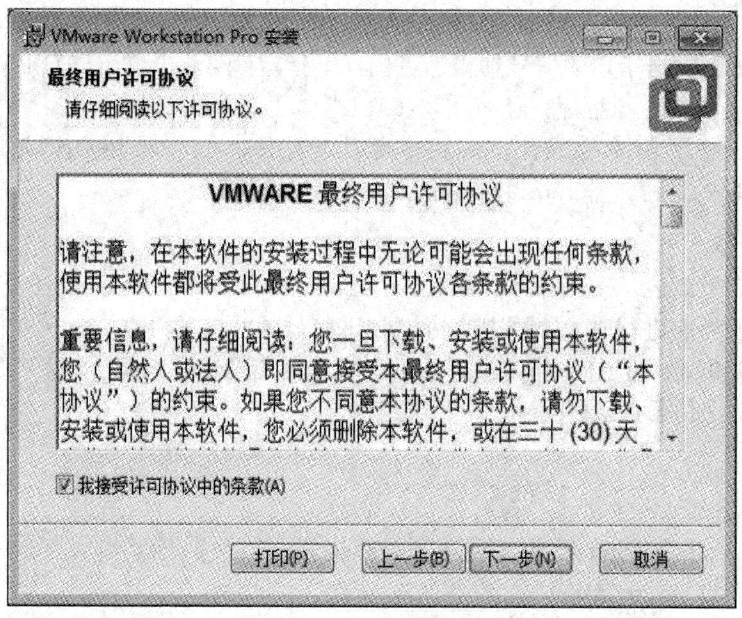

图 1-2　接受许可协议

(3) 弹出如图 1-3 所示的界面，选择一个具体的安装位置(建议非中文且无空格)，然后勾选“增强型键盘驱动程序(需要重新引导以使用此功能)”(可不选)，单击“下一步”按钮。

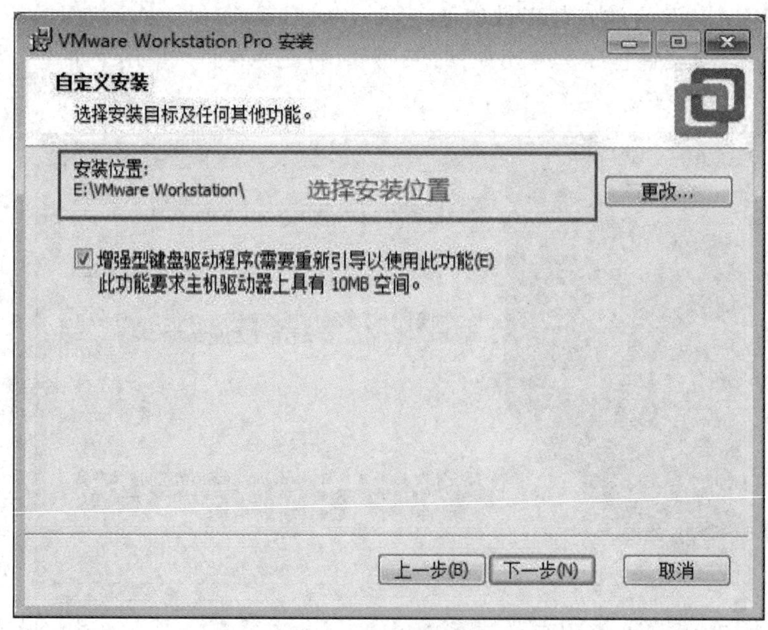

图 1-3　选择安装位置

(4) 弹出如图 1-4 所示的界面，可以根据自身使用习惯勾选“启动时检查产品更新”和“加入 VMware 客户体验提升计划”，这里不勾选，单击“下一步”按钮。

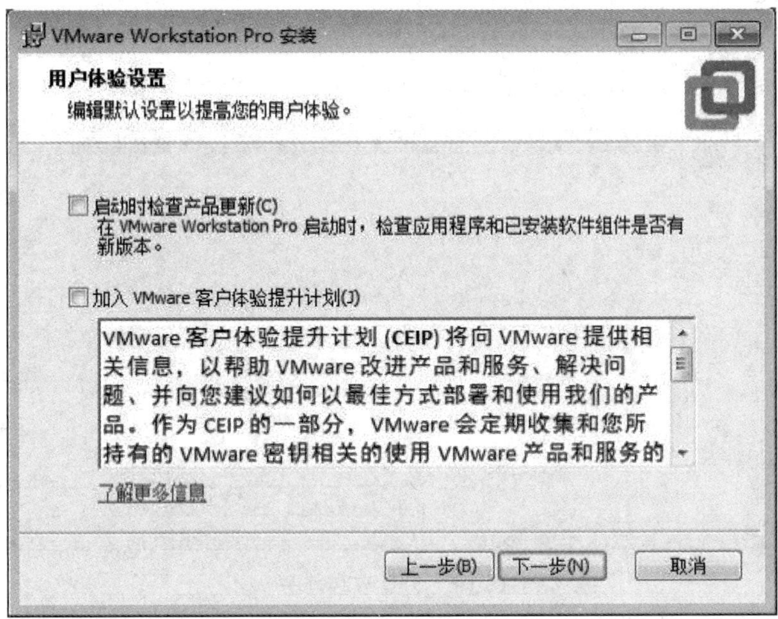

图 1-4　用户体验设置

(5) 弹出如图 1-5 所示的界面，勾选“桌面”和“开始菜单程序文件夹”，可以创建相应的快捷方式，然后单击“下一步”按钮。

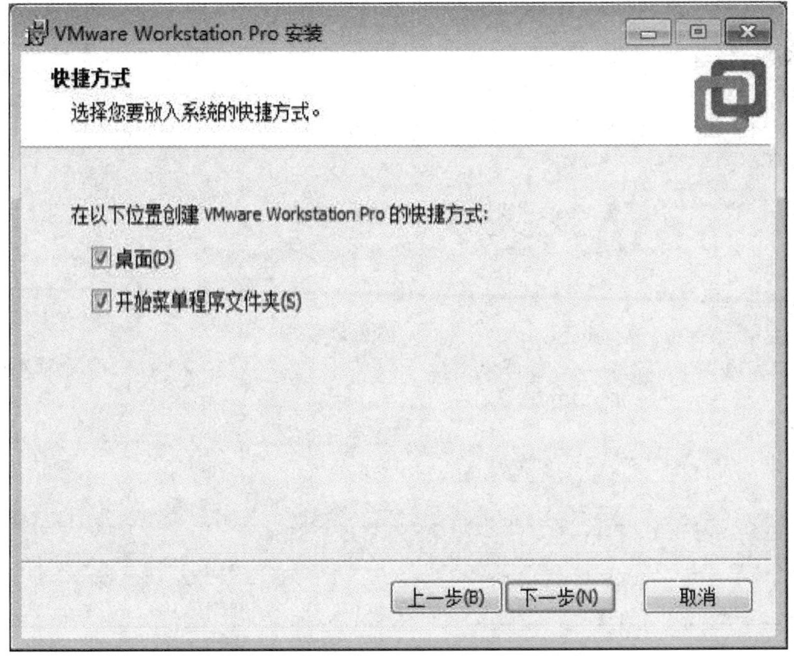

图 1-5　创建快捷方式

(6) 弹出如图 1-6 所示的界面，单击“安装”按钮，开始安装程序。

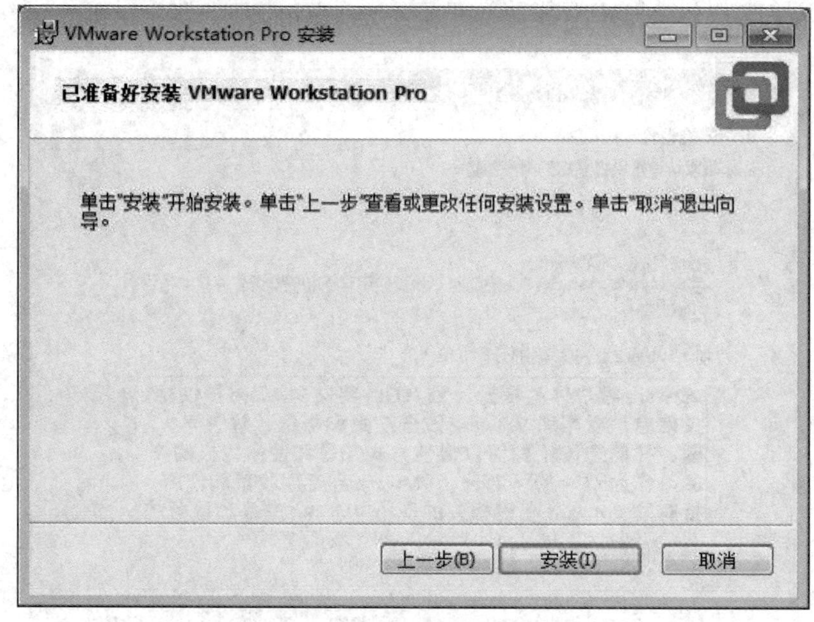

图 1-6 开始安装程序

(7) 弹出如图 1-7 所示的界面，耐心等待进度条完成，然后单击“下一步”按钮。

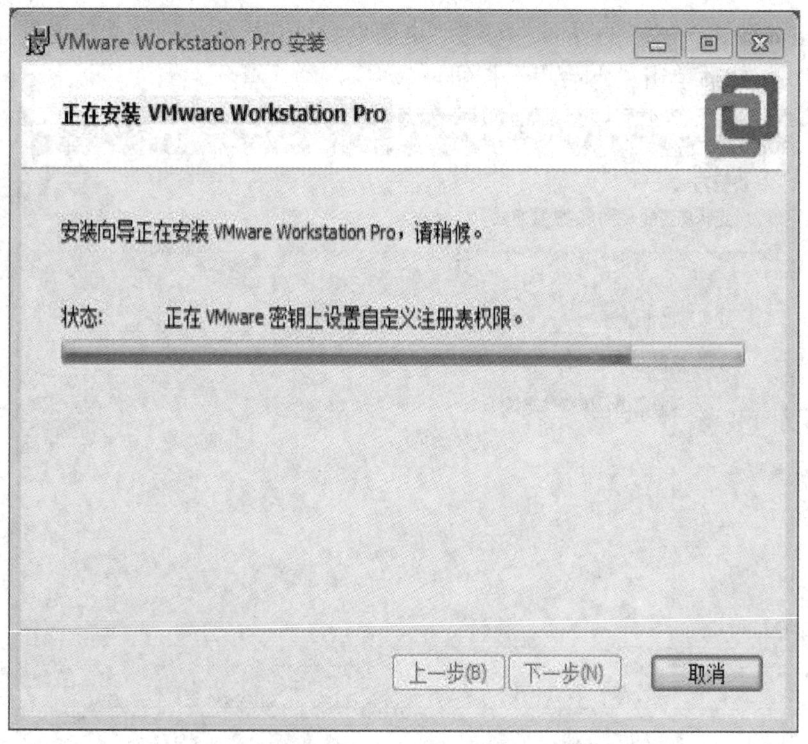

图 1-7 等待安装完成

(8) 弹出如图 1-8 所示的界面，输入有效的密钥，然后单击“输入”按钮。

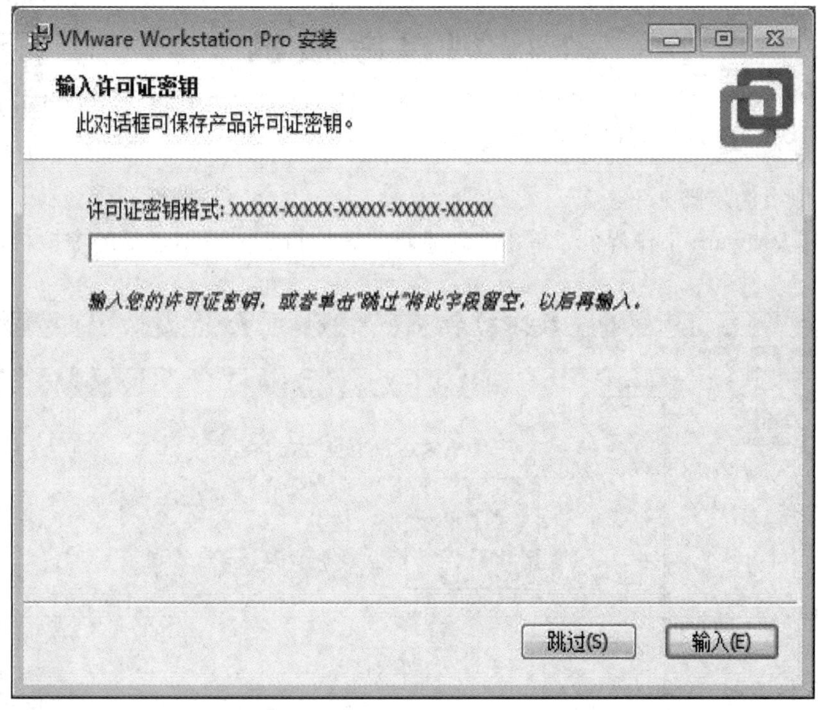

图 1-8　输入密钥

(9) 弹出如图 1-9 所示的界面，单击“完成”按钮，完成程序的安装。

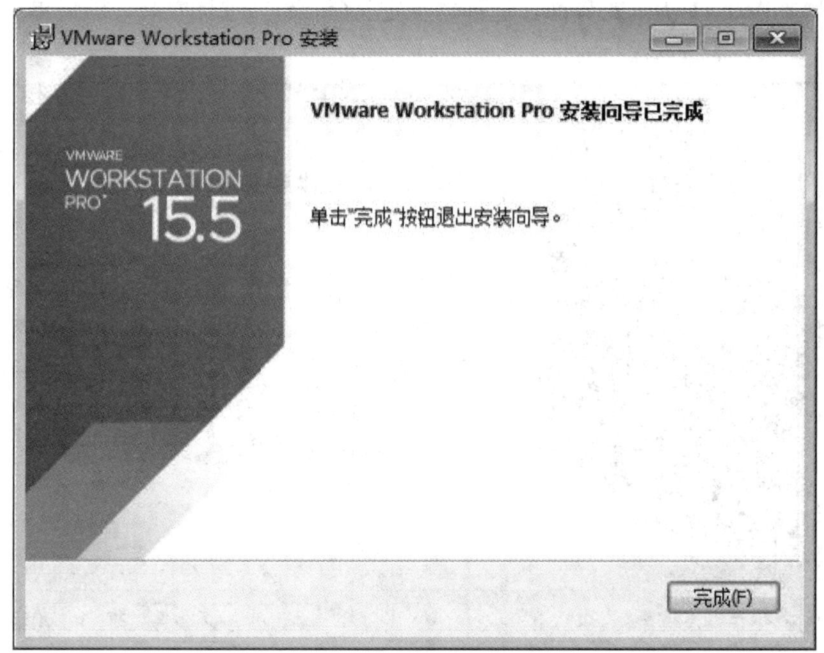

图 1-9　完成安装

1.4 创建虚拟机

创建虚拟机的步骤如下：

(1) 打开 VMware 工作界面，单击“创建新的虚拟机”按钮创建新的虚拟机，如图 1-10 所示。

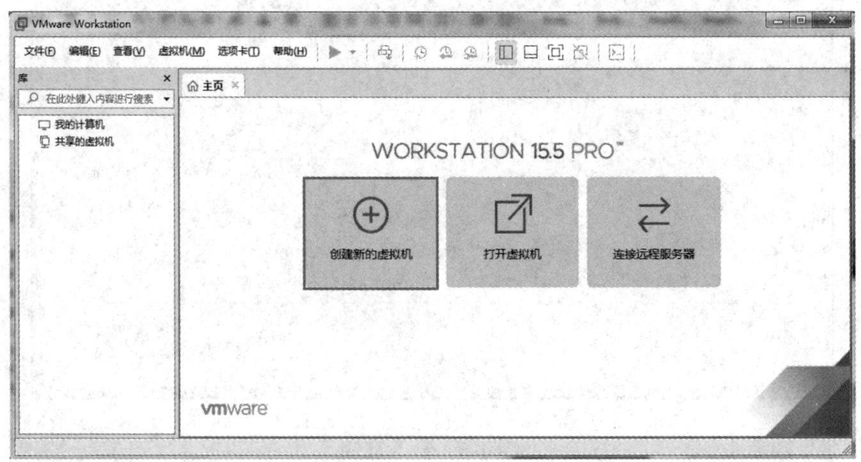

图 1-10 创建新的虚拟机

(2) 弹出如图 1-11 所示的界面，选择“自定义(高级)”进行安装，然后单击“下一步”按钮。

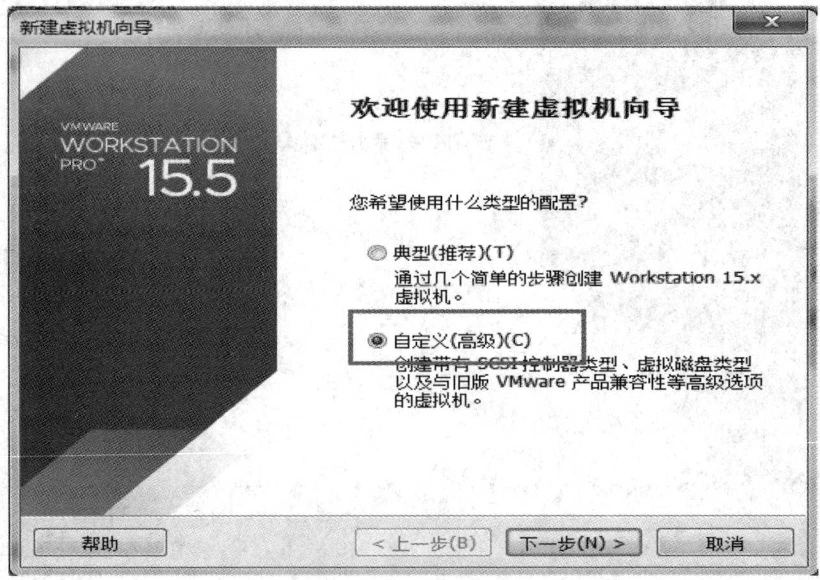

图 1-11 选择安装方式

(3) 弹出如图 1-12 所示的界面，选择“虚拟机硬件兼容性”，这里选择默认即可，直接单击“下一步”按钮。

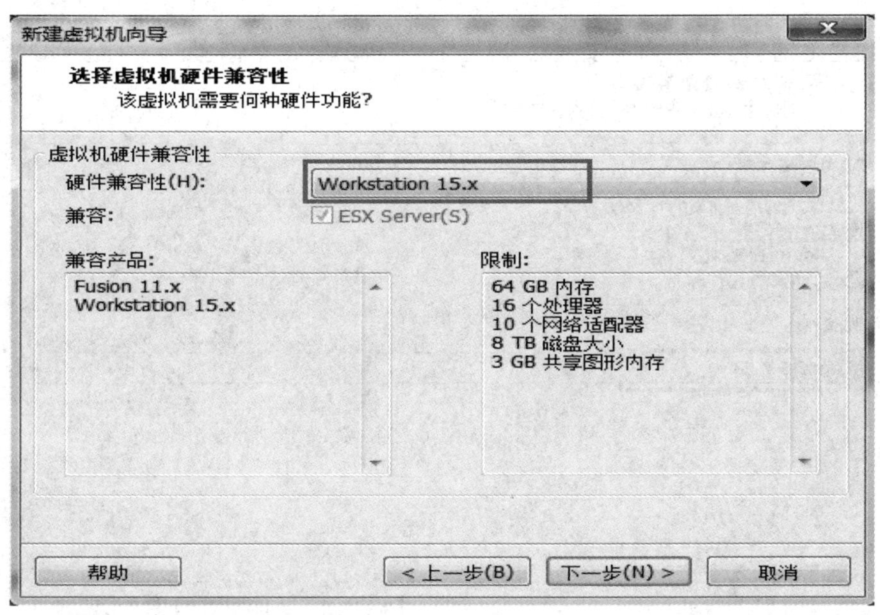

图 1-12　选择虚拟机硬件兼容性

(4) 弹出如图 1-13 所示的界面，选择“稍后安装操作系统”，然后单击“下一步”按钮。

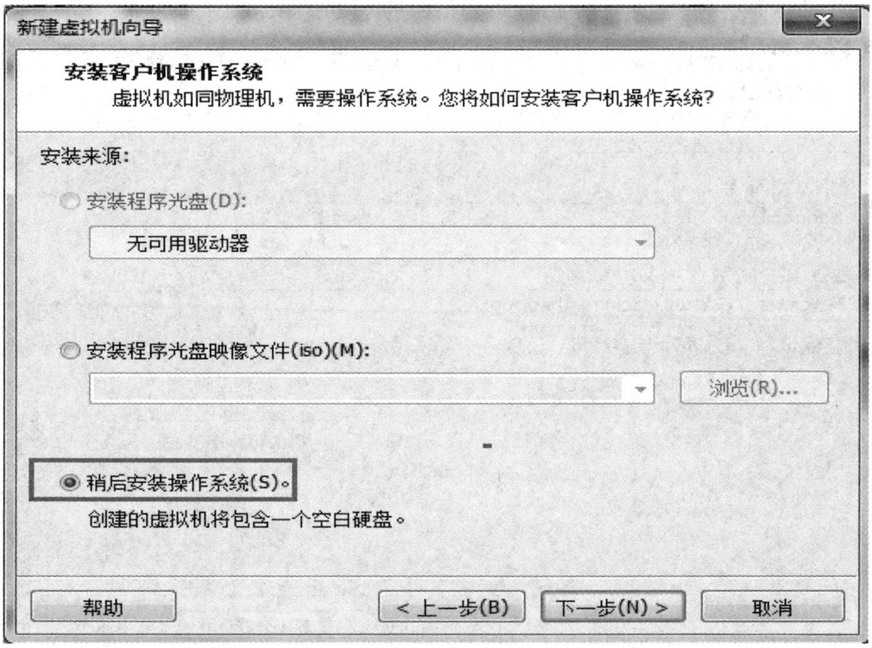

图 1-13　选择安装客户端操作系统

(5) 弹出如图 1-14 所示的界面，选择“Linux”操作系统，版本为“CentOS 7 64 位”，然后单击“下一步”按钮。

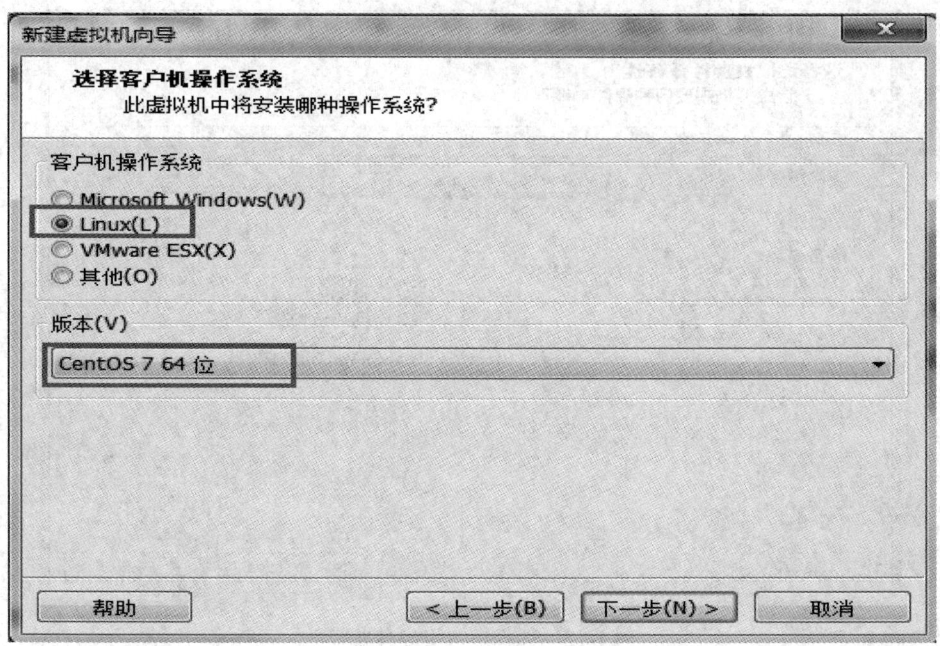

图 1-14 选择客户端操作系统

(6) 弹出如图 1-15 所示的界面，命名虚拟机，并选择虚拟机文件的存储位置，然后单击“下一步”按钮。

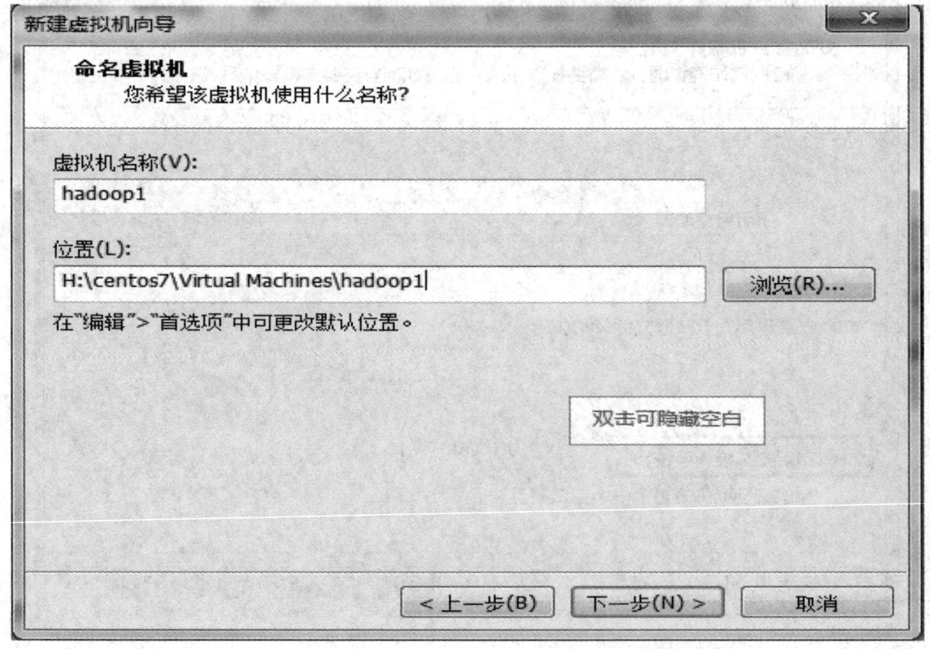

图 1-15 命名虚拟机

(7) 弹出如图 1-16 所示的界面，设置处理器的数量以及每个处理器的内核数量，可以根据实际情况填写，这里将处理器数量以及每个处理的内核数量设置为 1，然后单击“下一步”按钮。

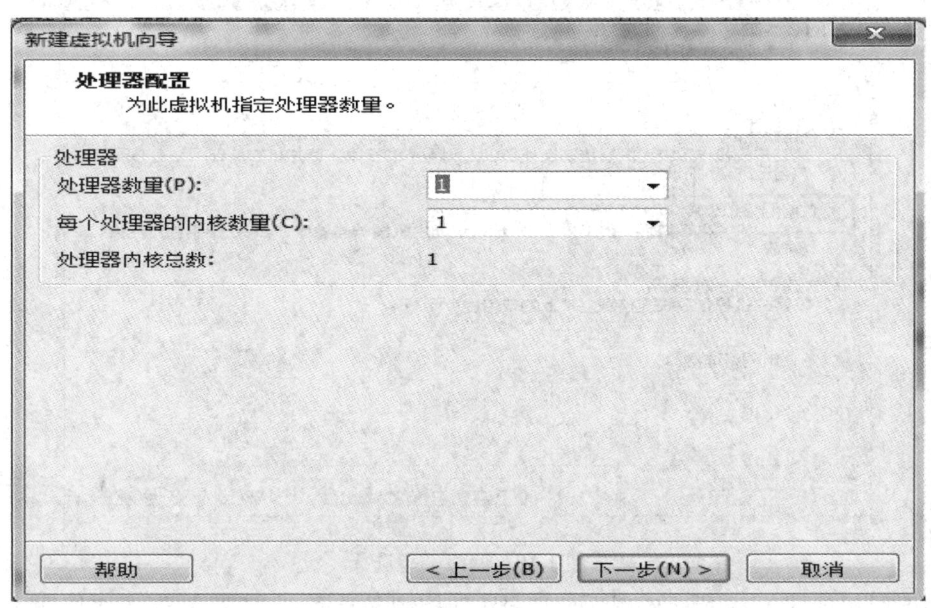

图 1-16　处理器配置

(8) 弹出如图 1-17 所示的界面，根据计算机自身情况进行虚拟机内存分配，这里分配内存量为 2048 MB，然后单击“下一步”按钮。

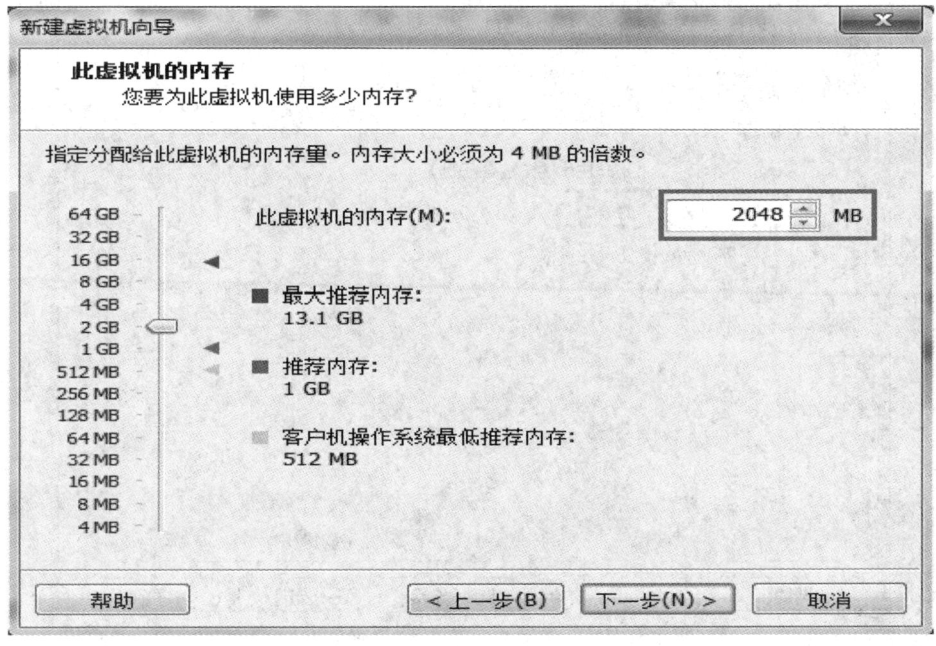

图 1-17　分配虚拟机内存

(9) 弹出如图 1-18 所示的界面，选择“使用网络地址转换(NAT)”，然后单击“下一步”按钮。

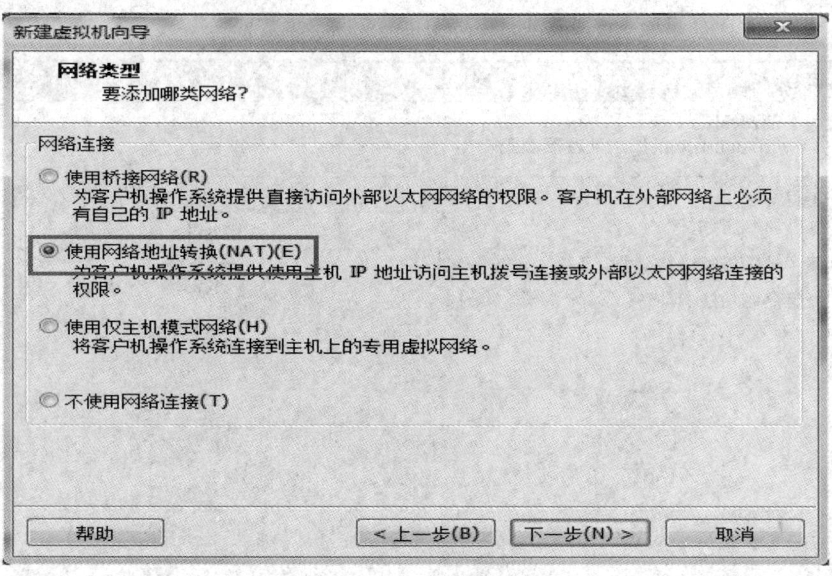

图 1-18　网络类型选择

(10) 弹出如图 1-19 所示的界面，选择 I/O 控制器类型为“LSI Logic(L)(推荐)”，然后单击“下一步”按钮。

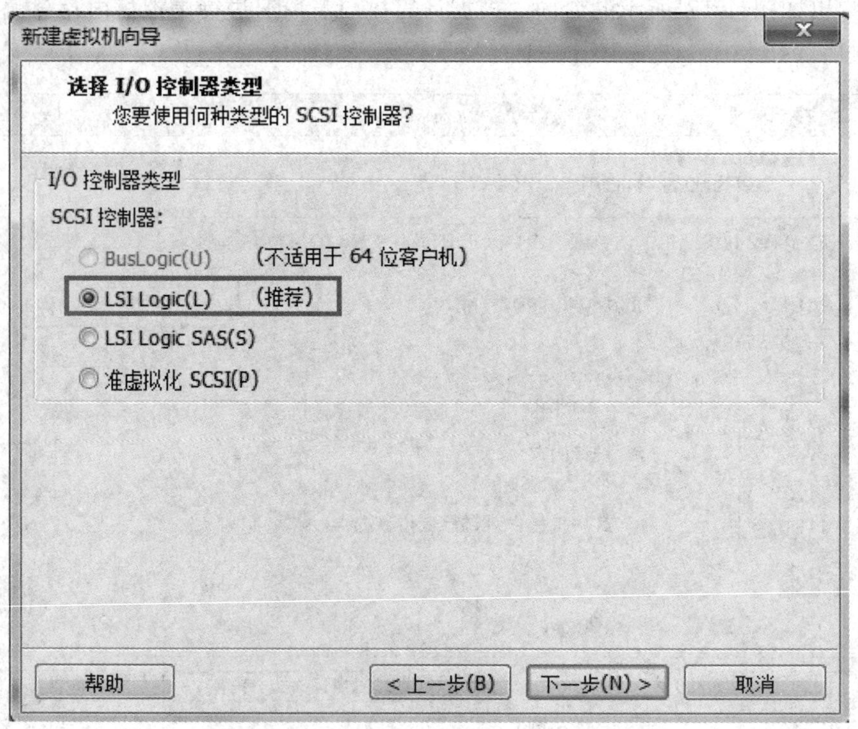

图 1-19　选择 I/O 控制器类型

(11) 弹出如图 1-20 所示的界面，选择磁盘类型为“SCSI(S)(推荐)”，然后单击“下一步”按钮。

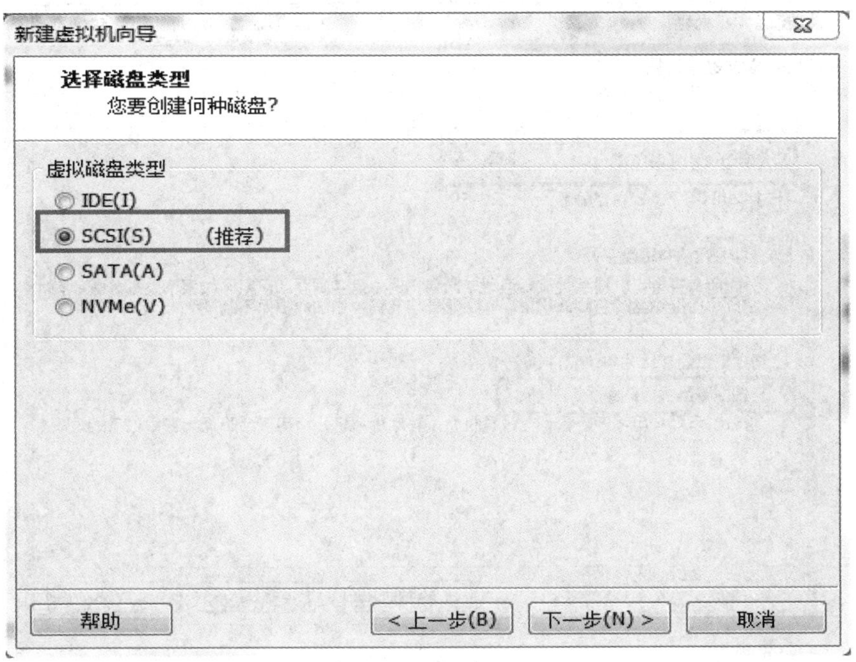

图 1-20　选择磁盘类型

(12) 弹出如图 1-21 所示的界面，选择“创建新虚拟磁盘”，然后单击“下一步”按钮。

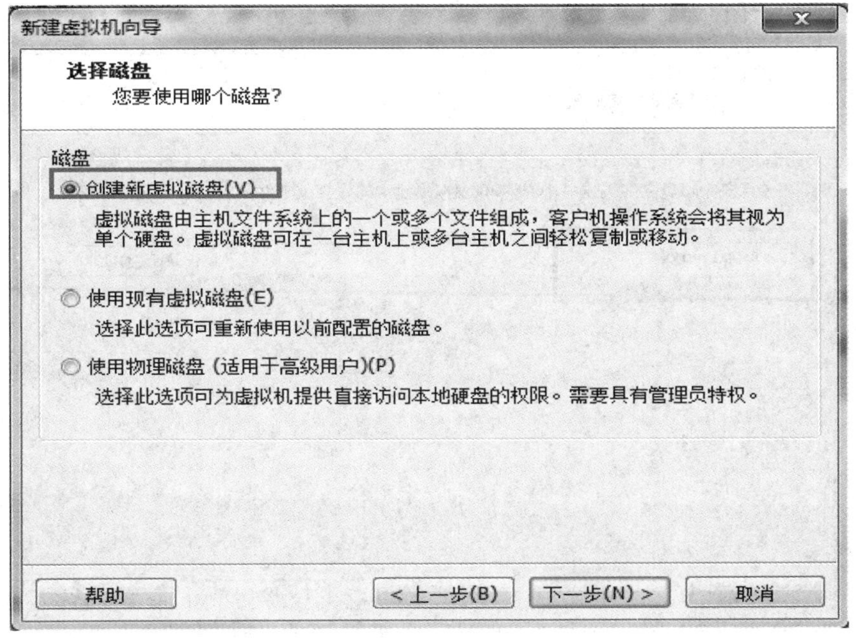

图 1-21　选择磁盘

(13) 弹出如图 1-22 所示的界面，指定最大磁盘大小为 20 GB，空间分配方式为“将虚拟磁盘拆分成多个文件”，然后单击“下一步”按钮。

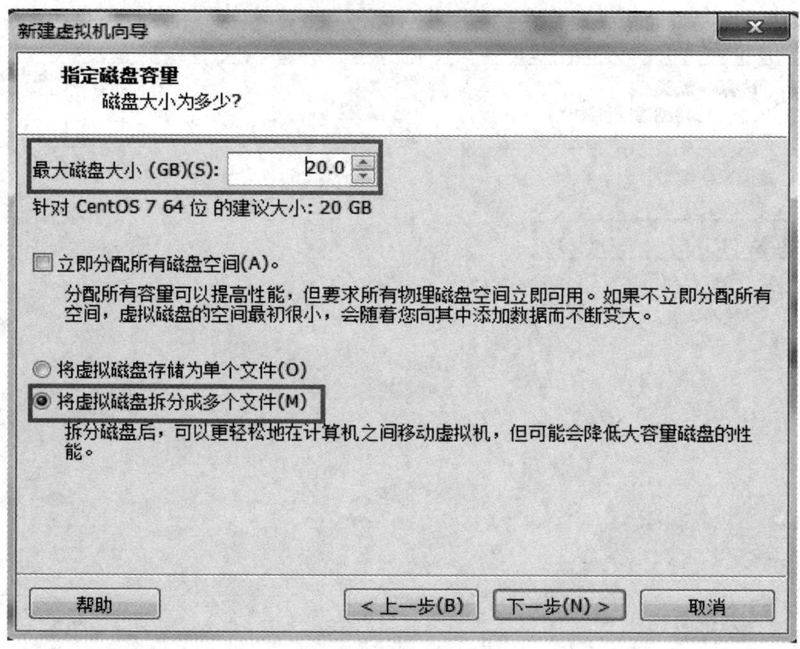

图 1-22　指定磁盘容量

(14) 弹出如图 1-23 所示的界面，可以指定虚拟机的磁盘文件，这里设置文件名为 hadoop1.vmdk，然后单击“下一步”按钮。

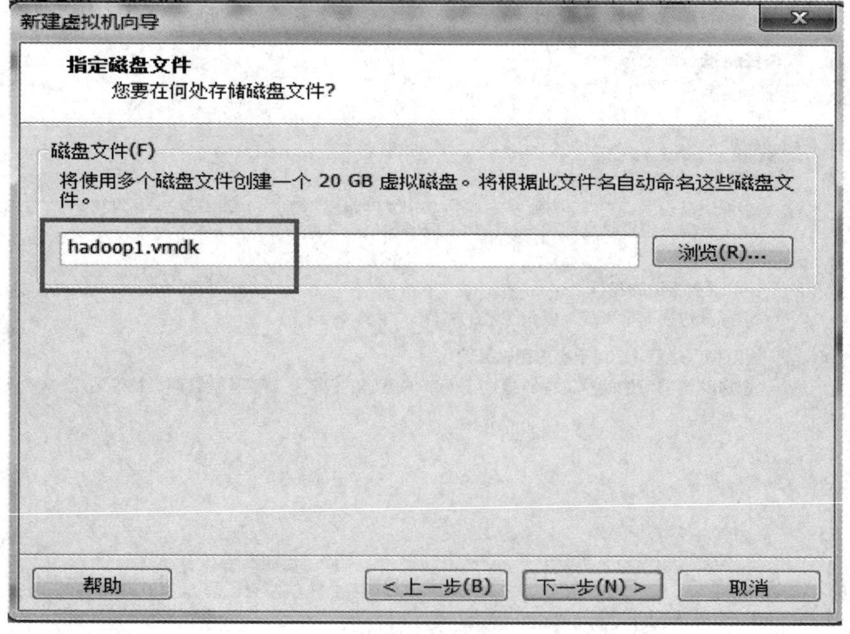

图 1-23　指定磁盘文件

(15) 弹出如图 1-24 所示的界面，单击“完成”按钮，完成创建虚拟机。

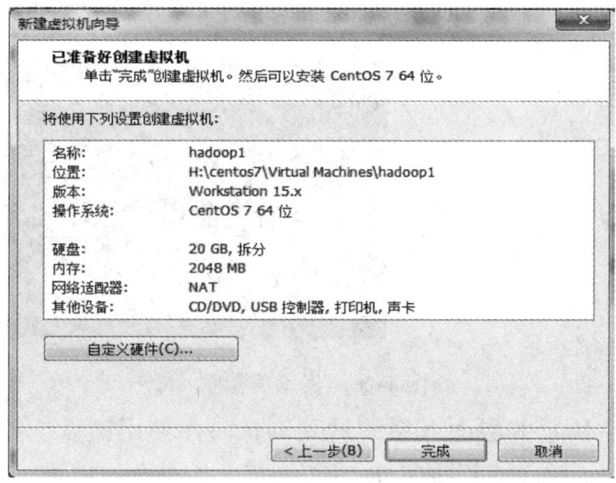

图 1-24　完成创建虚拟机

1.5　安装 CentOS 7 系统

安装 CentOS 7 系统

安装 CentOS 7 系统的步骤如下：

(1) 如图 1-25 所示，打开 VMware 软件，双击“CD/DVD”图标，加载 CentOS 7 的镜像文件。

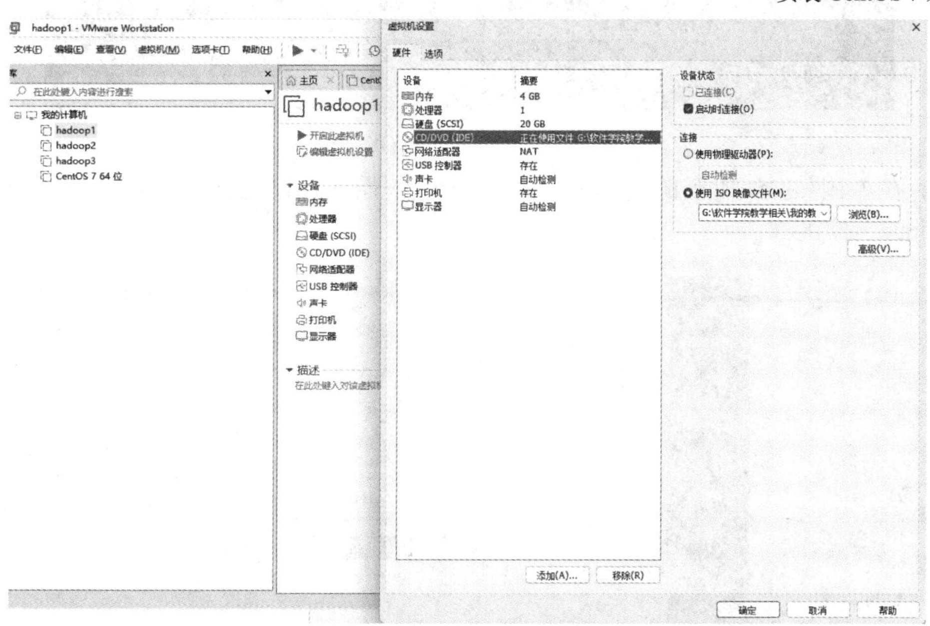

图 1-25　添加 CentOS 7 的镜像文件

(2) 如图 1-26 所示，单击“开启此虚拟机”按钮，启动虚拟机。

图 1-26 启动虚拟机

(3) 弹出如图 1-27 所示的界面，系统进入倒计时，使用键盘上的上下键可以选择，选择“Install CentOS Linux 7”，然后按[Enter]键确认。

注意：通过按[Ctrl+Alt]键可以实现 Windows 主机和 VMware 窗口之间的切换。

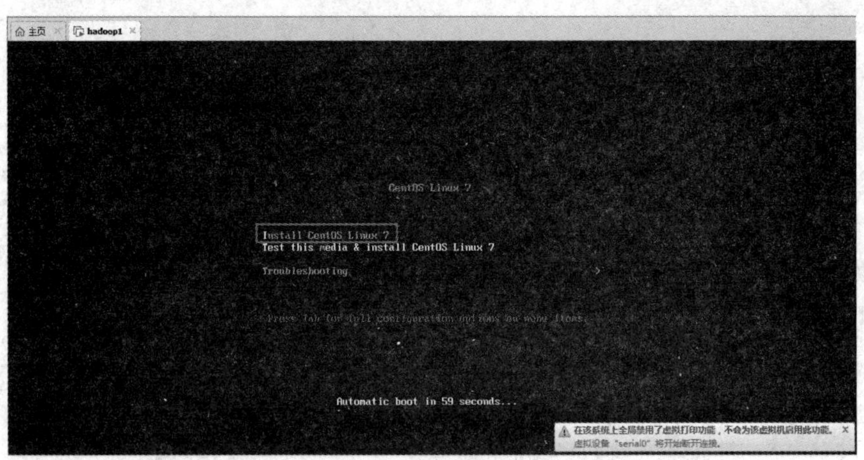

图 1-27 安装 CentOS 7

(4) 在如图 1-28 所示的界面进行语言选择，强烈建议选择“English”，然后单击“Continue”按钮。

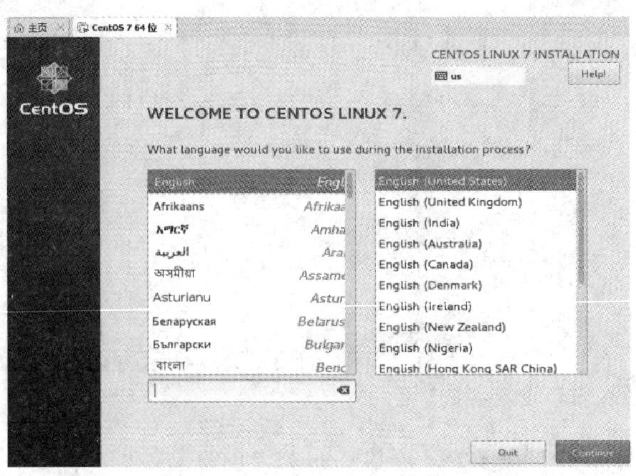

图 1-28 语言选择

(5) 完成语言选择后，进入如图 1-29 所示的界面，选择“KEYBOARD”，再选择“English(US)”，然后单击“Done”按钮。

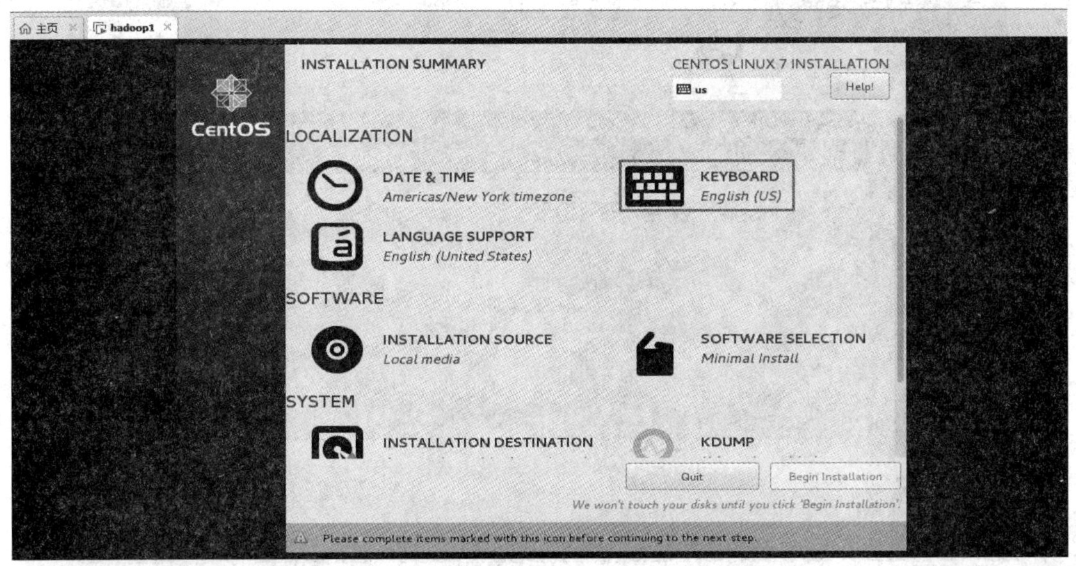

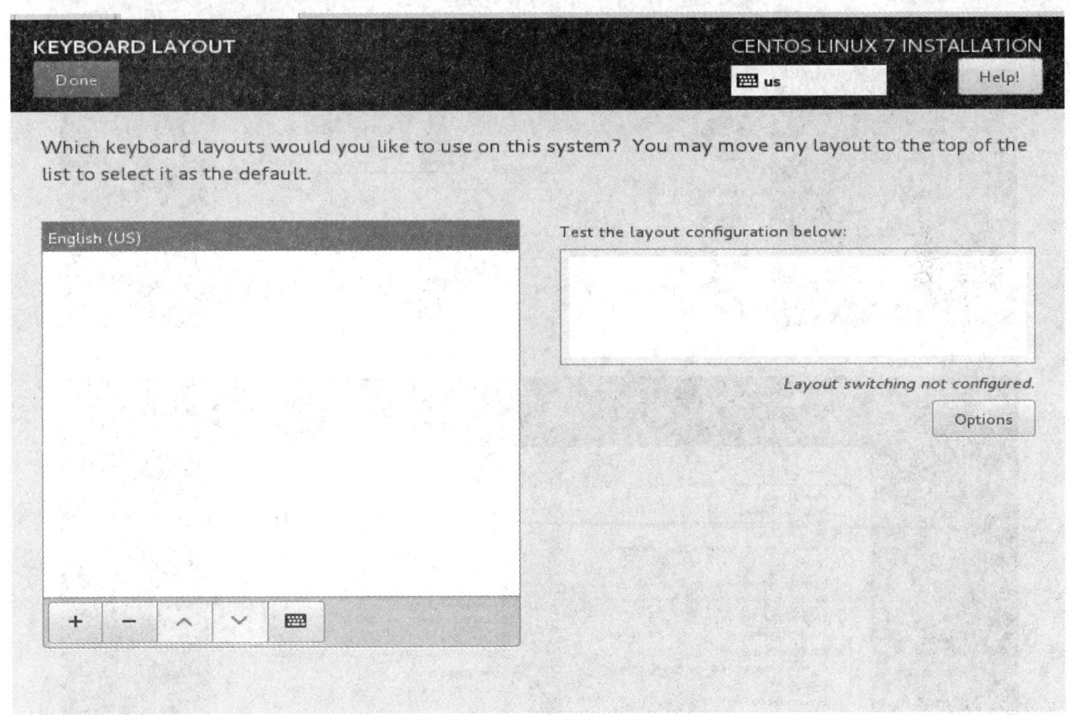

图 1-29　选择系统键盘

(6) 单击“DATE&TIME”按钮，进入日期和时间选择界面，设置相应的日期和时间后，单击“Done”按钮，如图 1-30 所示。

(7) 单击“SOFTWARE SELECTION”按钮，弹出软件选择界面，选择基础环境安装类型为“Minimal Install”，然后单击“Done”按钮，如图 1-31 所示。

图 1-30 设置日期与时间

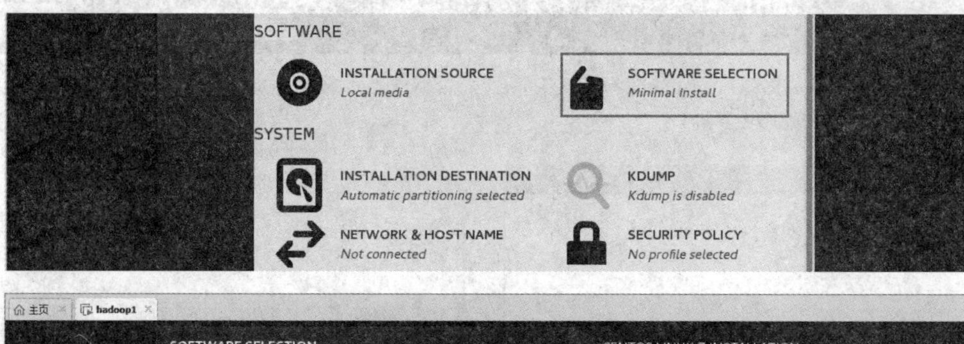

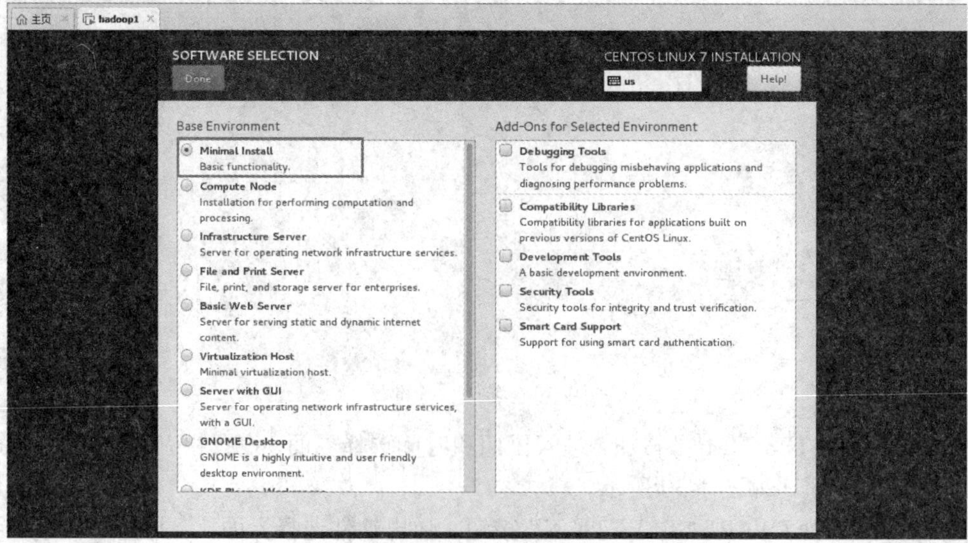

图 1-31 软件安装

(8) 单击“INSTALLATION DESTINATION”按钮，进入安装位置选择界面，选择默认磁盘，单击“Done”按钮，如图 1-32 所示。

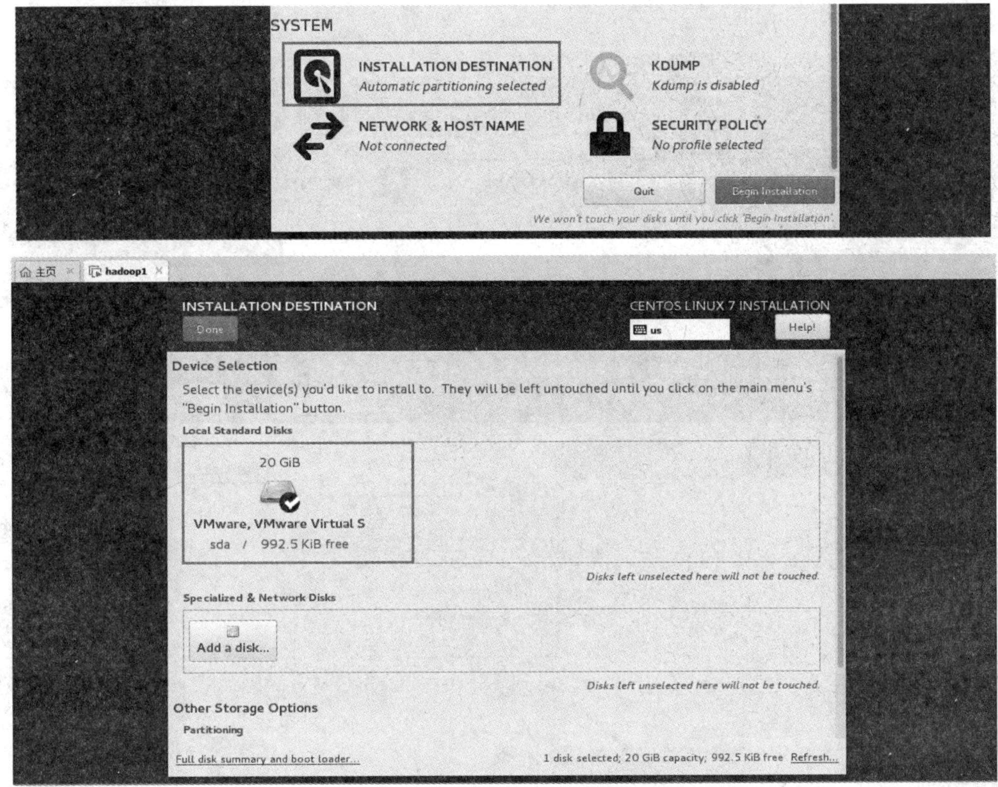

图 1-32　选择安装位置

(9) 单击“KDUMP”按钮，进入 KDUMP 界面，取消勾选“Enable kdump”，然后单击“Done”按钮，如图 1-33 所示。这样可以提高内存的使用率。

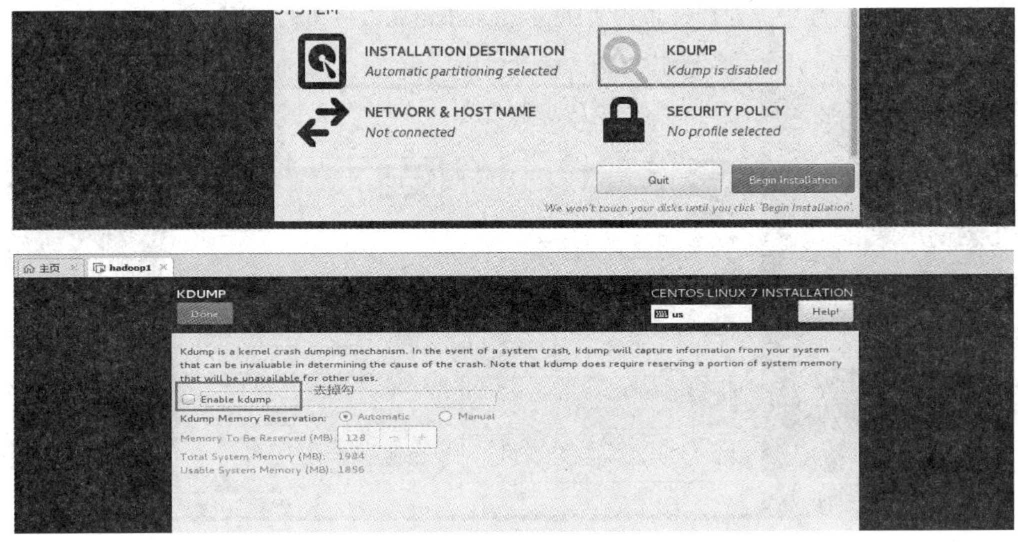

图 1-33　关闭 KDUMP

(10) 单击“NETWORK&HOST NAME”按钮，可以配置网络和主机名，选择“Ethernet(ens33)”，将右侧按钮“OFF”改为“ON”，配置完成后，单击“Done”按钮，如图 1-34 所示。

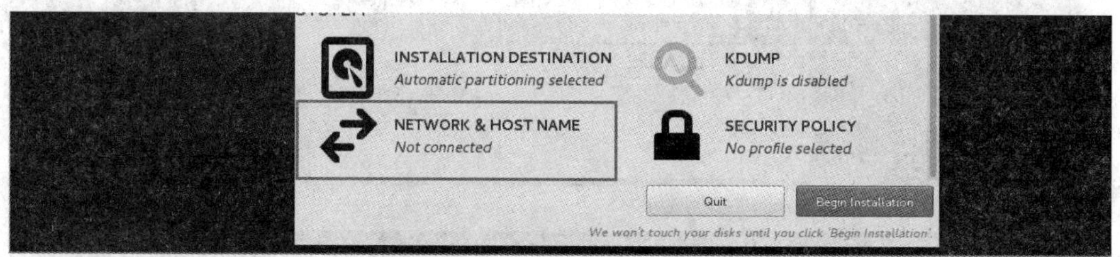

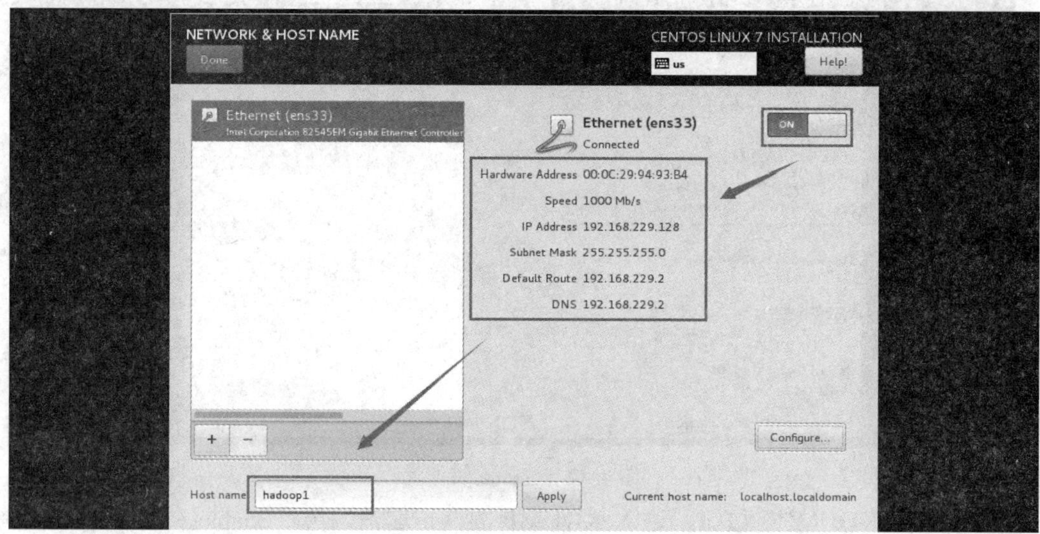

图 1-34 配置网络与主机名

(11) 检查所有配置无误后，单击“Begin Installation”按钮，如图 1-35 所示。

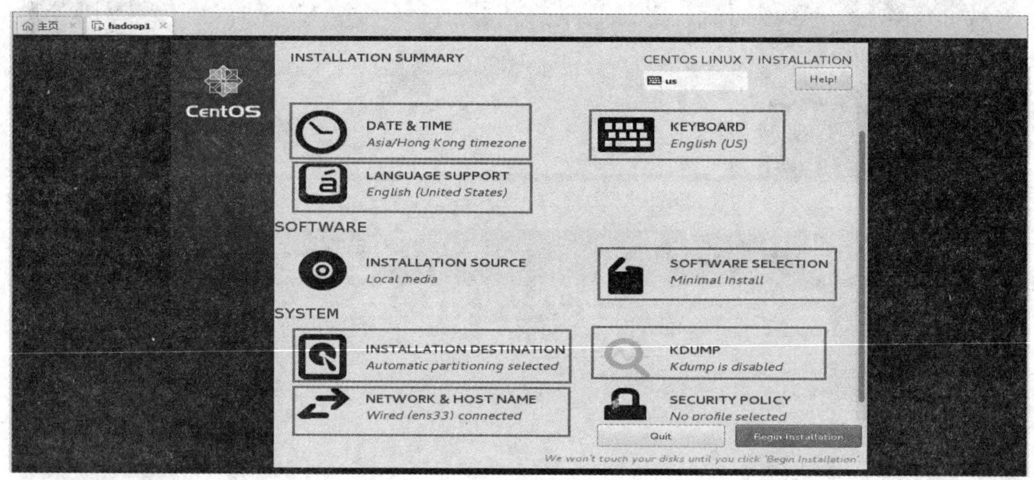

图 1-35 检查所有配置并开始安装

(12) 单击“ROOT PASSWORD”按钮，设置 root 用户密码为 123456，然后单击“Done”按钮，如图 1-36 所示。

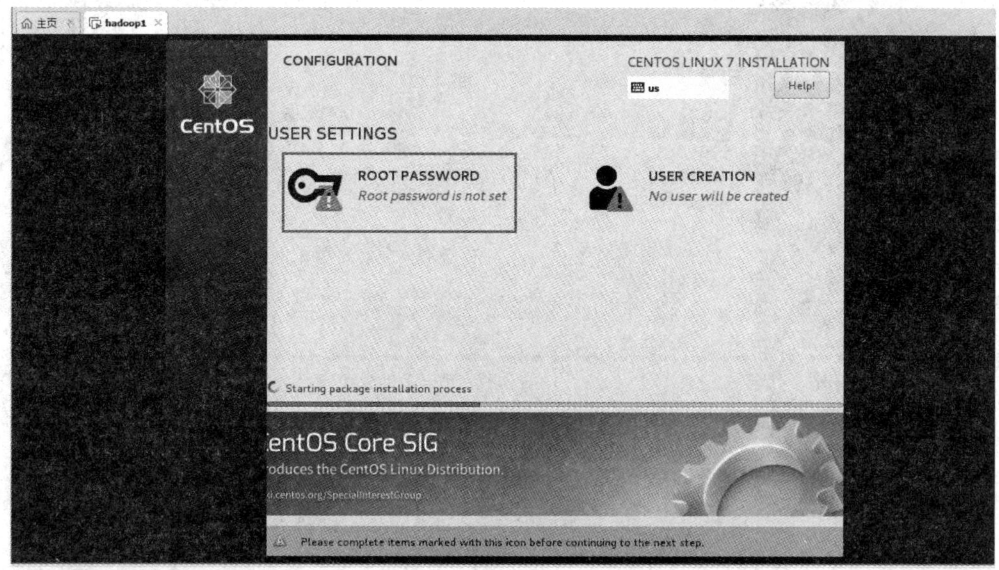

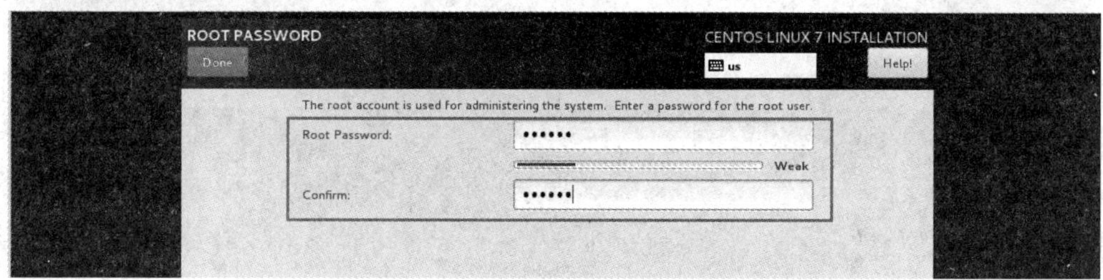

图 1-36　设置 root 用户密码(123456)

(13) 如图 1-37 所示，开始安装 CentOS 7，耐心等待进度条完成。

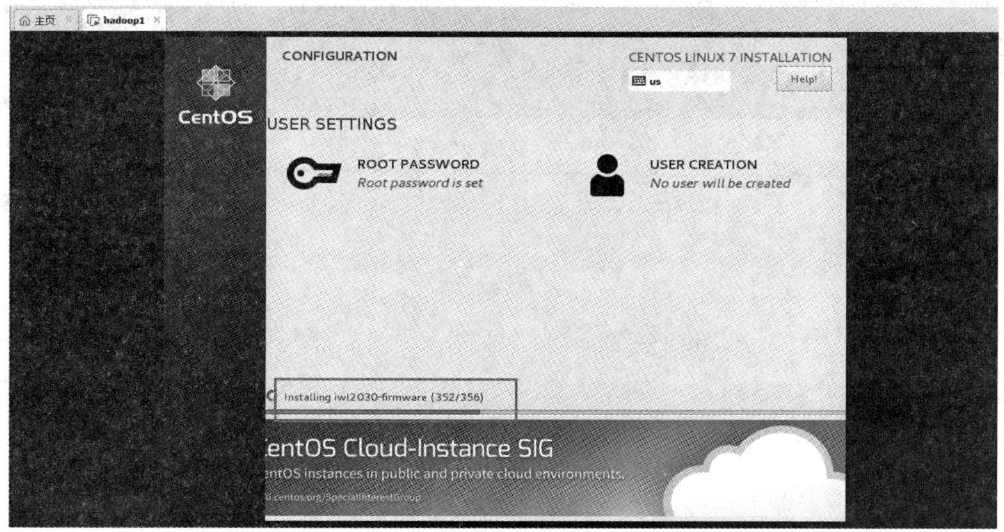

图 1-37　等待系统安装

(14) 如图 1-38 所示，安装完成后，单击“Reboot”按钮，重启虚拟机。

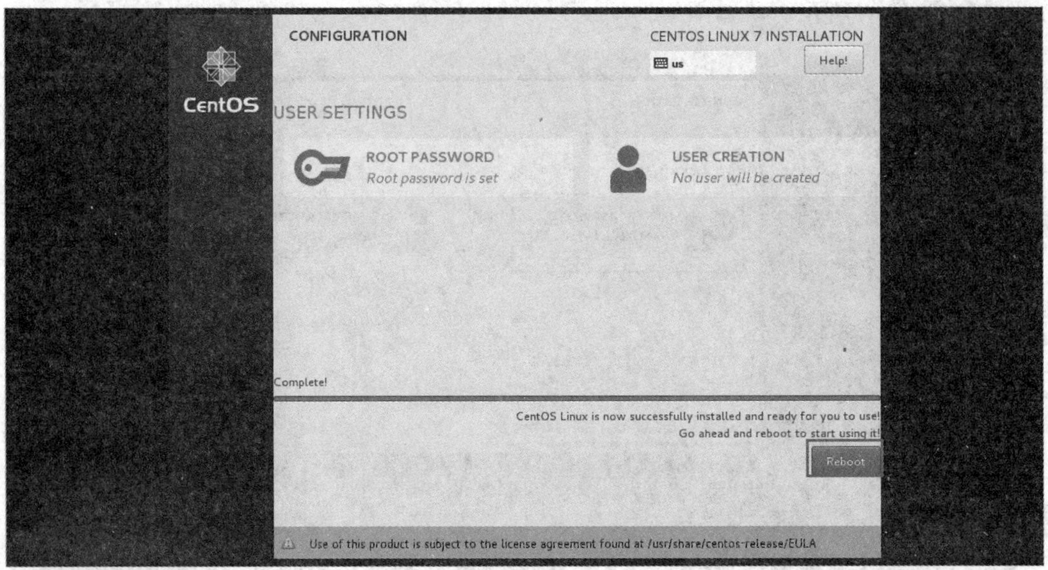

图 1-38　安装完成，重启虚拟机

(15) 如图 1-39 所示，进入系统登录界面，输入密码完成登录。

图 1-39　登录 CentOS 7 系统

至此，CentOS 7 系统安装完毕，可以开始使用了。

项目二　安装 Hadoop 伪分布

2.1　大数据概述

2.1.1　什么是大数据

Hadoop 技术概述

“大数据”这三个字只是一门市场语言，不是一项专门的技术，但大数据的背后是硬件、数据库、操作系统、Hadoop 等一系列技术的综合应用。

大数据是指从各种类型的数据中，快速获得有价值信息的能力。这种能力超出了传统数据处理方式(如关系型数据库)，为了应对大数据环境下新的业务需求，需要分布式存储、分布式计算、分布式数据库等技术，Hadoop 通过 HDFS(分布式文件系统)实现了分布式存储，通过 MapReduce(分布式计算框架)实现了分布式计算。

大数据是时代发展和技术进步的产物，而 Hadoop 是一种处理大数据的技术手段。

2.1.2　Hadoop 是什么

Hadoop 是由 Apache 基金会开发的一系列软件库组成的框架，这些软件库各自负责 Hadoop 的一部分功能，其中最主要的是 HDFS、MapReduce 和 YARN。HDFS 负责大数据的存储，MapReduce 负责大数据的计算，YARN 负责集群资源的调度。图 2-1 为 Apache Hadoop 图标。

图 2-1　Apache Hadoop 图标

2.1.3 Hadoop项目起源

Hadoop起源于Google(谷歌)的三篇著名论文：

(1) “The Google File System”(2003年)。

(2) “MapReduce: Simplified Data Processing on Large Clusters”(2004年)。

(3) “BigTable: A Distributed Storage System for Structured Data”(2006年)。

2004年左右，Doug Cutting开发出了初始版本的Hadoop，它作为Nutch项目的一部分。

2.1.4 Hadoop的发展历程

第一阶段为前Hadoop时代(2003—2007)，这个时期主要以谷歌发表的三篇论文、Doug Cutting、Hadoop HBase为标志，处于萌芽阶段。

第二阶段为后Hadoop时代(2008—2014)，在这个阶段中，Hadoop、HBase、Hive、Pig、Sqoop等各个组件层出不穷，相互之间的兼容性差，且管理混乱。

第三阶段为Hadoop商业发行版时代(2011—2020)，这个时期商业发行版还有CDH和HDP等，且云原生套件相继出现，如阿里云、华为云、腾讯云和百度云等。标准的发行版大行其道，提供免费版本，而云原生商业版也如火如荼。

第四阶段为国产化开源发行版时代(2021年至今)，这个时期的特点是标准的发行版纷纷收费，国产化开源发行版势在必行。

2.1.5 Hadoop名字起源

Hadoop这个名字不是一个缩写，而是一个虚构的名字。该项目的创建者Doug Cutting解释Hadoop的得名：“这个名字是我孩子给一个棕黄色的大象玩具命名的。我的命名标准就是简短，容易发音和拼写，没有太多的意义，并且不会被用于别处。小孩子恰恰是这方面的高手。”

2.1.6 Hadoop的优势

1. 方便

Hadoop可以运行在一般商业服务器构成的大型集群上，或者在亚马逊弹性计算云(Amazon EC2)/阿里云等云计算服务上。

2. 弹性

Hadoop可以通过增加节点的方式来线性地扩展集群规模，以便处理更大的数据集。同时，在集群负载下降时，也可以减少节点以提高资源使用效率。

3. 健壮

Hadoop在设计之初，将故障检测和自动恢复作为了一个设计目标，它可以从容地处理通用计算平台上出现硬件失效的情况。

4. 简单

Hadoop 允许用户快速地编写出高效的分布式计算程序。

2.1.7 Hadoop 的应用领域

Hadoop 的应用领域十分广泛，主要用于移动数据、电子商务、在线旅游等领域。

1. 移动数据

Cloudera 运营总监称，美国有 70%的智能手机数据服务都是由 Hadoop 来支撑的，也就是说，包括数据的存储以及无线运营商的数据处理等，都是使用 Hadoop 技术。

2. 电子商务

Hadoop 在电子商务领域应用非常广泛，eBay 就是最大的实践者之一。国内的电商平台(如阿里巴巴，它也是 Hadoop 相应组件的开发者)在 Hadoop 技术储备上也非常雄厚。

3. 在线旅游

目前，全球范围内 80%的在线旅游网站都是使用 Cloudera 公司提供的 Hadoop 发行版。

4. 诈骗检测

诈骗检测领域的普通用户较少，一般只有金融服务机构或者政府机构。这些机构利用 Hadoop 来存储所有的客户交易数据，包括一些非结构化的数据，以此帮助机构发现客户的异常交易，预防诈骗。

5. 医疗保健

医疗行业也会用到 Hadoop，像 IBM 的 Watson 使用 Hadoop 集群作为其服务的基础，包括语义分析等高级分析技术。医疗机构可以利用语义分析为患者提供医护人员的回答，并协助医生更好地为患者进行诊断。

6. 能源开采

美国 Chevron 公司是全美第二大石油公司，其 IT 部门主管介绍了使用 Hadoop 的经验，利用 Hadoop 进行数据的收集和处理，其中一些数据是海洋地震时产生的数据，以便找到油矿的位置。

2.1.8 Hadoop 与云计算

Hadoop 与云计算、Spark、数据库

云计算是一种可以通过网络方便地接入共享资源池，按需获取计算资源(包括网络、服务器、存储、应用、服务等)的服务模型。

共享资源池中的资源可以通过较少的管理代价和简单的业务交互过程而快速地部署和发布。

1. 云计算的特点

1) 按需提供服务

以服务的形式为用户提供应用程序、数据存储、基础设施等资源，并可以根据用户需求自动分配资源，而不需要管理员的干预。比如亚马逊弹性计算云(Amazon EC2)，用户可以通过Web表单提交需要的配置(包括CPU核数、内存大小、磁盘大小等)给亚马逊，从而获得计算能力。

2) 宽带网络访问

用户可以利用智能手机、笔记本等终端设备，随时随地通过互联网访问云计算服务。

3) 资源池化

资源以共享池的方式统一管理。通过虚拟化技术，将资源分享给不同的用户，资源的存放、管理以及分配策略对用户是公开的。

4) 高可伸缩性

服务的规模可以快速伸缩，自动适应业务负载的变化。这样就保证了用户使用的资源与业务所需要的资源的一致性，从而避免了由于服务器超载或者冗余所造成的服务质量下降或者资源的浪费。

5) 可量化服务

云计算服务中心可以通过监控软件来监控用户的使用情况，从而根据资源的使用情况对提供的服务进行计费。

6) 大规模

承载云计算的集群规模非常巨大，一般达到数万台服务器。从集群规模来看，云计算赋予了用户前所未有的计算能力。

7) 服务非常廉价

云服务可以采用廉价的PC Server来构建，而不是昂贵的小型机。另外，云服务的公用性和通用性，极大地提升了资源利用率，从而大幅度降低了使用成本。

2. 云计算包含的模式

1) IaaS(Infrastructure as a Service)

IaaS的含义是基础设施即服务。例如，阿里云主机提供的就是基础设施服务，可以直接购买阿里云主机服务。

2) PaaS(Platform as a Service)

PaaS的含义是平台即服务。例如，阿里云主机已经部署了Hadoop集群，可以提供大数据平台服务，用户直接购买平台的计算能力运行自己的应用即可。

3) SaaS(Software as a Service)

SaaS的含义是软件即服务。例如，阿里云平台已经部署了具体的项目应用，用户直接购买账号使用其提供的软件服务即可。

总的来说，云计算是一种运营模式，而Hadoop是一种技术手段，为云计算提供技术支撑。

2.1.9 Hadoop与Spark

Spark是基于内存计算的大数据并行计算框架。Spark基于内存计算的特性，提高了在大数据环境下数据处理的实时性，同时保证了高容错性和高可伸缩性，允许用户将Spark

部署在大量的廉价硬件之上形成集群，从而提高并行计算能力。

2009 年，Spark 诞生于加州大学伯克利分校的 AMP 实验室。在开发以 Spark 为核心的 BDAS(伯克利数据分析栈)时，AMP 实验室提出的目标是 One stack to rule them all，也就是说，在一套软件栈内完成各种大数据的分析任务。目前，Spark 已经成为 Apache 软件基金会旗下的顶级开源项目。

Spark 的特点主要有以下几方面。

1. 运行速度快

Spark 源码是由 Scala 语言编写的，Scala 语言简洁并且具有丰富的表达力。Spark 充分利用和集成了 Hadoop 等其他第三方组件，同时着眼于大数据处理，将中间结果缓存在内存，从而减少了磁盘 I/O(输入/输出)以及提升了性能。

2. 易用性

Spark 支持 Java、Python 和 Scala 语言，还支持超过 80 种高级算法，使用户可以快速地构建不同的应用。而且 Spark 支持的 Python 和 Scala 的 shell 脚本交互，可以方便地在这些 shell 中使用 Spark 集群来验证解决问题的方法。

3. 支持复杂查询

除了简单的 Map(映射)及 Reduce(化简)操作之外，Spark 还支持复杂查询。Spark 支持 SQL 查询、流式计算、机器学习和图计算，同时用户可以在同一个工作流中无缝地结合使用。

4. 实时的流处理

与 Hadoop 相比，Spark 不仅支持离线计算还支持实时流计算。Spark Streaming 主要用来对数据进行实时处理，而 Hadoop 则需要在 YARN(Yet Another Resource Negotiator，另一种资源协调者)之外，结合其他框架进行实时流计算。

5. 容错性

Spark 引入了弹性分布式数据集 RDD(Resilient Distributed Datasets)，RDD 是分布在一组节点中的只读对象集合，这些集合是弹性的，如果数据集的一部分丢失，则可以根据“血统”对它们进行重建。另外，在对 RDD 进行计算时，可以通过 Checkpoint(检查点)机制来实现容错。

Hadoop 与 Spark 在不同功能上的使用区别，如表 2-1 所示。

表 2-1　Hadoop 与 Spark 的区别

功　能	项　　目	
	Spark	Hadoop
流式计算	Streaming	无
离线计算	Core	MapReduce
图计算	GraphX	无
机器学习	MLib	Mahout
SQL	DataFrame	Hive

2.1.10 Hadoop 与关系型数据库管理系统

关系型数据库管理系统(RDBMS，Relational Database Management System)是指对应于一个关系模型的所有关系的集合。关系型数据库系统实现了关系模型，并用它来处理数据。关系模型在表中将信息与字段关联起来，从而存储数据。

这种数据库管理系统需要在存储数据之前定义结构。例如表，在定义结构之后，每一列(字段)都存储一个不同类型(数据类型)的信息，数据库中的每条记录都有唯一的 Rowkey(主键)作为属于某个表的一行，行中的每一个信息都对应了表中的一列——所有的关系一起构成了关系模型。

1. RDBMS 的特点

(1) 容易理解。二维表结构是非常贴近逻辑世界的一个概念，关系模型相对网状、层次等其他模型来说更容易理解。

(2) 使用方便。通用的 SQL 语言使操作关系型数据库非常方便。

(3) 易于维护。丰富的完整性(实体完整性、参照完整性和用户定义的完整性)大大降低了数据冗余和数据不一致的概率。

(4) 支持 SQL。支持 SQL 语言完成复杂的查询功能。

2. Hadoop 与 RDBMS 的对比

表 2-2 为 Hadoop 与关系型数据库管理系统的对比。

表 2-2 Hadoop 与关系型数据库管理系统的对比

功 能	项 目	
	RDBMS	Hadoop
数据规模	GB 级	PB 级
访问方式	交互型和批处理	批处理
数据读写	多次读写	一次写、多次读
集群收缩性	非线性	线性

由表 2-2 可知，RDBMS 与 Hadoop 的区别如下：

1) 数据规模

RDBMS 适合处理 GB 级别的数据，数据量超过范围性能就会急剧下降，而 Hadoop 可以处理 PB 级别的数据，没有规模的限制。

2) 访问方式

RDBMS 支持交互处理和批处理，而 Hadoop 仅支持批处理。

3) 数据读写

RDBMS 支持多次读写数据，而 Hadoop 支持一次写和多次读数据。

4) 集群收缩性

RDBMS 是非线性扩展的，而 Hadoop 支持线性扩展，可以通过简单地增加节点来扩展 Hadoop 集群的规模。

总的来说，Hadoop 适用于海量数据的批处理，而 RDBMS 适用于少量数据的实时查询。在实际应用中，Hadoop 一般需要与 RDBMS 结合使用。例如，可以利用 Hadoop 集群对海量数据进行统计分析，然后将分析结果存入 RDBMS，再通过 RDBMS 对外提供实时查询服务。

2.2　配置静态 IP 地址

配置静态 IP

在实际应用中，由于是通过 DHCP(Dynamic Host Configuration Protocol，动态主机配置协议)服务器来分配的地址，所以每次重启 DHCP 服务器时，IP 地址有可能会变动。而用 Linux 搭建集群来学习 Hadoop 是需要 IP 地址固定不变的，因为 IP 地址变化就会涉及很多相关地方的修改，所以需要配置静态 IP 地址。配置静态 IP 地址的步骤如下：

(1) 如图 2-2 所示，在 VMware 软件中，单击“编辑”→“虚拟网络编辑器”，然后可以查看当前虚拟的网络信息。

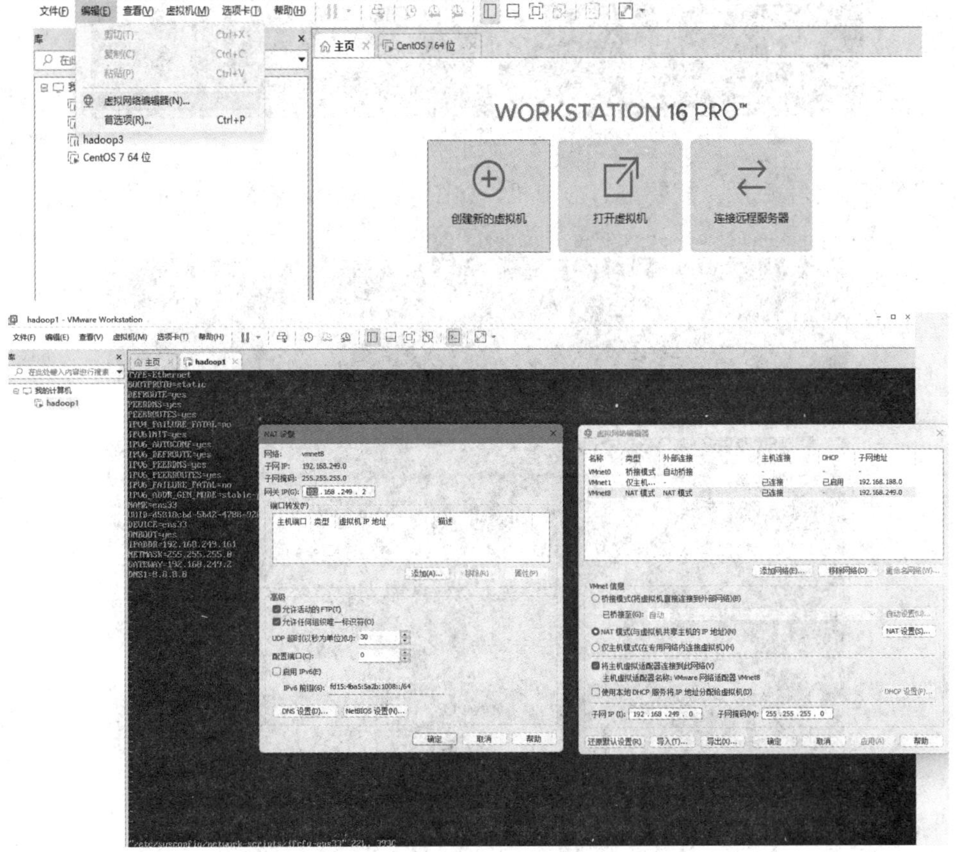

图 2-2　查看网络信息

(2) 在命令行输入“vi /etc/sysconf ig/network-scripts/ifcfg-ens33”可以配置网卡信息，具体操作与配置如图2-3所示。

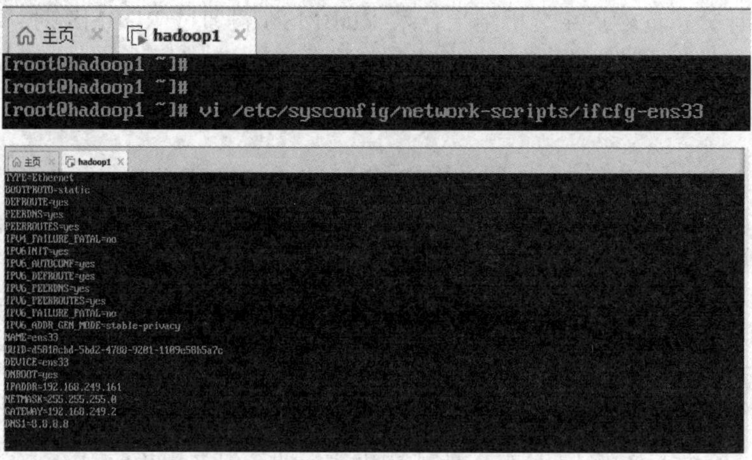

图2-3　配置静态IP地址

(3) 网络信息配置后，需要使用命令“systemctl start network.service”或者“service network restart”重启网络服务，如图2-4所示。

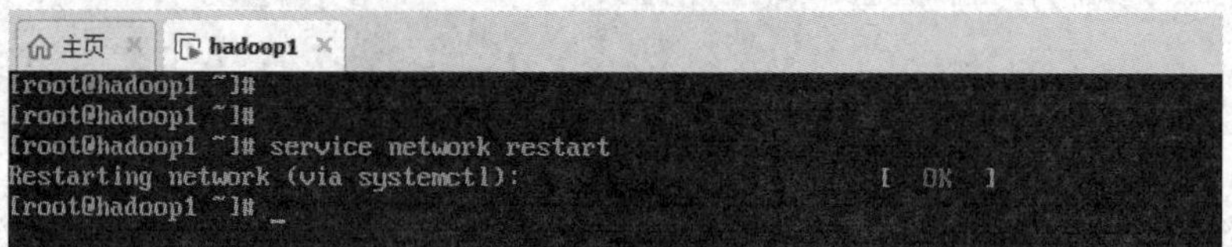

图2-4　重启网络服务

(4) 网络服务重启后，需要重启虚拟机，如图2-5所示，输入“reboot”命令进行重启。

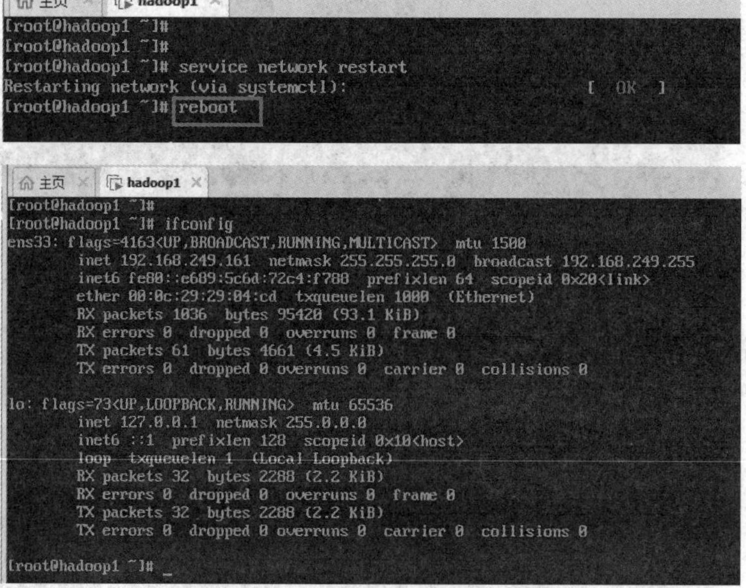

图2-5　重启虚拟机

(5) 重启后，检查虚拟机网络，如图 2-6 所示，输入命令“ping www.baidu.com”，如果收到回复，则表示网络连通性好。

```
[root@hadoop1 ~]# ping www.baidu.com
PING www.a.shifen.com (14.215.177.38) 56(84) bytes of data.
64 bytes from 14.215.177.38 (14.215.177.38): icmp_seq=1 ttl=128 time=19.6 ms
64 bytes from 14.215.177.38 (14.215.177.38): icmp_seq=2 ttl=128 time=20.9 ms
64 bytes from 14.215.177.38 (14.215.177.38): icmp_seq=3 ttl=128 time=20.6 ms
64 bytes from 14.215.177.38 (14.215.177.38): icmp_seq=4 ttl=128 time=20.2 ms
64 bytes from 14.215.177.38 (14.215.177.38): icmp_seq=5 ttl=128 time=20.2 ms
^C
--- www.a.shifen.com ping statistics ---
5 packets transmitted, 5 received, 0% packet loss, time 4008ms
rtt min/avg/max/mdev = 19.691/20.354/20.942/0.460 ms
[root@hadoop1 ~]#
```

图 2-6　检查网络连通性

2.3　Xshell 连接工具

Xshell 连接工具

由于直接在 Linux 虚拟机上操作不方便，所以使用第三方远程连接工具 Xshell 远程连接到 Linux 虚拟机，然后通过 Xshell 对 Linux 虚拟机进行相关操作。安装与连接 Xshell 的步骤如下：

(1) 如图 2-7 所示，通过 360 应用商店查找 Xshell 工具并进行安装。

图 2-7　下载并安装 Xshell 连接工具

(2) 如图 2-8 所示，打开 Xshell 工具，单击“文件”→“新的”→“连接”，设置名称，然后单击“确定”按钮。

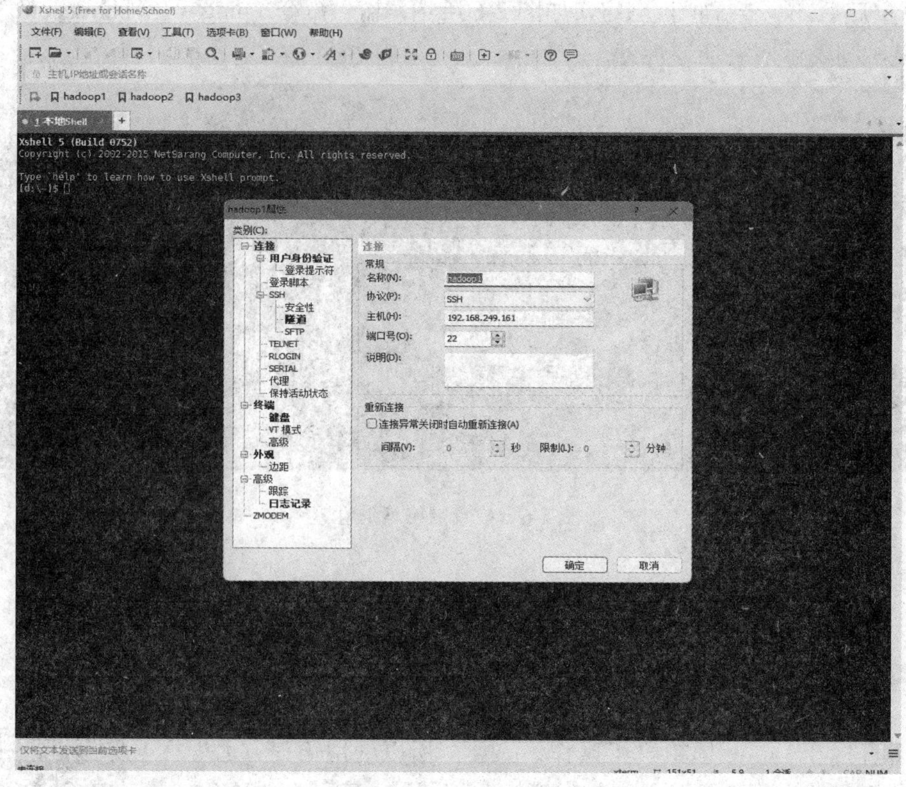

图 2-8　设置连接

(3) 选择“用户身份验证”，配置用户名和密码，单击“确定”按钮进行保存，具体操作如图 2-9 所示。

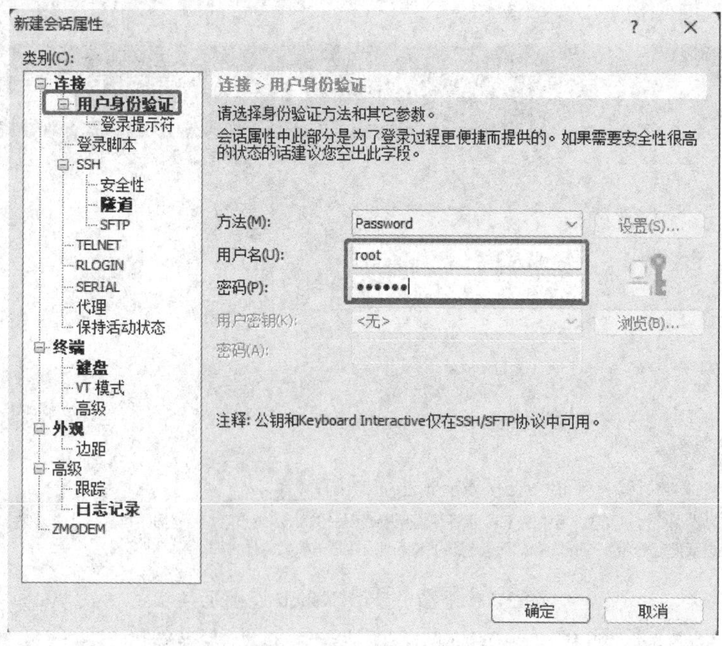

图 2-9　设置账号和密码

(4) 单击菜单中的“文件”→“打开”，在“会话”对话框选中创建的会话名称(hadoop1)，然后在弹出的对话框中选择“接受并保存”，这样就连接到了 hadoop1 节点，具体操作如图 2-10 所示。

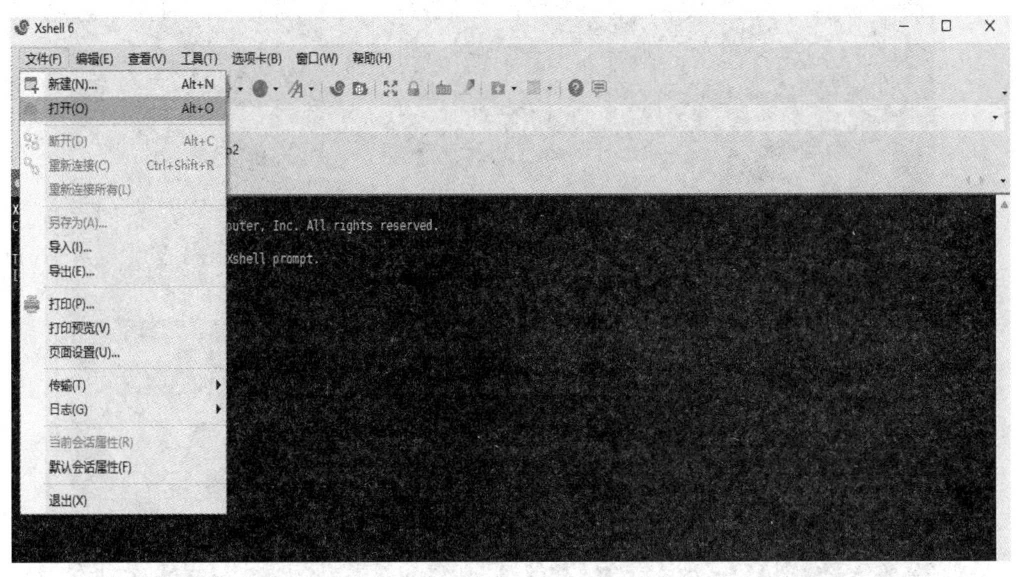

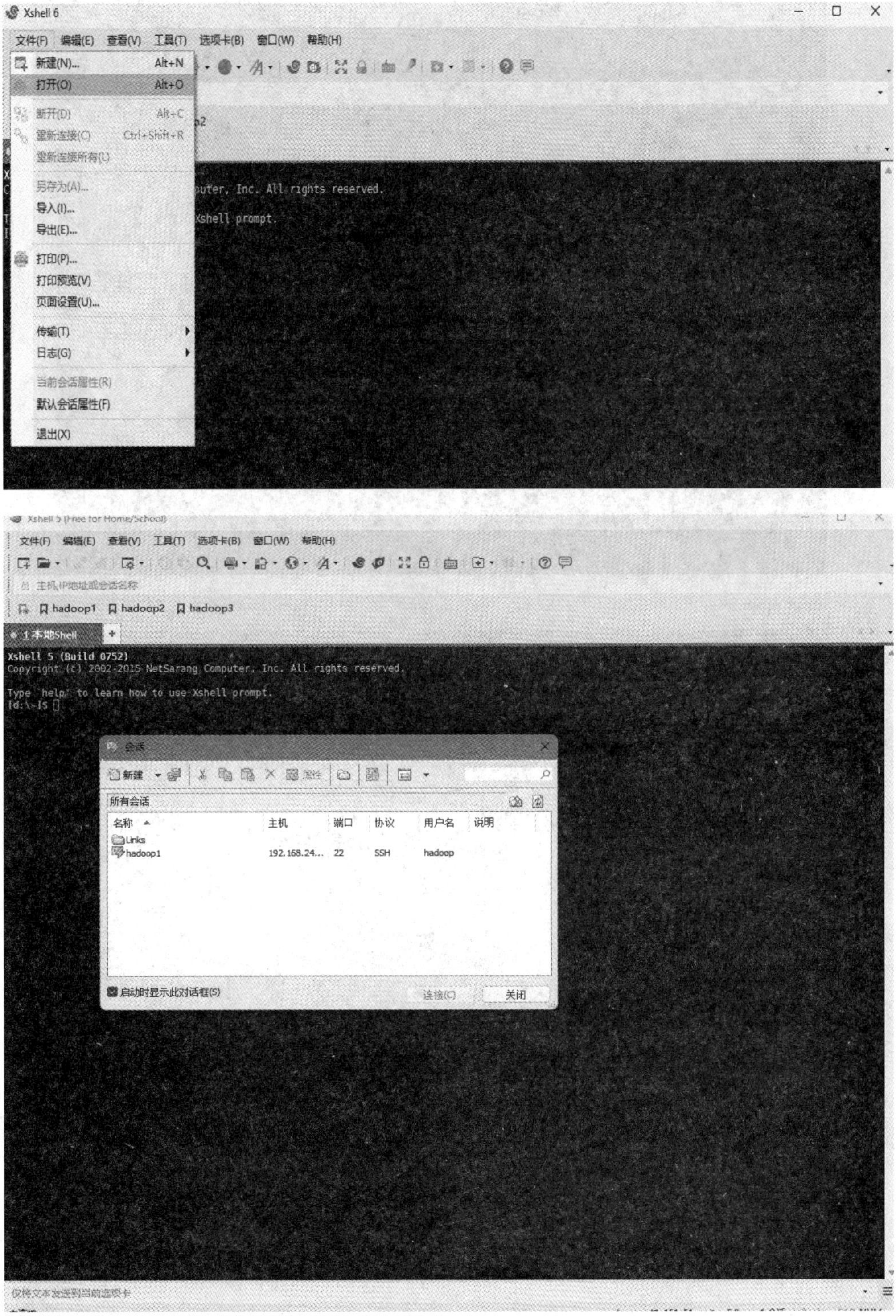

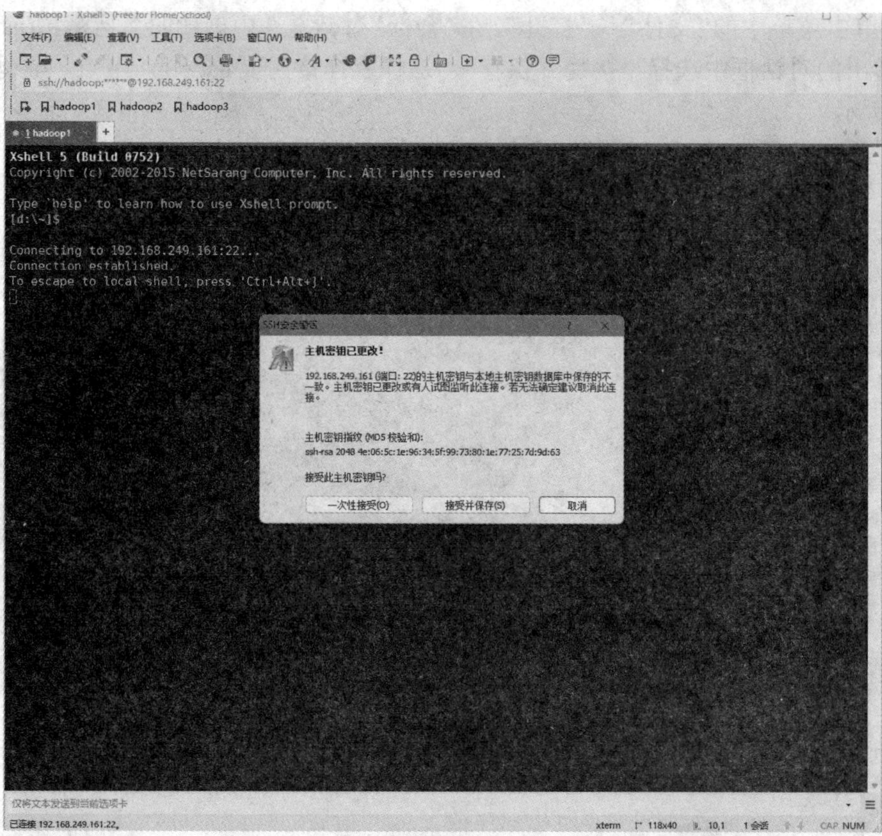
文件(F) 编辑(E) 查看(V) 工具(T) 选项卡(B) 窗口(W) 帮助(H)
hadoop1 hadoop2 hadoop3
Xshell 5 (Build 0752)
Copyright (c) 2002-2015 NetSarang Computer, Inc. All rights reserved.
Type `help' to learn how to use Xshell prompt.
[d:\~]$
Connecting to 192.168.249.161:22...
Connection established.
To escape to local shell, press 'Ctrl+Alt+]'.
主机密钥已更改!
主机密钥指纹 (MD5 校验和):
ssh-rsa 2048 4e:06:5c:1e:96:34:5f:99:73:80:1e:77:25:7d:9d:63
接受此主机密钥吗?
一次性接受(O)
接受并保存(S)
取消
仅将文本发送到当前选项卡
已连接 192.168.249.161:22。
xterm 118x40 10,1 1 会话 CAP NUM

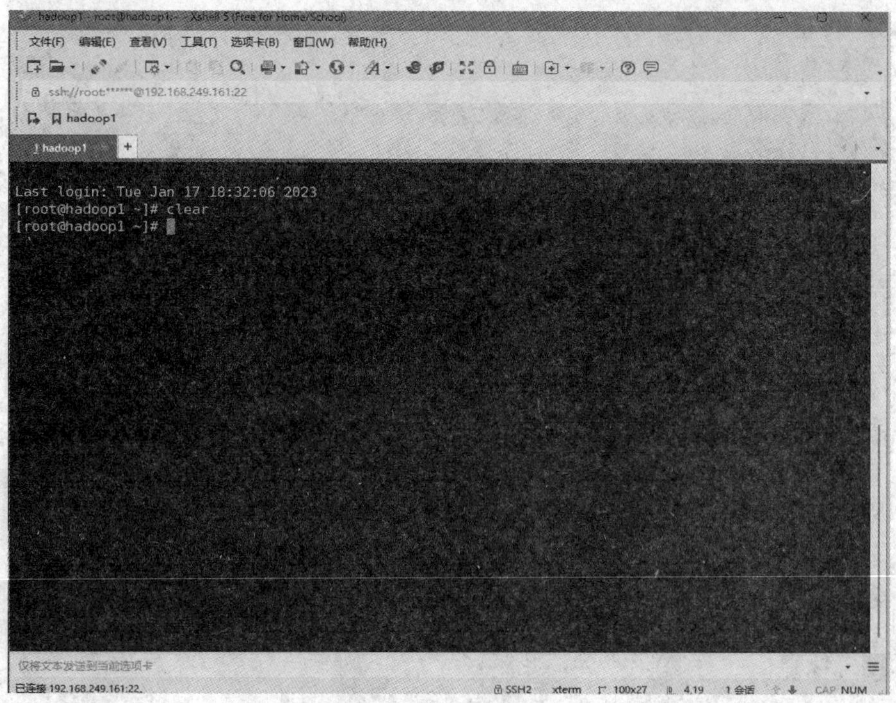
文件(F) 编辑(E) 查看(V) 工具(T) 选项卡(B) 窗口(W) 帮助(H)
ssh://root:******@192.168.249.161:22
hadoop1
Last login: Tue Jan 17 18:32:06 2023
[root@hadoop1 ~]# clear
[root@hadoop1 ~]#
仅将文本发送到当前选项卡
已连接 192.168.249.161:22。
SSH2 xterm 100x27 4,19 1 会话 CAP NUM

图 2-10 启动会话

2.4　FileZilla 传输工具

FileZilla 传输工具

FileZilla 是一个免费开源的 FTP(文件传输)软件，可以轻松地实现文件的上传与下载。安装与连接 FileZilla 的步骤如下：

(1) 如图 2-11 所示，在 360 应用商店搜索 FileZilla，下载并安装 FileZilla。

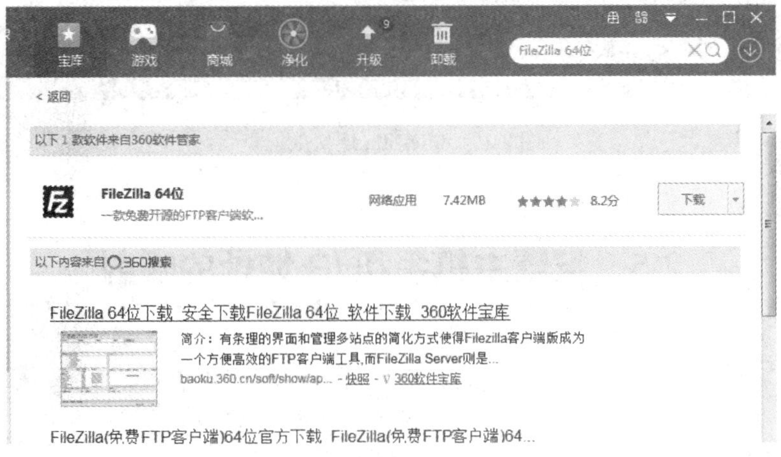

图 2-11　安装 FileZilla

(2) 如图 2-12 所示，在 FileZilla 中，单击“文件”→“站点管理器”，然后单击“新站点”按钮，完成设置后单击“连接”按钮，接着在弹出的对话框中，选择“Accept and Save”按钮就连接了 FileZilla 与虚拟机。

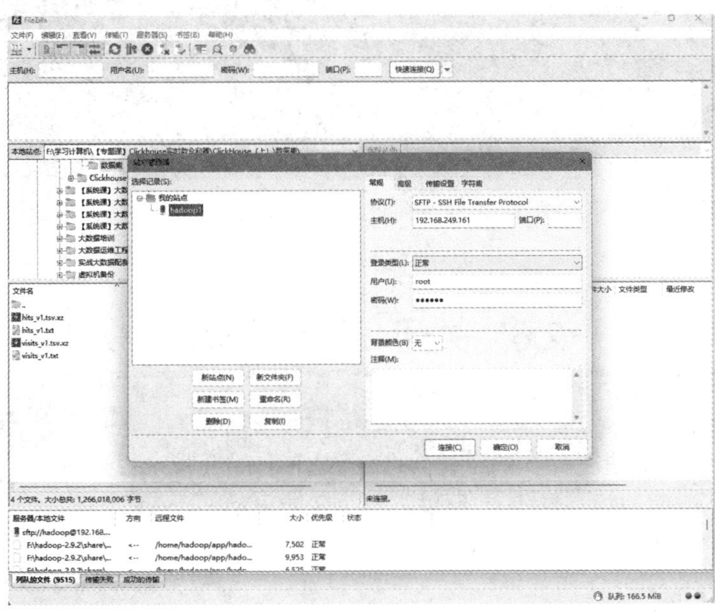

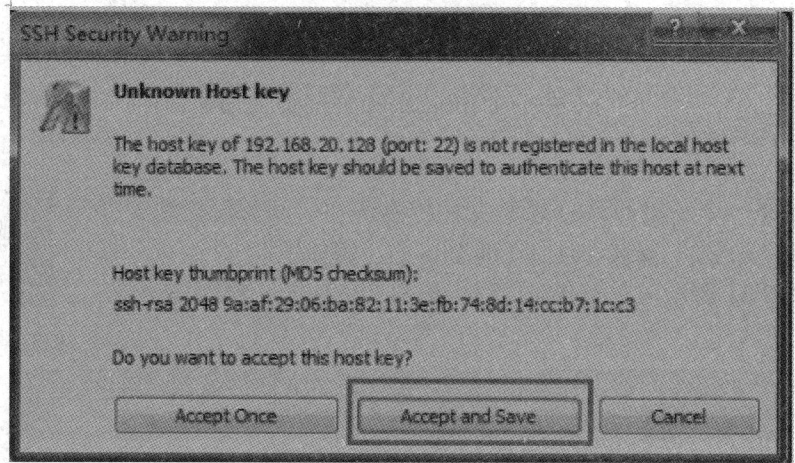

图 2-12　FileZilla 连接虚拟机

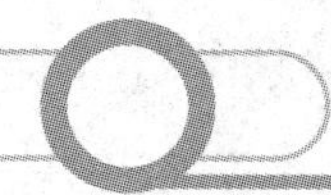

2.5　配置主机名和 IP 地址的映射

实际上，无论是 IP 地址还是主机名都是为了标识一台主机或者服务器的。IP 地址是一台主机联网时 IP 协议分配给它的一个逻辑地址，主机名(hostname)相当于又给这主机取了一个名字。如果用这个名字去访问这台主机，那么就需要配置主机名与 IP 地址之间的对应关系。输入如图 2-13 所示的命令配置主机名和 IP 地址映射，并查看。

配置主机名和 IP 地址的映射

```
[root@hadoop1 ~]# vi /etc/hosts
[root@hadoop1 ~]# cat /etc/hosts
127.0.0.1   localhost localhost.localdomain localhost4 localhost4.localdomain4
::1         localhost localhost.localdomain localhost6 localhost6.localdomain6
192.168.249.161 hadoop1
[root@hadoop1 ~]#
```

图 2-13　配置主机名和 IP 地址的映射

2.6　关闭 Linux 防火墙

防火墙是对服务器进行保护的一种软件，但是有时候会带来很大的麻烦(如妨碍集群间的相互通信)，所以需要关闭防火墙。

首先，如图 2-14 所示，使用“systemctl status firewalld”命令查看防火墙的状态。

关闭 Linux 防火墙

```
[root@hadoop1 ~]# systemctl status firewalld
● firewalld.service - firewalld - dynamic firewall daemon
   Loaded: loaded (/usr/lib/systemd/system/firewalld.service; enabled; vendor preset: enabled)
   Active: active (running) since Tue 2023-01-17 18:31:50 HKT; 44min ago
     Docs: man:firewalld(1)
 Main PID: 661 (firewalld)
   CGroup: /system.slice/firewalld.service
           └─661 /usr/bin/python -Es /usr/sbin/firewalld --nofork --nopid

Jan 17 18:31:50 hadoop1 systemd[1]: Starting firewalld - dynamic firewall daemon...
Jan 17 18:31:50 hadoop1 systemd[1]: Started firewalld - dynamic firewall daemon.
[root@hadoop1 ~]#
```

图 2-14　查看防火墙的状态

然后，操作关闭防火墙。先使用“systemctl stop firewalld”命令停止防火墙，再使用“systemctl disable firewalld”命令使防火墙失效，如图 2-15 所示。下次开机时防火墙将不会再启动。

```
[root@hadoop1 ~]# systemctl stop firewalld
[root@hadoop1 ~]# systemctl disable firewalld
Removed symlink /etc/systemd/system/dbus-org.fedoraproject.FirewallD1.service.
Removed symlink /etc/systemd/system/basic.target.wants/firewalld.service.
[root@hadoop1 ~]# ^C
[root@hadoop1 ~]#
```

图 2-15　关闭防火墙

2.7　创建 Linux 的用户和用户组

在 Hadoop 平台搭建过程中，为了系统的安全，一般不直接使用超级用户(root)，而是创建一个新的用户和用户组。使用“useradd hadoop”命令添加 hadoop 用户，使用“passwd hadoop”命令为 hadoop 用户设置密码(密码为 123456)，具体操作如图 2-16 所示。

创建 Linux 用户和用户组

```
[root@hadoop1 ~]# useradd hadoop
[root@hadoop1 ~]# passwd hadoop
Changing password for user hadoop.
New password:
BAD PASSWORD: The password is shorter than 8 characters
Retype new password:
passwd: all authentication tokens updated successfully.
[root@hadoop1 ~]#
```

图 2-16　创建 hadoop 用户和用户组

2.8　Linux SSH 免密登录

Linux SSH 免密登录

SSH(Secure Shell protocol，安全外壳协议)是一种在应用程序中提供安全通信的协议，可以使网络数据安全地进行传输。它的主要原理是利用非对称加密体系，对所有待传输的数据进行加密，保证数据在传输时不被恶意破坏、泄露或者篡改。

但是 Hadoop 集群使用 SSH 不是进行数据传输，而是在 Hadoop 集群启动和停止时，主节点需要通过 SSH 启动或停止从节点上的进程。如果不配置 SSH 免密登录，对 Hadoop 集群的正常使用没有任何影响，但是在启动和停止 Hadoop 集群时，则需要输入每个从节点的密码。可以想象，当集群规模较大时，这种方法肯定是不可取的，所以要对 Hadoop 集群配置 SSH 免密登录。配置 SSH 免密登录的步骤如下：

(1) 如图 2-17 所示，进入 hadoop 用户的根目录，使用“ssh-keygen -t rsa”命令生成密钥对。

```
[hadoop@hadoop1 ~]$ ssh-keygen -t rsa
Generating public/private rsa key pair.
Enter file in which to save the key (/home/hadoop/.ssh/id_rsa):
Created directory '/home/hadoop/.ssh'.
Enter passphrase (empty for no passphrase):
Enter same passphrase again:
Your identification has been saved in /home/hadoop/.ssh/id_rsa.
Your public key has been saved in /home/hadoop/.ssh/id_rsa.pub.
The key fingerprint is:
6c:29:78:20:21:7b:eb:88:e2:64:a1:ea:56:88:21:2f hadoop@hadoop1
The key's randomart image is:
+--[ RSA 2048]----+
|. .              |
| o .             |
|. o .            |
|o. o o . .       |
|o+o . o S        |
|E+o. . o         |
|=+o              |
|*.               |
|+o               |
+-----------------+
```

图 2-17　生成密钥对

(2) 如图 2-18 所示，使用“cd .ssh”命令进入 .ssh 目录，然后使用“cp id_rsa.pub authorized_keys”命令将公钥文件 id_rsa.pub 中的内容拷贝到相同目录下的 authorized_keys 文件中。

```
[hadoop@hadoop1 ~]$ cd .ssh
[hadoop@hadoop1 .ssh]$ ls
id_rsa  id_rsa.pub
[hadoop@hadoop1 .ssh]$ cp id_rsa.pub authorized_keys
[hadoop@hadoop1 .ssh]$ cat authorized_keys
ssh-rsa AAAAB3NzaC1yc2EAAAADAQABAAABAQD9n4sizTGsdF6mqyY7MF9kHHVMthWe8NbEhPMuZCFIVD1I0kI6rdvmFdO14FrQFSNDxGhP7XzyJKc
xTeA5x2qkHrtNxY+Z50PJFBk7FKv72xS6c7d4c6AedA68f5prGbTwYFp9mc090D84CPc5MS+7QzQekjSlAzwKj6eQ9rsKbUjD3wxoEUTSZXPW90P3ll
r3qRuiTJlAolvsvLWjlyxHx4DJgbYlLSILgnyIowCUvXNhcF5pZpEfMeQKV4B5qVYPmeQOaLl7jaqPdoiORs+R72gfIqU62mWWqA2i+u7lqbAjvsIO5
Ad9r3QX3ePuax6LnuIyhuGFz2wXxoPLPE83 hadoop@hadoop1
[hadoop@hadoop1 .ssh]$
```

图 2-18　拷贝公钥文件

(3) 如图 2-19 所示，切换到 hadoop 用户的根目录，然后使用“chmod 700 .ssh”和“chmod 600 .ssh/*” 命令分别为 .shh 目录及其子目录文件赋予相应的权限。

```
[hadoop@hadoop1 ~]$ chmod 700 .ssh
[hadoop@hadoop1 ~]$ chmod 600 .ssh/*
```

图 2-19　为 .ssh 目录及其子目录文件赋予相应的权限

(4) 如图 2-20 所示，在命令行输入“ssh hadoop1”登录 hadoop1，第一次登录需要输入“yes”进行确认，以后登录则不需要，此时表明设置成功。

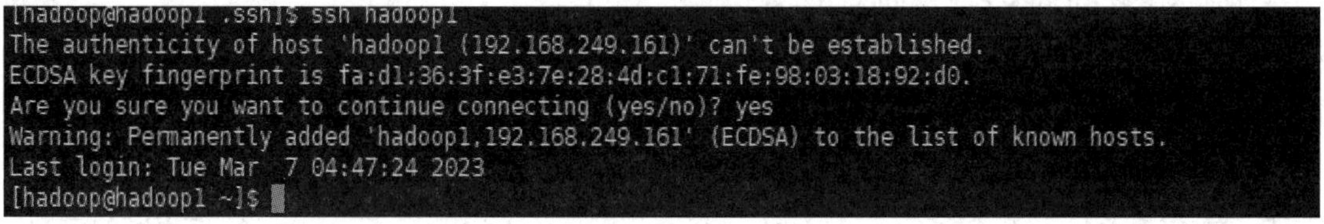

```
[hadoop@hadoop1 .ssh]$ ssh hadoop1
The authenticity of host 'hadoop1 (192.168.249.161)' can't be established.
ECDSA key fingerprint is fa:d1:36:3f:e3:7e:28:4d:c1:71:fe:98:03:18:92:d0.
Are you sure you want to continue connecting (yes/no)? yes
Warning: Permanently added 'hadoop1,192.168.249.161' (ECDSA) to the list of known hosts.
Last login: Tue Mar  7 04:47:24 2023
[hadoop@hadoop1 ~]$
```

图 2-20　登录 hadoop1

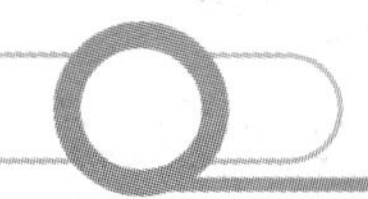

2.9　JDK 的安装与配置

JDK 安装与配置

由于 Hadoop 框架是用 Java 语言开发并运行在 JVM(Java 虚拟机)之上的，所以需要在 Linux 中提前安装 JDK(太阳微系统针对 Java 开发人员发布的免费开发工具包)。另外，由于安装的 Linux 系统是 64 位的 CentOS 7 系统，所以需要安装与之相对应的 64 位 JDK 安装包。针对 Linux 系统，可以选择目前比较稳定且常用的 JDK1.8 版本。JDK 的安装与配置步骤如下：

(1) 下载对应版本的 jdk-8u141-linux-x64.tar.gz 安装包，并上传至 hadoop1 节点的 /home/hadoop/app 目录下，查看 JDK 安装包所在目录，命令如下：

```
[hadoop@hadoop1 app]$ ls jdk-8u141-Linux-x64.tar.gz
```

(2) 在当前目录下，使用 tar 命令对 JDK 进行解压，命令如下：

```
[hadoop@hadoop1 app]$ tar -zxvf jdk-8u141-Linux-x64.tar.gz
```

为了方便管理多版本的 JDK，使用 ln 命令创建 JDK 软连接，命令如下：

```
[hadoop@hadoop1 app]$ ln   -s jdk1.8.0_141   jdk
```

(3) 在 hadoop 用户下，使用 vi 命令打开 .bashrc 配置文件，配置 JDK 环境变量，添加内容如下所示：

```
[hadoop@hadoop1 app]$ vi ~/.bashrc
JAVA_HOME=/home/hadoop/app/jdk
CLASSPATH=.:$JAVA_HOME/lib/dt.jar:$JAVA_HOME/lib/tools.jar
PATH=$JAVA_HOME/bin:$HADOOP_HOME/bin:$PATH
export JAVA_HOME CLASSPATH PATH
```

使用 source 命令执行 .bashrc 文件，以便 JDK 环境变量生效，命令如下：

```
[hadoop@hadoop1 app]$ source ~/.bashrc
[hadoop@hadoop1 app]$ echo $JAVA_HOME
/home/hadoop/app/jdk
```

(4) 在 hadoop 用户下，使用 java 命令查看 JDK 版本号，命令如下：

```
[hadoop@hadoop1 app]$ java -version
java version "1.8.0_141"
Java(TM) SE Runtime Environment (build 1.8.0_141-b15)
Java HotSpot(TM) 64-Bit Server VM (build 25.141-b15, mixed mode)
```

如果显示的信息能查看到 JDK 版本号，则说明 JDK 安装成功。

2.10 Hadoop 的安装与配置

Hadoop 的
安装与配置

1. Hadoop 的安装步骤

(1) 下载对应版本的 Hadoop 安装包，并上传至 hadoop1 节点的 /home/hadoop/app 目录下，查看安装包所在目录，命令如下：

```
[hadoop@hadoop1 app]$ ls hadoop-2.9.2.tar.gz
```

(2) 在当前目录下，使用 tar 命令解压 Hadoop 安装包，命令如下：

```
[hadoop@hadoop1 app]$ tar  -zxvf hadoop-2.9.2.tar.gz
```

(3) 为了方便管理多版本的 Hadoop，使用 ln 命令创建软连接，命令如下：

```
[hadoop@hadoop1 app]$ ln -s hadoop-2.9.2 hadoop
```

2. 配置 Hadoop

在 Hadoop 安装目录下，进入 etc/hadoop 目录，修改 Hadoop 的相关配置文件。

(1) 修改 core-site.xml 配置文件。core-site.xml 文件主要配置 Hadoop 的公有属性，配置命令如下：

```
[hadoop@hadoop1 hadoop]$ vi core-site.xml
<configuration>
<property>
    <name>fs.defaultFS</name>
    <value>hdfs://hadoop1:9000</value>
    <!--配置 HDFS NameNode 的地址，9000 是 RPC(远程过程调用协议)通信的端口-->
</property>
<property>
    <name>hadoop.tmp.dir</name>
    <value>/home/hadoop/data/tmp</value>
    <!--Hadoop 的临时目录-->
</property>
```

```
</configuration>
```

(2) 修改 hdfs-site.xml 配置文件。hdfs-site.xml 文件主要配置与 HDFS 相关的属性，配置命令如下：

```
[hadoop@hadoop1 hadoop]$ vi hdfs-site.xml
<configuration>
<property>
    <name>dfs.namenode.name.dir</name>
    <value>/home/hadoop/data/dfs/name</value>
    <!--配置 NameNode 节点存储镜像文件 fsimage 的目录位置-->
</property>
<property>
    <name>dfs.datanode.data.dir</name>
    <value>/home/hadoop/data/dfs/data</value>
    <!--配置 DataNode 节点存储 Block(数据块)的目录位置-->
</property>
<property>
    <name>dfs.replication</name>
    <value>1</value>
    <!--配置 HDFS 副本数量-->
</property>
<property>
    <name>dfs.permissions</name>
    <value>false</value>
    <!--关闭 HDFS 的权限检查-->
</property>
</configuration>
```

(3) 修改 hadoop-env.sh 配置文件。hadoop-env.sh 文件主要配置与 Hadoop 环境相关的变量。这里主要修改 JAVA_HOME 的安装目录，配置命令如下：

```
[hadoop@hadoop1 hadoop]$ vi hadoop-env.sh
export JAVA_HOME=/home/hadoop/app/jdk
```

(4) 修改 mapred-site.xml 配置文件。mapred-site.xml 文件主要配置与 MapReduce 相关的属性。这里主要将 MapReduce 的运行框架名称配置为 YARN，配置命令如下：

```
[hadoop@hadoop1 hadoop]$ vi mapred-site.xml
<configuration>
<property>
    <name>mapreduce.framework.name</name>
    <value>yarn</value>
    <!--指定运行 MapReduce 的环境为 YARN-->
```

```
</property>
</configuration>
```

(5) 修改 yarn-site.xml 配置文件。yarn-site.xml 文件主要配置与 YARN 相关的属性，配置命令如下：

```
[hadoop@hadoop1 hadoop]$ vi yarn-site.xml
<configuration>
<property>
    <name>yarn.nodemanager.aux-services</name>
    <value>mapreduce_shuffle</value>
    <!--配置 NodeManager 执行 MR 任务的方式为 Shuffle 混洗-->
</property>
</configuration>
```

(6) 修改 slaves 配置文件。slaves 文件主要配置节点角色，由于目前搭建的是 Hadoop 伪分布集群，所以只需要填写当前的主机名，配置命令如下：

```
[hadoop@hadoop1 hadoop]$ vi slaves
hadoop1
```

3. 配置 Hadoop 环境变量

在 hadoop 用户下，添加 Hadoop 环境变量，命令如下：

```
[hadoop@hadoop1 hadoop]$ vi    ~/.bashrc
JAVA_HOME=/home/hadoop/app/jdk
HADOOP_HOME=/home/hadoop/app/hadoop
CLASSPATH=.:$JAVA_HOME/lib/dt.jar:$JAVA_HOME/lib/tools.jar
PATH=$JAVA_HOME/bin:$HADOOP_HOME/bin:$PATH
export JAVA_HOME CLASSPATH PATH HADOOP_HOME
```

使用 source 命令执行 .bashrc 文件，使 Hadoop 环境变量生效，命令如下：

```
[hadoop@hadoop1 hadoop]$ source ~/.bashrc
[hadoop@hadoop1 hadoop]$ hadoop version
Hadoop 2.9.2
```

4. 创建 Hadoop 相关数据目录

在 hadoop 用户下，创建 Hadoop 相关数据目录，命令如下：

```
[hadoop@hadoop1 hadoop]$ mkdir -p /home/hadoop/data/tmp
[hadoop@hadoop1 hadoop]$ mkdir -p /home/hadoop/data/dfs/name
[hadoop@hadoop1 hadoop]$ mkdir -p /home/hadoop/data/dfs/data
```

5. 启动 Hadoop 伪分布集群并查看 HDFS 和 YARN

(1) 格式化主节点 NameNode。在 Hadoop 安装目录下，使用如下命令对 NameNode 进行格式化。

```
[hadoop@hadoop1 hadoop]$ bin/hdfs namenode -format
```

注意：第一次安装 Hadoop 集群时，需要对 NameNode 进行格式化，而 Hadoop 集群安

装成功之后，只需要使用脚本“start-all.sh”一键启动 Hadoop 集群。

(2) 启动 Hadoop 伪分布集群。在 Hadoop 安装目录下，使用脚本一键启动 Hadoop 集群，命令如下：

```
[hadoop@hadoop1 hadoop]$ sbin/start-all.sh
```

(3) 查看 Hadoop 服务进程。通过 jps 命令查看 Hadoop 伪分布集群的服务进程，命令如下：

```
[hadoop@hadoop1 hadoop]$ jps
2466 DataNode
2948 NodeManager
3271 Jps
2843 ResourceManager
2636 SecondaryNameNode
2366 NameNode
```

如果服务进程中包含 Resourcemanager、Nodemanager、NameNode、DataNode 和 SecondaryNameNode 等 5 个进程(Jps 不是 HDFS 的进程)，则说明 Hadoop 伪分布集群启动成功。

(4) 查看 HDFS 文件系统。在浏览器中输入网址 http://hadoop1:50070/，通过 Web 界面查看 HDFS 文件系统，界面如图 2-21 所示。

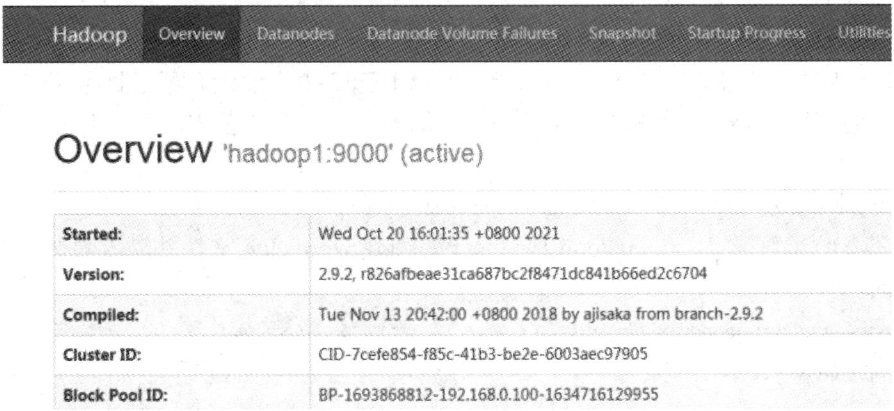

Hadoop　Overview　Datanodes　Datanode Volume Failures　Snapshot　Startup Progress　Utilities

Overview 'hadoop1:9000' (active)

Started:	Wed Oct 20 16:01:35 +0800 2021
Version:	2.9.2, r826afbeae31ca687bc2f8471dc841b66ed2c6704
Compiled:	Tue Nov 13 20:42:00 +0800 2018 by ajisaka from branch-2.9.2
Cluster ID:	CID-7cefe854-f85c-41b3-be2e-6003aec97905
Block Pool ID:	BP-1693868812-192.168.0.100-1634716129955

图 2-21　查看 HDFS 文件系统

注意：若在 Windows 平台通过 hadoop1 访问系统，则必须在 C:\Windows\System32\drivers\etc\hosts 文件中配置 IP 映射，如图 2-22 所示。

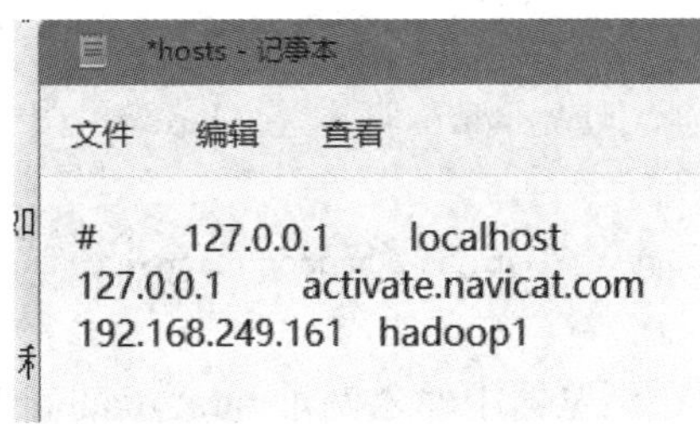

图 2-22　在 hosts 文件中配置 IP 映射

(5) 查看 YARN 资源管理系统。在浏览器中输入网址 http://hadoop1:8088/，通过 Web 界面查看 YARN 资源管理系统，界面如图 2-23 所示。

图 2-23　查看 YARN 资源管理系统

6. 测试运行 Hadoop 伪分布集群

Hadoop 伪分布集群启动之后，通过运行 Hadoop 自带的 WordCount 案例来检测 Hadoop 集群环境的可用性，具体步骤如下：

(1) 查看 HDFS 目录。在 HDFS shell 中，使用 ls 命令查看 HDFS 文件系统目录，如下所示：

```
[hadoop@hadoop1 hadoop]$ bin/hdfs dfs -ls /
```

由于这是第一次使用 HDFS 文件系统，所以 HDFS 中目前没有任何目录和文件。

(2) 创建 HDFS 目录。在 HDFS shell 中，使用 mkdir 命令创建 HDFS 文件目录/test，如下所示：

```
[hadoop@hadoop1 hadoop]$ bin/hdfs dfs -mkdir /test
```

(3) 准备测试数据集。在 Hadoop 根目录下，新建 words.log 文件并输入测试数据，命令如下所示：

```
[hadoop@hadoop1 hadoop]$ vi words.log
hadoop hadoop hadoop
spark spark spark
flink flink flink
```

(4) 测试数据上传至 HDFS。使用 put 命令将 words.log 文件上传至 HDFS 的/test 目录下，如下所示：

```
[hadoop@hadoop1 hadoop]$ bin/hdfs dfs -put words.log /test
```

(5) 运行 WordCount 案例。使用 yarn 脚本将 Hadoop 自带的 WordCount 程序提交到 YARN 集群运行，命令如下所示：

```
[hadoop@hadoop1 hadoop]$ bin/yarn jar share/hadoop/mapreduce/hadoop-mapreduce-examples-2.9.2.jar
wordcount /test/words.log /test/out
```

(6) 查看作业运行状态。在浏览器中输入网址 http://hadoop1:8088/，通过 Web 界面查看 YARN 中的作业运行状态，界面如图 2-24 所示。

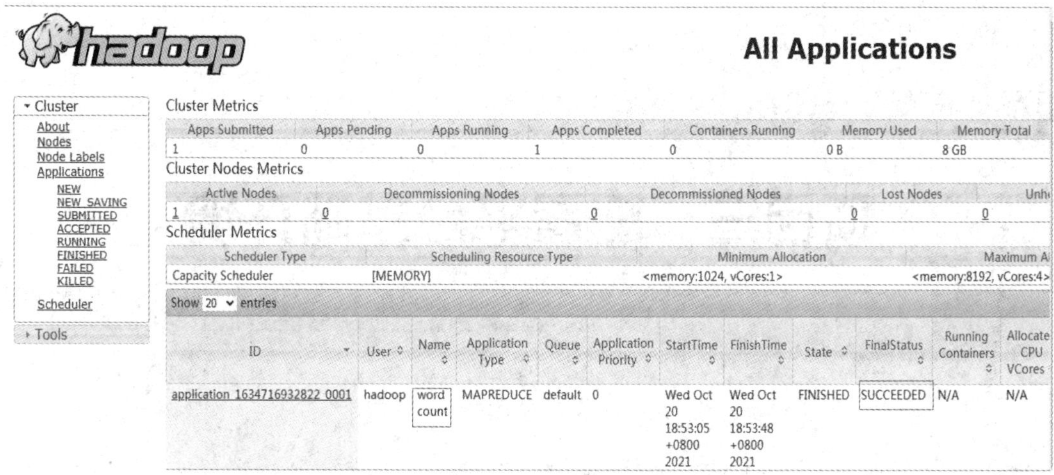

图 2-24　查看 YARN 中的作业运行状态

如果在 YARN 集群的 Web 界面中，查看到 WordCount 作业最终的运行状态为“SUCCESSED”，则说明 MapReduce 程序在 YARN 集群上运行成功。

(7) 查询作业运行结果。使用 cat 命令查看 WordCount 作业的输出结果，如下所示：

```
[hadoop@hadoop1 hadoop]$ bin/hdfs dfs -cat /test/out/*
flink       3
hadoop      3
spark       3
```

如果 WordCount 运行结果符合预期值，则说明 Hadoop 伪分布式集群已经搭建成功！

项目三　配置平台基础环境

3.1　Linux 虚拟机的克隆

Linux 虚拟机克隆的操作步骤如下：

(1) 如图 3-1 所示，在 VMware 中右键单击 hadoop1 节点，然后选择“hadoop1”→“管理”→“克隆”，进入克隆虚拟机向导，单击“下一页”按钮。

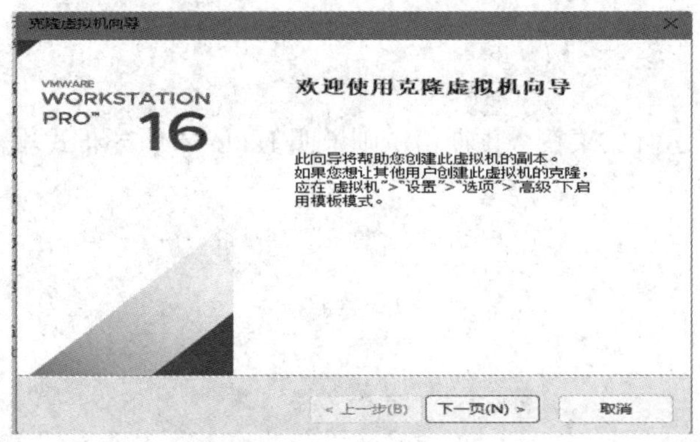

图 3-1　克隆虚拟机向导

Linux 虚拟机的克隆

(2) 弹出如图 3-2 所示的界面，选择“虚拟机中的当前状态”，然后单击“下一步”按钮。

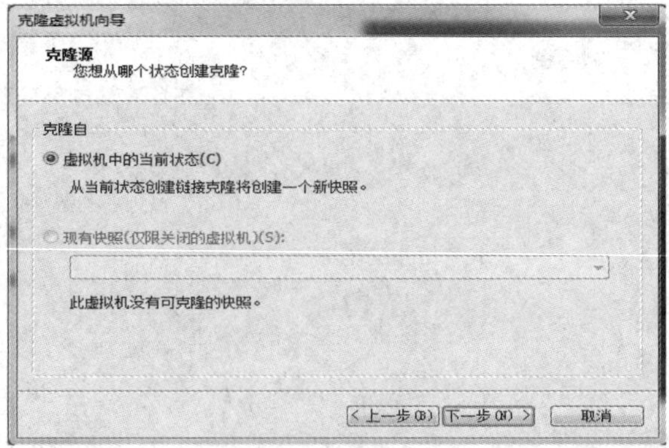

图 3-2　选择克隆源

(3) 弹出如图 3-3 所示的界面，选择“创建完整克隆”，然后单击“下一步”按钮。

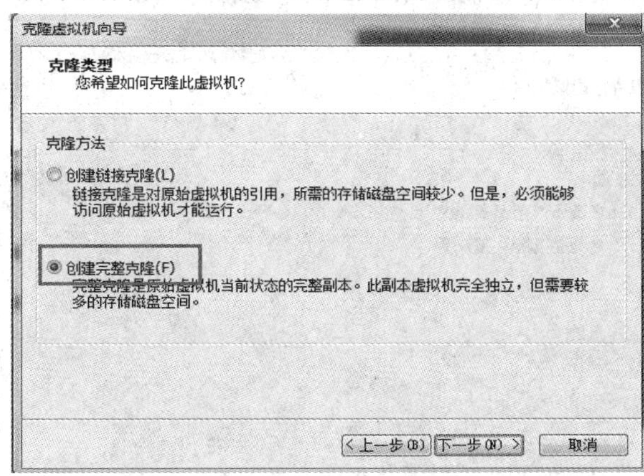

图 3-3　选择克隆类型

(4) 弹出如图 3-4 所示的界面，输入新虚拟机的名称并选择存储位置，然后单击“完成”按钮。

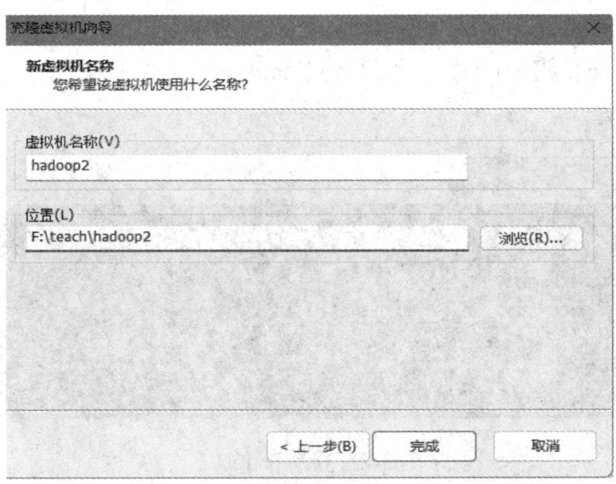

图 3-4　输入新虚拟机的名称并选择存储位置

(5) 弹出如图 3-5 所示的界面，耐心等待克隆虚拟机进度条完成。

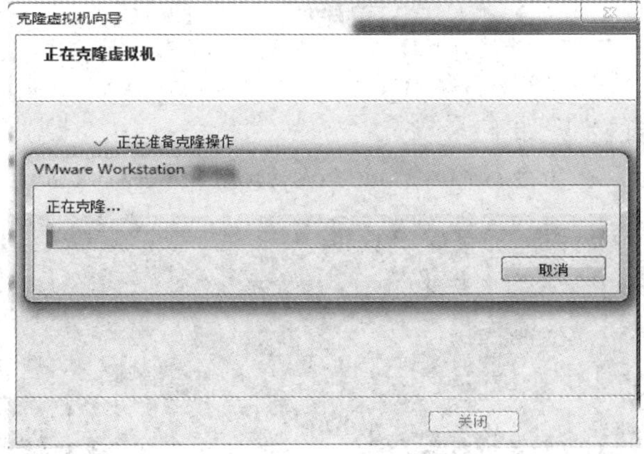

图 3-5　克隆虚拟机

(6) 如图 3-6 所示，单击“关闭”按钮，完成克隆虚拟机。

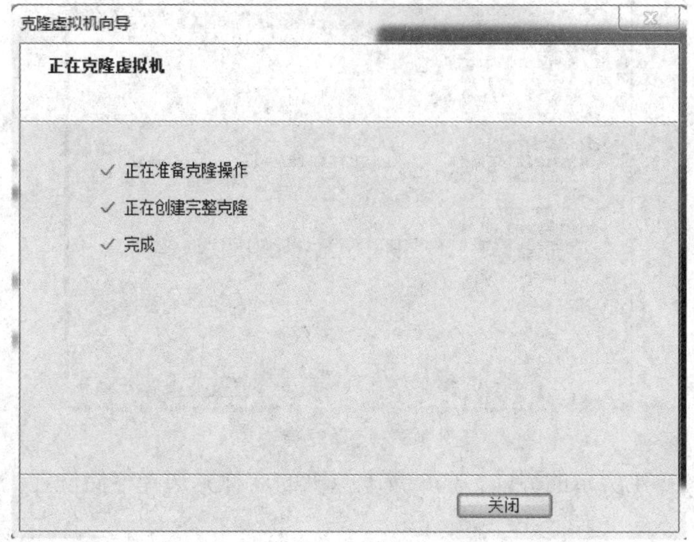

图 3-6　完成克隆虚拟机

(7) 使用与 hadoop1 相同的账号密码登录 hadoop2，具体操作如图 3-7 所示(用户名为 root，密码为 123456)。

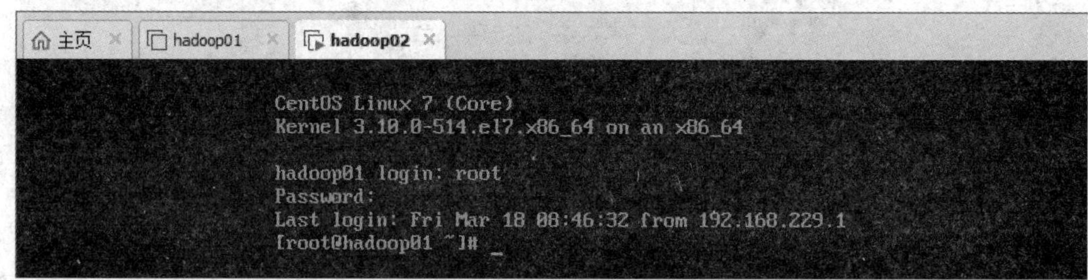

图 3-7　登录 hadoop2

3.2　配置静态 IP 地址

配置静态 IP

配置静态 IP 地址的步骤如下：

(1) 如图 3-8 所示，在命令行输入“vi /etc/sysconf ig/network-scripts/ifcfg-ens33”命令。

```
CentOS Linux 7 (Core)
Kernel 3.10.0-514.el7.x86_64 on an x86_64

hadoop1 login: root
Password:
Last login: Wed Jan 18 17:56:44 from 192.168.249.1
[root@hadoop1 ~]# vi /etc/sysconfig/network-scripts/ifcfg-ens33
```

图 3-8　配置静态 IP(1)

(2) 如图 3-9 所示，修改 IP 地址为 192.168.249.162(可根据实际情况配置)。

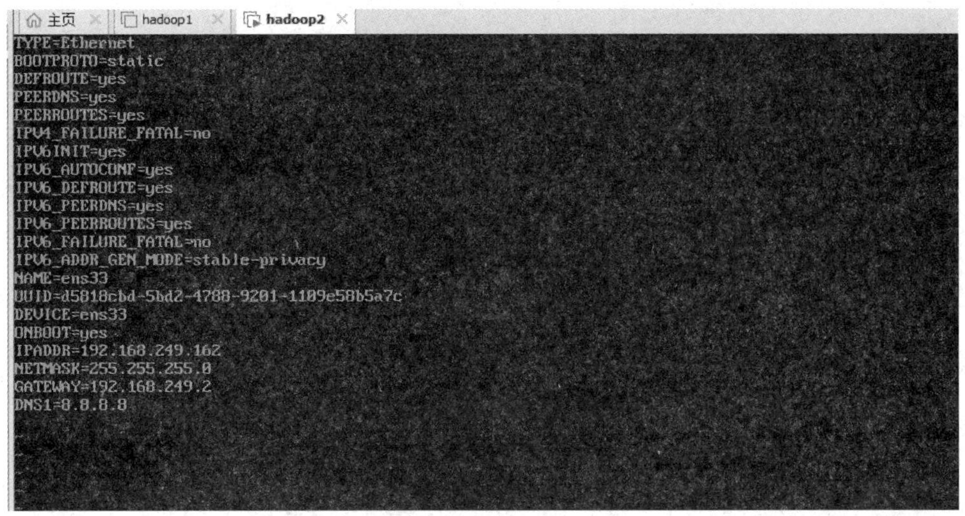

图 3-9　配置静态 IP(2)

(3) 如图 3-10 所示，输入命令“service network restart”重启网络服务，然后再输入“ifconfig”命令查看 IP 地址是否修改成功。

```
[root@hadoop1 ~]# service network restart
Restarting network (via systemctl):                        [  OK  ]
[root@hadoop1 ~]# ifconfig
ens33: flags=4163<UP,BROADCAST,RUNNING,MULTICAST>  mtu 1500
        inet 192.168.249.162  netmask 255.255.255.0  broadcast 192.168.249.255
        inet6 fe80::e689:5c6d:72c4:f788  prefixlen 64  scopeid 0x20<link>
        ether 00:0c:29:7b:c0:a0  txqueuelen 1000  (Ethernet)
        RX packets 120  bytes 11040 (10.7 KiB)
        RX errors 0  dropped 0  overruns 0  frame 0
        TX packets 21  bytes 1566 (1.5 KiB)
        TX errors 0  dropped 0 overruns 0  carrier 0  collisions 0

lo: flags=73<UP,LOOPBACK,RUNNING>  mtu 65536
        inet 127.0.0.1  netmask 255.0.0.0
        inet6 ::1  prefixlen 128  scopeid 0x10<host>
        loop  txqueuelen 1  (Local Loopback)
        RX packets 0  bytes 0 (0.0 B)
        RX errors 0  dropped 0  overruns 0  frame 0
        TX packets 0  bytes 0 (0.0 B)
        TX errors 0  dropped 0 overruns 0  carrier 0  collisions 0

[root@hadoop1 ~]#
```

图 3-10　重启网络服务

(4) 如图 3-11 所示，输入“ping www.baidu.com”命令，测试虚拟机网络，如果收到回复，则表示网络联通。

```
[root@hadoop1 ~]# ping www.baidu.com
PING www.a.shifen.com (14.215.177.39) 56(84) bytes of data.
64 bytes from 14.215.177.39 (14.215.177.39): icmp_seq=1 ttl=128 time=21.0 ms
64 bytes from 14.215.177.39 (14.215.177.39): icmp_seq=2 ttl=128 time=23.2 ms
64 bytes from 14.215.177.39 (14.215.177.39): icmp_seq=3 ttl=128 time=22.9 ms
^C
--- www.a.shifen.com ping statistics ---
3 packets transmitted, 3 received, 0% packet loss, time 2003ms
rtt min/avg/max/mdev = 21.077/22.421/23.230/0.956 ms
```

图 3-11　测试网络

3.3 Xshell 连接克隆虚拟机

Xshell 连接

Xshell 连接克隆虚拟机的步骤如下：

(1) 静态 IP 地址配置成功之后，通过 Xshell 连接克隆的虚拟机，如图 3-12 所示。在 Xshell 中新建会话，配置需要连接的虚拟机，然后单击“确定”按钮。

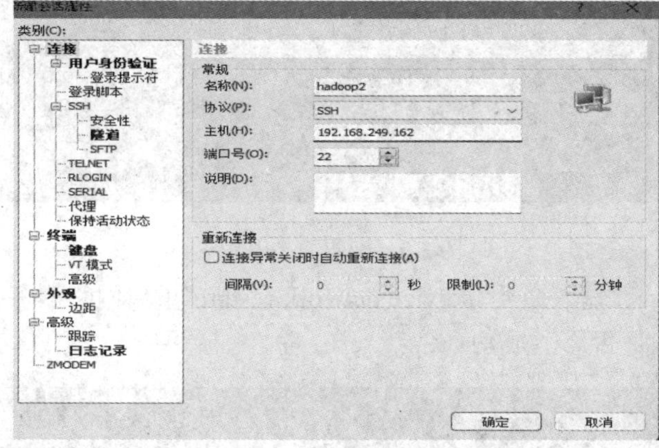

图 3-12　配置连接

(2) 如图 3-13 所示，设置用户身份验证，输入用户名和密码，然后单击“确定”按钮。

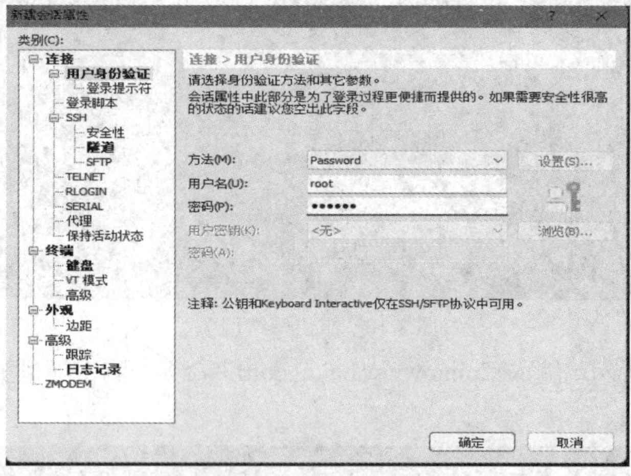

图 3-13　设置用户身份验证

(3) 连接配置好的虚拟机，若出现如图 3-14 所示的界面，则表示连接成功。

```
Last login: Wed Jan 18 23:09:06 2023
[root@hadoop1 ~]# 
```

图 3-14　通过 Xshell 连接成功

3.4　修改克隆虚拟机主机名

修改主机名集群

修改克隆虚拟机主机名的步骤如下：

(1) 由于克隆虚拟机的主机名还是 hadoop1，所以需要修改主机名为 hadoop2，输入命令“vi /etc/hostname”修改主机名，具体操作如图 3-15 所示。

```
[root@hadoop1 ~]# vi /etc/hostname
[root@hadoop1 ~]# cat /etc/hostname
hadoop2
```

图 3-15　修改主机名

(2) 为了使用主机名进行访问，需要配置主机名映射，输入命令“vi /etc/hosts”配置主机名映射，具体操作如图 3-16 所示。

```
[root@hadoop1 ~]# vi /etc/hosts
```

```
127.0.0.1   localhost localhost.localdomain localhost4 localhost4.localdomain4
::1         localhost localhost.localdomain localhost6 localhost6.localdomain6
192.168.249.162 hadoop2
~
```

图 3-16　修改主机名映射

3.5　关闭克隆虚拟机防火墙

关闭防火墙

关闭克隆虚拟机防火墙的步骤如下：

(1) 如图 3-17 所示，输入命令“systemctl status firewalld”查看防火墙状态，如果处于“running”状态，则表示防火墙开启。

```
[root@hadoop1 ~]# systemctl status firewalld
● firewalld.service - firewalld - dynamic firewall daemon
   Loaded: loaded (/usr/lib/systemd/system/firewalld.service; enabled; vendor preset: enabled)
   Active: active (running) since Thu 2022-03-17 21:23:16 HKT; 17min ago
     Docs: man:firewalld(1)
 Main PID: 638 (firewalld)
   CGroup: /system.slice/firewalld.service
           └─638 /usr/bin/python -Es /usr/sbin/firewalld --nofork --nopid

Mar 17 21:23:08 hadoop1 systemd[1]: Starting firewalld - dynamic firewall daemon...
Mar 17 21:23:16 hadoop1 systemd[1]: Started firewalld - dynamic firewall daemon.
[root@hadoop1 ~]#
```

图 3-17　查看防火墙状态

(2) 关闭防火墙，具体包括两步：一是输入命令“systemctl stop firewalld”停止防火墙；二是输入命令“systemctl disable firewalld”使防火墙失效。具体操作如图 3-18 所示。

```
[root@hadoop1 ~]# systemctl stop firewalld
[root@hadoop1 ~]# systemctl disable firewalld
Removed symlink /etc/systemd/system/dbus-org.fedoraproject.FirewallD1.service.
Removed symlink /etc/systemd/system/basic.target.wants/firewalld.service.
[root@hadoop1 ~]#
```

图 3-18　关闭防火墙

注意：由于 hadoop1 已经关闭防火墙，所以克隆虚拟机的此步骤可以省略，JDK 的安装也可省略。

3.6　FileZilla 连接克隆虚拟机

FileZilla 连接

在 FileZilla 中新建站点，进行配置，具体操作如图 3-19 所示。

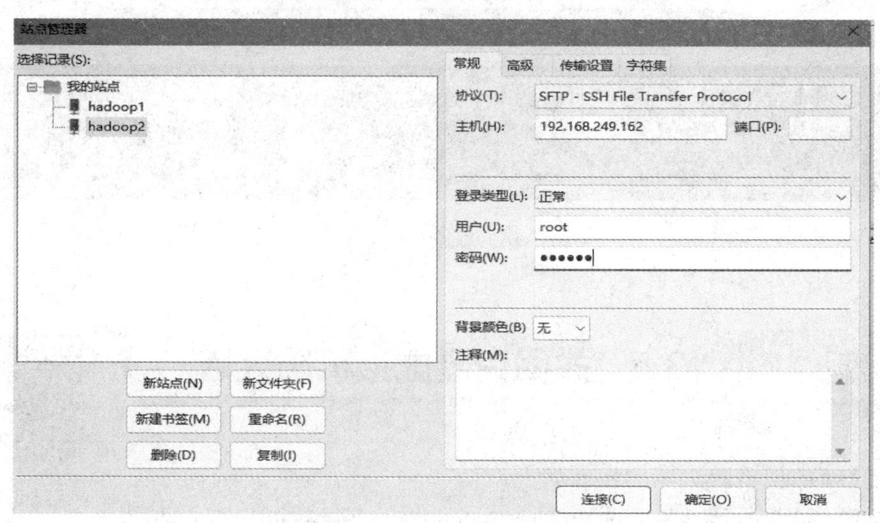

图 3-19　FileZilla 连接虚拟机

注意：使用同样的步骤克隆 hadoop3 并配置 IP 地址(IP:192.168.249.163)。

3.7　Hadoop 集群安装前的准备工作

Hadoop 集群安装前准备

1. 配置 hosts 文件

(1) 输入命令“vi /etc/hosts”配置 IP 地址映射，具体操作如图 3-20 所示。

注意：hadoop1、hadoop2 和 hadoop3 节点 hosts 文件的配置一样。

```
[root@hadoop1 ~]# vi /etc/hosts
[root@hadoop1 ~]# cat /etc/hosts
i127.0.0.1   localhost localhost.localdomain localhost4 localhost4.localdomain4
::1          localhost localhost.localdomain localhost6 localhost6.localdomain6
192.168.249.161 hadoop1
192.168.249.162 hadoop2
192.168.249.163 hadoop3
```

图 3-20　配置 Hosts 文件

(2) 测试 hadoop1 节点访问 hadoop2 节点，输入命令“ping hadoop2”，具体操作如图 3-21 所示。

```
[root@hadoop1 ~]# ping hadoop2
PING hadoop2 (192.168.249.162) 56(84) bytes of data.
64 bytes from hadoop2 (192.168.249.162): icmp_seq=1 ttl=64 time=0.390 ms
64 bytes from hadoop2 (192.168.249.162): icmp_seq=2 ttl=64 time=0.140 ms
64 bytes from hadoop2 (192.168.249.162): icmp_seq=3 ttl=64 time=0.263 ms
```

图 3-21　测试节点互访

2. 时钟同步

(1) 输入命令“cp /usr/share/zoneinfo/Asia/Shanghai /etc/localtime”统一时区为上海时区，具体操作如图 3-22 所示。

```
[root@hadoop1 ~]# cp /usr/share/zoneinfo/Asia/Shanghai /etc/localtime
cp: overwrite ' /etc/localtime' ? y
[root@hadoop1 ~]#
```

图 3-22　统一时区

(2) 输入命令“yum install ntp”下载并安装 NTP(网络时间协议)，在此过程中遇到提问时输入“y”，具体操作如图 3-23 所示。

```
Public key for openssl-libs-1.0.2k-25.el7_9.x86_64.rpm is not installed    ]  0.0 B/s | 701 kB  --:--:-- ETA
(4/5): openssl-libs-1.0.2k-25.el7_9.x86_64.rpm                                        | 1.2 MB  00:00:00
(5/5): openssl-1.0.2k-25.el7_9.x86_64.rpm                                             | 494 kB  00:00:00
---------------------------------------------------------------------------------------------------------
Total                                                                        2.3 MB/s | 2.4 MB  00:00:01
Retrieving key from file:///etc/pki/rpm-gpg/RPM-GPG-KEY-CentOS-7
Importing GPG key 0xF4A80EB5:
 Userid     : "CentOS-7 Key (CentOS 7 Official Signing Key) <security@centos.org>"
 Fingerprint: 6341 ab27 53d7 8a78 a7c2 7bb1 24c6 a8a7 f4a8 0eb5
 Package    : centos-release-7-3.1611.el7.centos.x86_64 (@anaconda)
 From       : /etc/pki/rpm-gpg/RPM-GPG-KEY-CentOS-7
Is this ok [y/N]: y
Running transaction check
Running transaction test
Transaction test succeeded
Running transaction
  Updating   : 1:openssl-libs-1.0.2k-25.el7_9.x86_64                                                  1/7
  Installing : ntpdate-4.2.6p5-29.el7.centos.2.x86_64                                                 2/7
  Installing : autogen-libopts-5.18-5.el7.x86_64                                                      3/7
  Installing : ntp-4.2.6p5-29.el7.centos.2.x86_64                                                     4/7
  Updating   : 1:openssl-1.0.2k-25.el7_9.x86_64                                                       5/7
  Cleanup    : 1:openssl-1.0.1e-60.el7.x86_64                                                         6/7
  Cleanup    : 1:openssl-libs-1.0.1e-60.el7.x86_64                                                    7/7
  Verifying  : 1:openssl-libs-1.0.2k-25.el7_9.x86_64                                                  1/7
  Verifying  : autogen-libopts-5.18-5.el7.x86_64                                                      2/7
  Verifying  : 1:openssl-1.0.2k-25.el7_9.x86_64                                                       3/7
  Verifying  : ntpdate-4.2.6p5-29.el7.centos.2.x86_64                                                 4/7
  Verifying  : ntp-4.2.6p5-29.el7.centos.2.x86_64                                                     5/7
  Verifying  : 1:openssl-libs-1.0.1e-60.el7.x86_64                                                    6/7
  Verifying  : 1:openssl-1.0.1e-60.el7.x86_64                                                         7/7

Installed:
  ntp.x86_64 0:4.2.6p5-29.el7.centos.2

Dependency Installed:
  autogen-libopts.x86_64 0:5.18-5.el7                 ntpdate.x86_64 0:4.2.6p5-29.el7.centos.2

Dependency Updated:
  openssl.x86_64 1:1.0.2k-25.el7_9                    openssl-libs.x86_64 1:1.0.2k-25.el7_9
```

图 3-23　下载并安装 NTP

(3) 输入命令“ntpdate us.pool.ntp.org”同步时间，具体操作如图 3-24 所示。

```
[root@hadoop1 hadoop]# ntpdate us.pool.ntp.org
20 Jul 18:18:04 ntpdate[1249]: step time server 50.76.34.188 offset -28801.760735 sec
```

图 3-24　同步时间

为了能够周期性地执行时钟同步，需要加入定时任务。例如，每隔 10 分钟同步一下时钟，先使用“crontab -e”命令，然后再输入如下内容：

```
0-59/10 * * * * /usr/sbin/ntpdate us.pool.ntp.org | logger -t NTP
```

具体操作如图 3-25 所示。

[root@hadoop1 ~]# crontab -e
0-59/10 * * * * /usr/sbin/ntpdate us.pool.ntp.org | logger -t NTP

图 3-25　加入定时任务

注意：每三个节点执行一遍任务。

3. 配置节点与集群的 SSH 免密登录

SSH 免密登录的功能与用户密切相关，配置了 SSH 的用户就具有 SSH 免密登录的功能，没有配置的用户则不具备该功能，这里为 hadoop 用户配置 SSH 免密登录。

1) 配置各节点 SSH 免密登录

由于 hadoop1 已经配置过免密登录，所以直接从 hadoop2 开始配置(注意是在 hadoop 用户)，配置 hadoop2 节点免密登录的步骤如下：

(1) 输入命令“su - hadoop”切换至 hadoop 用户，然后使用“rm -rf .ssh/”删除克隆的 ssh 目录，最后通过“ssh-keygen -t rsa”命令(ssh-keygen 是密钥生成器，-t 是一个参数，rsa 是一种加密算法)生成密钥对(即公钥文件 id_rsa.pub 和私钥文件 id_rsa)，具体操作如图 3-26 所示。

```
[root@hadoop2 ~]# su - hadoop
Last login: Wed Jan 18 16:16:49 HKT 2023 on pts/0
[hadoop@hadoop2 ~]$ rm -rf .ssh/
[hadoop@hadoop2 ~]$ ssh-keygen -t rsa
Generating public/private rsa key pair.
Enter file in which to save the key (/home/hadoop/.ssh/id_rsa):
Created directory '/home/hadoop/.ssh'.
Enter passphrase (empty for no passphrase):
Enter same passphrase again:
Your identification has been saved in /home/hadoop/.ssh/id_rsa.
Your public key has been saved in /home/hadoop/.ssh/id_rsa.pub.
The key fingerprint is:
64:e8:53:12:a4:8f:3e:f7:94:51:e7:ce:40:dc:c9:44 hadoop@hadoop2
The key's randomart image is:
+--[ RSA 2048]----+
|      .o     .E  |
|     . o . + .   |
|    . o + + =    |
|     + = o o     |
|    . + S . .    |
|   .   . o +     |
|    o . o   o    |
|     o o         |
|       .         |
```

图 3-26　生成密钥对

(2) 将公钥文件 id_rsa.pub 中的内容拷贝到相同目录下的 authorized_keys 文件中。输入命令“cd .ssh/”进入 ssh 目录，然后输入命令“cp id_rsa.pub authorized_keys”拷贝密钥到 authorized_keys 文件，最后通过命令“cat authorized_keys”查看密钥是否拷贝成功，如图 3-27 所示。

```
1 hadoop1   2 hadoop2   3 hadoop3
[hadoop@hadoop2 ~]$ cd .ssh/
[hadoop@hadoop2 .ssh]$ ls
id_rsa  id_rsa.pub
[hadoop@hadoop2 .ssh]$ cp id_rsa.pub authorized_keys
[hadoop@hadoop2 .ssh]$ cat authorized_keys
ssh-rsa AAAAB3NzaC1yc2EAAAADAQABAAABAQC1F8zDWXcNpHOnmKXr[illegible]kQCuDAu2rJ0hJeUBBU99Tu2XpLPSIL1t+Yy4Y9x
5Yh8BvIkMez6+F6lNh4Qtq/fqrG0sJRi5E6hQDVmZQwv+338hHBI4drb7M3tm1wPwRxsWbvKaoXXSqqpZjtIAUATUBROvw5s
jWDPbBF5kBQ0V0aVpBDybCLUymbryXcChEHCVljDY8B9vGpCq3CVBue1yR8nCcsLwsbv08nFZPbokl4Dq3WQW7EKQInUkwi4
k7LWNgJ7VMQCpPtxnEKchTEs5XJ4YFwnD100eky13meEdwrgyH3eA4samR6otrGKCFZUK6YDbTlXdkSBck+5BhbymgCV had
oop@hadoop2
[hadoop@hadoop2 .ssh]$
```

图 3-27　拷贝公钥到 authorized_keys 文件中

(3) 切换到 hadoop 用户的根目录，然后为 .ssh 目录及文件赋予相应的权限，具体操作如图 3-28 所示。

```
[hadoop@hadoop2 .ssh]$ cd ..
[hadoop@hadoop2 ~]$ chmod 700 .ssh
[hadoop@hadoop2 ~]$ chmod 600 .ssh/*
[hadoop@hadoop2 ~]$
```

图 3-28　为 .ssh 目录及文件赋予相应的权限

(4) 使用“ssh hedoop2”命令登录 hadoop2，第一次登录时需要输入“yes”进行确认，以后登录则不需要，此时表明设置成功，具体操作如图 3-29 所示。

```
[hadoop@hadoop2 ~]$ ssh hadoop2
The authenticity of host 'hadoop2 (192.168.249.162)' can't be established.
ECDSA key fingerprint is 22:66:0d:7c:54:4e:e1:6d:23:61:3b:83:02:f8:4c:10.
Are you sure you want to continue connecting (yes/no)? yes
Warning: Permanently added 'hadoop2,192.168.249.162' (ECDSA) to the list of known hosts.
Last login: Wed Jan 18 16:18:07 2023
[hadoop@hadoop2 ~]$ exit
logout
Connection to hadoop2 closed.
[hadoop@hadoop2 ~]$ ssh hadoop2
Last login: Wed Jan 18 16:26:54 2023 from hadoop2
[hadoop@hadoop2 ~]$
```

图 3-29　使用 SSH 免密登录 hadoop2

(5) hadoop3 节点按照 hadoop2 节点的操作步骤配置 SSH 免密登录即可。

2) 配置集群 SSH 免密登录

为了实现集群节点之间的 SSH 免密登录，还需要将 hadoop2 和 hadoop3 的公钥 id_ras.pub 拷贝到 hadoop1 的 authorized_keys 文件中，具体操作及命令如图 3-30、图 3-31 所示。

拷贝 hadoop2 的公钥到 hadoop1 文件中，输入的命令为：

```
[hadoop@hadoop2 ~]$ cat ~/.ssh/id_rsa.pub | ssh hadoop@hadoop1 'cat >> ~/.ssh/authorized_keys'
```

```
[hadoop@hadoop2 ~]$ cat ~/.ssh/id_rsa.pub | ssh hadoop@hadoop1 'cat >> ~/.ssh/authorized_keys'
The authenticity of host 'hadoop1 (192.168.249.161)' can't be established.
ECDSA key fingerprint is 22:66:0d:7c:54:4e:e1:6d:23:61:3b:83:02:f8:4c:10.
Are you sure you want to continue connecting (yes/no)? yes
Warning: Permanently added 'hadoop1,192.168.249.161' (ECDSA) to the list of known hosts.
hadoop@hadoop1's password:
[hadoop@hadoop2 ~]$
```

图 3-30　拷贝公钥到 hadoop1 文件中(1)

拷贝 hadoop3 的公钥到 hadoop1 文件中，输入的命令为：

```
[hadoop@hadoop3 ~]$ cat ~/.ssh/id_rsa.pub | ssh hadoop@hadoop1 'cat >> ~/.ssh/authorized_keys'
```

```
[hadoop@hadoop3 ~]$ cat ~/.ssh/id_rsa.pub | ssh hadoop@hadoop1 'cat >> ~/.ssh/authorized_keys'
The authenticity of host 'hadoop1 (192.168.249.161)' can't be established.
ECDSA key fingerprint is 22:66:0d:7c:54:4e:e1:6d:23:61:3b:83:02:f8:4c:10.
Are you sure you want to continue connecting (yes/no)? yes
Warning: Permanently added 'hadoop1,192.168.249.161' (ECDSA) to the list of known hosts.
hadoop@hadoop1's password:
[hadoop@hadoop3 ~]$
```

图 3-31　拷贝公钥到 hadoop1 文件中(2)

然后，将 hadoop1 中的 authorized_keys 文件分发到 hadoop2 和 hadoop3 节点，具体操作如图 3-32、图 3-33 所示。

将 hadoop1 的 authorized_keys 文件分发到 hadoop2 节点，输入的命令为：

```
[hadoop@hadoop1 .ssh]$ scp -r authorized_keys hadoop@hadoop2:~/.ssh
```

```
[hadoop@hadoop1 .ssh]$ scp -r authorized_keys hadoop@hadoop2:~/.ssh
The authenticity of host 'hadoop2 (192.168.249.162)' can't be established.
ECDSA key fingerprint is 22:66:0d:7c:54:4e:e1:6d:23:61:3b:83:02:f8:4c:10.
Are you sure you want to continue connecting (yes/no)? yes
Warning: Permanently added 'hadoop2,192.168.249.162' (ECDSA) to the list of known hosts.
hadoop@hadoop2's password:
authorized_keys                                        100% 1188     1.2KB/s   00:00
[hadoop@hadoop1 .ssh]$
```

图 3-32　authorized_keys 文件分发到 hadoop2

将 hadoop1 的 authorized_keys 文件分发到 hadoop3 节点，输入的命令为：

```
[hadoop@hadoop1 .ssh]$ scp -r authorized_keys hadoop@hadoop3:~/.ssh/
```

```
[hadoop@hadoop1 .ssh]$ scp -r authorized_keys hadoop@hadoop3:~/.ssh/
The authenticity of host 'hadoop3 (192.168.249.163)' can't be established.
ECDSA key fingerprint is 22:66:0d:7c:54:4e:e1:6d:23:61:3b:83:02:f8:4c:10.
Are you sure you want to continue connecting (yes/no)? yes
Warning: Permanently added 'hadoop3,192.168.249.163' (ECDSA) to the list of known hosts.
hadoop@hadoop3's password:
authorized_keys                                        100% 1188     1.2KB/s   00:00
[hadoop@hadoop1 .ssh]$
```

图 3-33　authorized_keys 文件分发到 hadoop3

最后，hadoop1 节点就可以免密登录 hadoop2 和 hadoop3 节点，如图 3-34 所示。

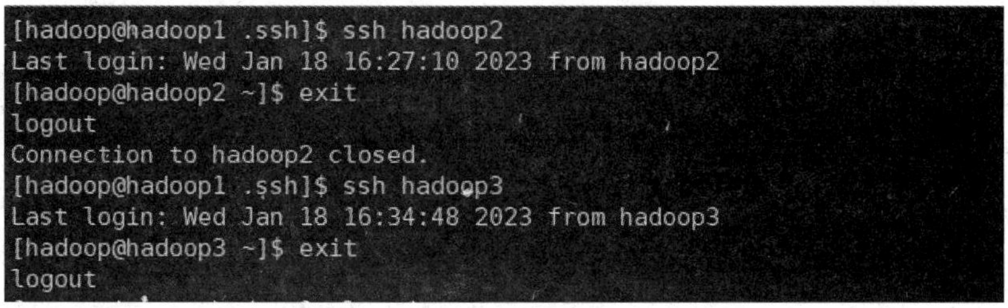

```
[hadoop@hadoop1 .ssh]$ ssh hadoop2
Last login: Wed Jan 18 16:27:10 2023 from hadoop2
[hadoop@hadoop2 ~]$ exit
logout
Connection to hadoop2 closed.
[hadoop@hadoop1 .ssh]$ ssh hadoop3
Last login: Wed Jan 18 16:34:48 2023 from hadoop3
[hadoop@hadoop3 ~]$ exit
logout
```

图 3-34　免密登录 hadoop2、hadoop3

4. 集群脚本开发

(1) 创建 tools 目录，并准备脚本与配置文件。

(2) 使用“mkdir tools”命令创建 tools 目录，并用“ls”命令查看，具体操作如图 3-35 所示。

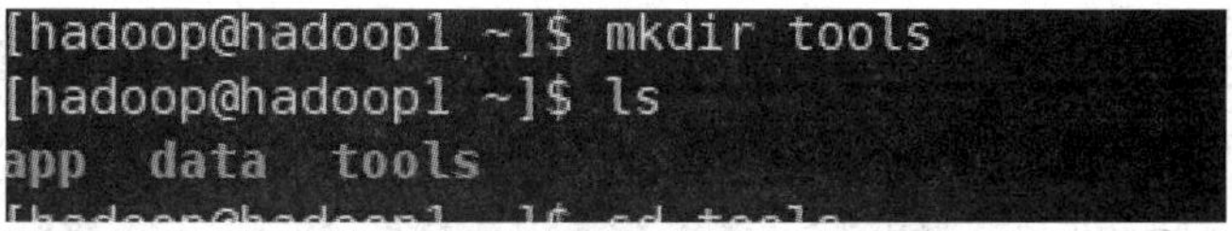

```
[hadoop@hadoop1 ~]$ mkdir tools
[hadoop@hadoop1 ~]$ ls
app  data  tools
```

图 3-35　创建并查看 tools 目录

(3) 如图 3-36 所示，在 FileZilla 的左侧视图中找到并选择需要上传的脚本文件，在右侧视图找到节点相应的目录，单击鼠标右键，选择上传脚本到 tools 文件夹。如图 3-37 所示，使用“ls”命令查看是否上传成功，如果显示 3 个文件，则表示上传成功。

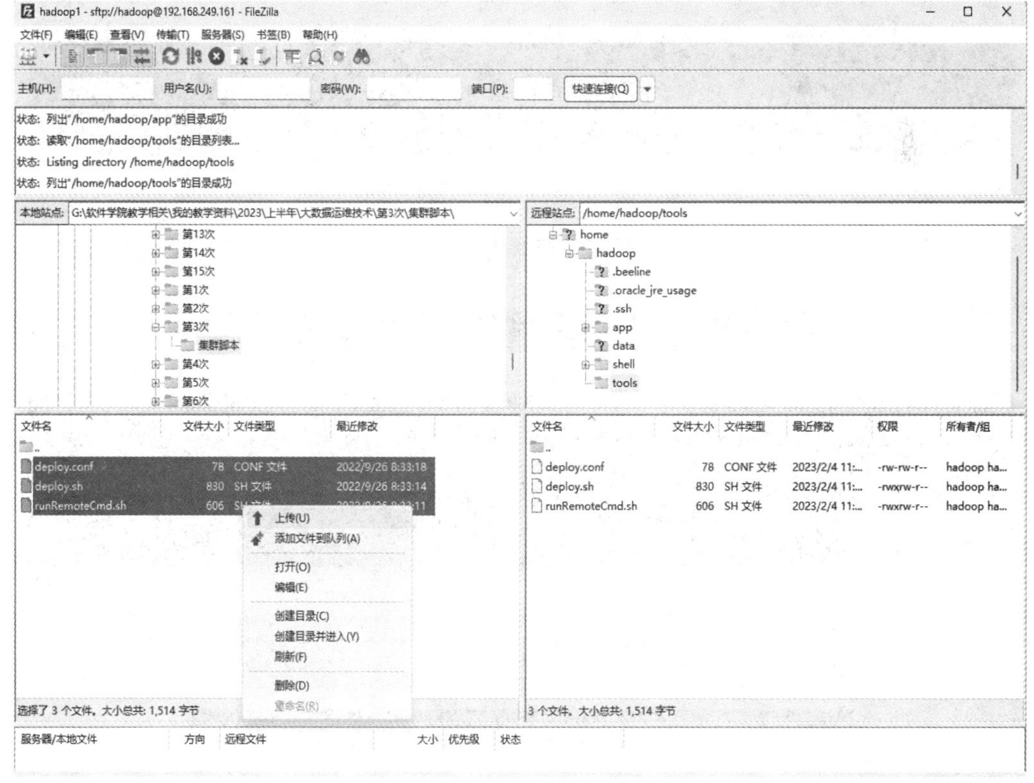

图 3-36　上传脚本文件

```
[hadoop@hadoop1 tools]$ ls
deploy.conf  deploy.sh  runRemoteCmd.sh
```

图 3-37　查看脚本文件

(4) 如图 3-38 所示，使用“vi deploy.conf”命令配置脚本，配置内容为：

hadoop1,master,all,

hadoop2,slave,all,

hadoop3,slave,all,

```
[hadoop@hadoop1 tools]$ vi deploy.conf
```

```
#规划集群角色
hadoop1,master,all,
hadoop2,slave,all,
hadoop3,slave,all,
~
```

图 3-38　配置脚本文件

(5) 使用“chmod u+x deploy.sh runRemoteCmd.sh”命令给脚本授予可执行权限并使用“ls”命令查看，具体操作如图 3-39 所示。

```
[hadoop@hadoop1 tools]$ chmod u+x deploy.sh  runRemoteCmd.sh
[hadoop@hadoop1 tools]$ ls
deploy.conf  deploy.sh  runRemoteCmd.sh
[hadoop@hadoop1 tools]$
```

图 3-39　给脚本授予可执行权限

(6) 使用“vi ~/.bashrc”命令配置脚本环境变量，具体命令及配置内容如图 3-40 所示。

```
[hadoop@hadoop1 tools]$ vi ~/.bashrc
```

```
JAVA_HOME=/home/hadoop/app/jdk
HADOOP_HOME=/home/hadoop/app/hadoop
CLASSPATH=.:$JAVA_HOME/lib/dt.jar:$JAVA_HOME/lib/tools.jar
PATH=$JAVA_HOME/bin:$HADOOP_HOME/bin:/home/hadoop/tools:$PATH
export JAVA_HOME CLASSPATH PATH HADOOP_HOME
~
```

图 3-40　配置脚本环境变量

(7) 使用“source ~/.bashrc”命令使配置生效，具体操作如图 3-41 所示。

```
[hadoop@hadoop1 tools]$ source ~/.bashrc
```

图 3-41　配置生效

(8) 测试运行集群脚本，首先使用“touch words.log”命令创建 words.log 文件，然后使用“deploy.sh words.log /home/hadoop/app slave”命令分发文件到 hadoop2、hadoop3，具体操作如图 3-42 所示。

```
[hadoop@hadoop1 ~]$ cd app
[hadoop@hadoop1 app]$ touch words.log
[hadoop@hadoop1 app]$ deploy.sh words.log /home/hadoop/app slave
words.log                                                    100%    0     0.0KB/s   00:00
words.log                                                    100%    0     0.0KB/s   00:00
[hadoop@hadoop1 app]$
```

图 3-42　测试运行集群脚本

项目四　搭建 Zookeeper 分布式集群

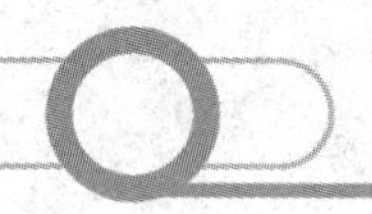

4.1　Zookeeper 概　述

Zookeeper 概述

Zookeeper 是一个分布式应用程序协调服务，大多数分布式应用都需要 Zookeeper 的支持。Zookeeper 的安装与部署主要有两种模式：一种是单节点模式；另一种是分布式集群模式。

Zookeeper 包含了一系列的原语操作服务，基于这些服务，能够构建出更高级别的服务，比如同步、配置管理、分组和命名服务。

Zookeeper 易于编码，数据模型构建在熟悉的树形目录结构的文件系统中。

4.1.1　Zookeeper 的特点

1. 最终一致性

客户端连接到任何一个服务器，所展示的都是同一个视图，模型都是一致的。这是 Zookeeper 最重要的特点。

2. 可靠性

如果一条消息被一台服务器接收，那么它将被所有的服务器接收。

3. 实时性

Zookeeper 保证客户端在一个时间间隔范围内获得服务器的更新信息，或者服务器失效的信息。但由于网络延时等原因，Zookeeper 不能保证两个客户端同时获得最新数据，如果需要获得最新数据，则在读数据之前调用 sync()接口。

4. 等待无关

慢的或者失效的客户端不得干预快速的客户端的请求，这就使每个客户端都能有效地等待。

5. 原子性

对 Zookeeper 的更新操作要么成功，要么失败，没有中间状态。

6. 顺序性

Zookeeper 的顺序性包括全局有序和偏序两种。

全局有序是针对服务器端的。例如，在一台服务器上，如果消息 A 在消息 B 前发布，那么所有服务器上的消息 A 都将在消息 B 前被发布。

偏序是针对客户端的。例如，在同一个客户端中，如果消息 B 在消息 A 后发布，那么执行的顺序必将是先执行消息 A，然后执行消息 B。所有的更新操作都有严格的偏序关系，更新操作都是串行执行的，这一点是保证 Zookeeper 功能正确性的关键。

4.1.2 Zookeeper 的基本架构与工作原理

Zookeeper 服务自身组成一个集群($2n+1$ 个服务节点最多允许 n 个失效)。如图 4-1 所示，Zookeeper 服务有两个角色：一个是主节点(Leader)，负责投票的发起和决议，以及更新系统状态；另一个是从节点(Follower)，用于接收客户端请求并向客户端返回结果和在选主过程(即选择主节点的过程)中参与投票。主节点失效后，会在从节点中重新选举新的主节点。

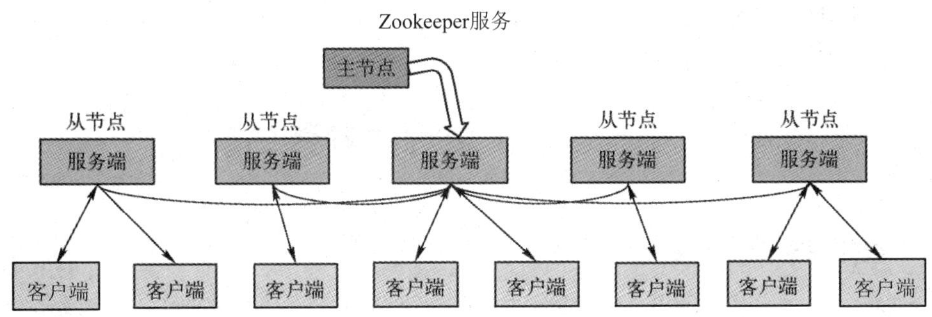

图 4-1　Zookeeper 构架图

4.1.3 Zookeeper 的数据模型

Zookeeper 的数据结构与 Linux 文件系统的模式类似，但与 Linux 中的文件系统路径不同，Zookeeper 中的路径必须是绝对路径，而且每条路径只有唯一的一种表示方式(如：/app1/p_3)。图 4-2 为 Zookeeper 的数据模型。

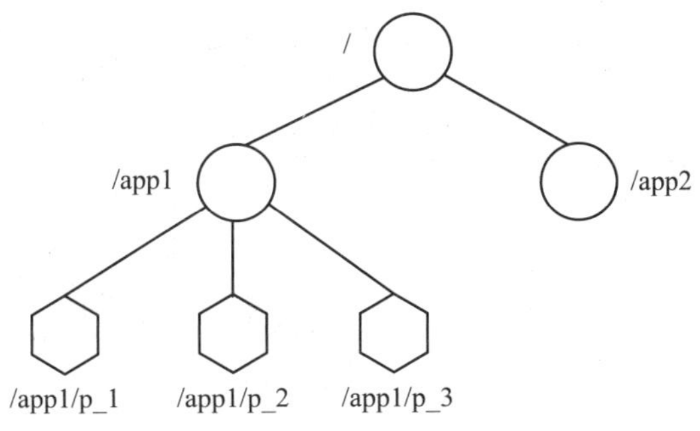

图 4-2　Zookeeper 的数据模型

4.1.4 Znode 的特性

Zookeeper 的数据节点可以视为树状结构，树中的各个节点被称为 Znode。Znode 的类型主要有两种：临时节点和持久节点。Znode 的类型在创建时就确定了，之后不能修改。当创建临时节点的客户端会话结束时，Zookeeper 会将该临时节点删除。临时节点不可以有子节点。而持久节点不依赖与客户端会话，只有当客户端明确要删除该持久节点时，才会被真正删除。

顺序节点是指名称中包含 Zookeeper 指定顺序号的节点，包含临时顺序节点和持久顺序节点。如果在创建 Znode 的时候设置了顺序标识，那么该 Znode 名称之后就会附加一个值，这个值是一个由父节点维护的单调递增的序列号。

4.1.5 监听机制

客户端可以在 Znode 上设置 Watcher(监听机制)，当节点状态发生改变时会触发 Watcher 所对应的操作，然后 Zookeeper 将会向客户端发送且仅发送一条通知。为了能够多次收到通知，客户端需要重新注册所需的 Watcher。

4.2 Zookeeper 集群的安装与配置

1. 下载并解压 Zookeeper

下载并解压 Zookeeper

在官网(网址为 http://Zookeeper.apache.org/releases.html# download)下载 Zookeeper 稳定版本的 Zookeeper-3.4.6.tar.gz 安装包，然后上传至 hadoop1 节点的/home/hadoop/app 目录下并解压，命令如下：

```
#解压 Zookeeper
[hadoop@hadoop1 app]$ tar -zxvf zookeeper-3.4.6.tar.gz
#创建 Zookeeper 软连接
[hadoop@hadoop1 app]$ ln -s zookeeper-3.4.6 zookeeper
```

2. 修改 zoo.cfg 配置文件

修改 zoo.cfg 配置文件

在运行 Zookeeper 服务之前，需要新建一个配置文件。这个配置文件习惯上命名为 zoo.cfg，并保存在 conf 子目录中，其核心内容如下：

```
[hadoop@hadoop1 app]$ cd zookeeper
[hadoop@hadoop1 zookeeper]$ cd conf/
[hadoop@hadoop1 conf]$ ls
configuration.xsl   log4j.properties   zoo.cfg   zoo_sample.cfg
[hadoop@hadoop1 conf]$ cp zoo_sample.cfg zoo.cfg
[hadoop@hadoop1 conf]$ vi zoo.cfg
#数据目录需要提前创建
```

```
dataDir=/home/hadoop/data/zookeeper/zkdata
#日志目录需要提前创建
dataLogDir=/home/hadoop/data/zookeeper/zkdatalog
#访问端口号
clientPort=2181
#server.每个节点服务编号=服务器 IP 地址:集群通信端口:选举端口
server.1=hadoop1:2888:3888
server.2=hadoop2:2888:3888
server.3=hadoop3:2888:3888
```

具体操作步骤如图 4-3 所示。

```
[hadoop@hadoop3 conf]$ cat zoo.cfg
# The number of milliseconds of each tick
tickTime=2000
# The number of ticks that the initial
# synchronization phase can take
initLimit=10
# The number of ticks that can pass between
# sending a request and getting an acknowledgement
syncLimit=5
# the directory where the snapshot is stored.
# do not use /tmp for storage, /tmp here is just
# example sakes.
dataDir=/home/hadoop/data/zookeeper/zkdata
dataLogDir=/home/hadoop/data/zookeeper/zkdatalog
# the port at which the clients will connect
clientPort=2181
# the maximum number of client connections.
# increase this if you need to handle more clients
#maxClientCnxns=60
#
# Be sure to read the maintenance section of the
# administrator guide before turning on autopurge.
#
# http://zookeeper.apache.org/doc/current/zookeeperAdmin.html#sc_maintenance
#
# The number of snapshots to retain in dataDir
#autopurge.snapRetainCount=3
# Purge task interval in hours
# Set to "0" to disable auto purge feature
#autopurge.purgeInterval=1
server.1=hadoop1:2888:3888
server.2=hadoop2:2888:3888
server.3=hadoop3:2888:3888
```

图 4-3　修改 zoo.cfg 配置文件

3. 同步 Zookeeper 安装目录

同步 Zookeeper 安装目录

将 hadoop1 节点的 Zookeeper 安装目录，整体同步到集群的 hadoop2 和 hadoop3 节点，有两种方法。

方法 1：使用远程拷贝命令。其命令如下：

```
[hadoop@hadoop1 app]$ scp -r zookeeper-3.4.6 hadoop@hadoop2:/home/hadoop/app/
[hadoop@hadoop1 app]$ scp -r zookeeper-3.4.6 hadoop@hadoop3:/home/hadoop/app/
```

方法 2：使用集群脚本。其命令如下：

```
[hadoop@hadoop1 app]$ deploy.sh zookeeper-3.4.6 /home/hadoop/app/ slave
```

然后，分别在 hadoop2 和 hadoop3 节点上创建 Zookeeper 软连接，命令如下：

```
[hadoop@hadoop2 app]$ ln -s zookeeper-3.4.6 zookeeper
[hadoop@hadoop3 app]$ ln -s zookeeper-3.4.6 zookeeper
```

4. 创建数据目录和日志目录

在集群各个节点创建 Zookeeper 数据目录和日志目录，需要与 zoo.cfg 配置文件保持一致。

创建数据和日志目录

#创建 Zookeeper 数据目录

方法 1：在 3 个节点分别创建数据目录。其命令如下：

```
[hadoop@hadoop1 app]$ mkdir -p /home/hadoop/data/zookeeper/zkdata
[hadoop@hadoop2 app]$ mkdir -p /home/hadoop/data/zookeeper/zkdata
[hadoop@hadoop3 app]$ mkdir -p /home/hadoop/data/zookeeper/zkdata
```

方法 2：使用集群脚本创建数据目录。其命令如下：

```
[hadoop@hadoop1 ~]$ runRemoteCmd.sh 'mkdir -p /home/hadoop/data/zookeeper/zkdata' all
```

执行结果如图 4-4 所示。

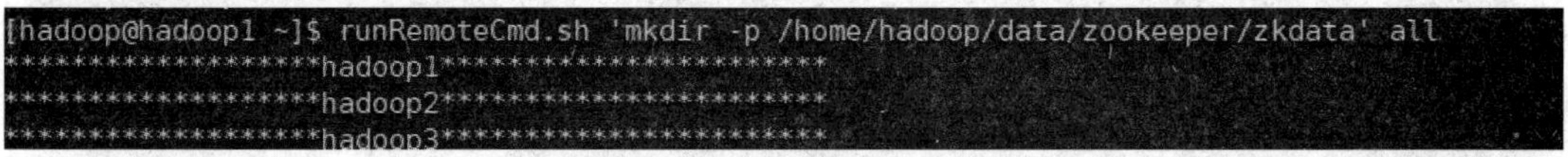

```
[hadoop@hadoop1 ~]$ runRemoteCmd.sh 'mkdir -p /home/hadoop/data/zookeeper/zkdata' all
******************hadoop1**********************
******************hadoop2**********************
******************hadoop3**********************
```

图 4-4 创建数据目录

```
#创建 Zookeeper 日志目录
```

方法 1：在 3 个节点分别创建日志目录。其命令如下：

```
[hadoop@hadoop1 app]$ mkdir -p /home/hadoop/data/zookeeper/zkdatalog
[hadoop@hadoop2 app]$ mkdir -p /home/hadoop/data/zookeeper/zkdatalog
[hadoop@hadoop3 app]$ mkdir -p /home/hadoop/data/zookeeper/zkdatalog
```

方法 2：使用集群脚本创建日志目录(必须安装配置相应的脚本工具)。其命令如下：

```
[hadoop@hadoop1 ~]$ runRemoteCmd.sh 'mkdir -p /home/hadoop/data/zookeeper/zkdatalog' all
```

执行结果如图 4-5 所示。

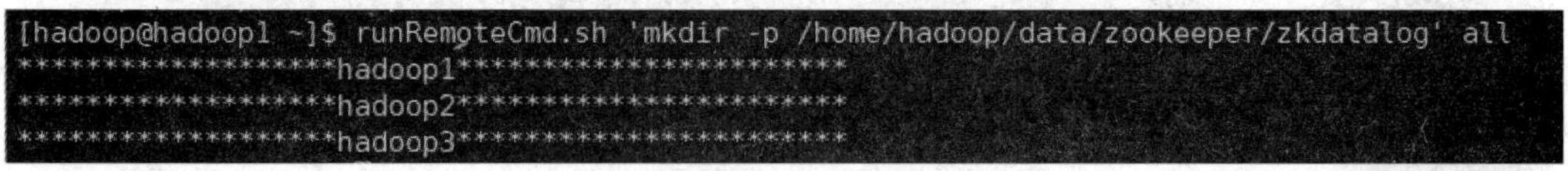

```
[hadoop@hadoop1 ~]$ runRemoteCmd.sh 'mkdir -p /home/hadoop/data/zookeeper/zkdatalog' all
******************hadoop1**********************
******************hadoop2**********************
******************hadoop3**********************
```

图 4-5 创建日志目录

创建各节点服务编号

5. 创建各节点服务编号

在 Zookeeper 集群各个节点，进入/home/hadoop/data/zookeeper/zkdata 目录，创建文件 myid，然后分别输入服务编号，具体命令如下：

```
#hadoop1 节点
[hadoop@hadoop1 zkdata]$ touch myid
[hadoop@hadoop1 zkdata]$ echo 1 > myid
#hadoop2 节点
[hadoop@hadoop2 zkdata]$ touch myid
[hadoop@hadoop2 zkdata]$ echo 2 > myid
#hadoop3 节点
[hadoop@hadoop3 zkdata]$ touch myid
[hadoop@hadoop3 zkdata]$ echo 3 > myid
```

注意：每个节点服务编号的值是一个整形数字且不能重复。

6. 启动 Zookeeper 集群服务

启动 Zookeeper 集群服务

(1) 在集群各个节点分别进入 Zookeeper 安装目录，然后使用以下方法启动 Zookeeper 服务。

方法 1：在 3 个节分别启动服务。其命令如下：

```
[hadoop@hadoop1 zookeeper]$ bin/zkServer.sh start
[hadoop@hadoop2 zookeeper]$ bin/zkServer.sh start
[hadoop@hadoop3 zookeeper]$ bin/zkServer.sh start
```

方法 2：使用远程执行脚本启动服务。其命令如下：

```
[hadoop@hadoop1 ~]$ runRemoteCmd.sh '/home/hadoop/app/zookeeper/bin/zkServer.sh start' all
```

执行结果如图 4-6 所示。

```
[hadoop@hadoop1 ~]$ runRemoteCmd.sh '/home/hadoop/app/zookeeper/bin/zkServer.sh start' all
******************hadoop1***********************
JMX enabled by default
Using config: /home/hadoop/app/zookeeper/bin/../conf/zoo.cfg
Starting zookeeper ... STARTED
******************hadoop2***********************
JMX enabled by default
Using config: /home/hadoop/app/zookeeper/bin/../conf/zoo.cfg
Starting zookeeper ... STARTED
******************hadoop3***********************
JMX enabled by default
Using config: /home/hadoop/app/zookeeper/bin/../conf/zoo.cfg
Starting zookeeper ... STARTED
```

图 4-6　启动 Zookeeper 集群

(2) Zookeeper 集群启动之后，通过以下方法查看 Zookeeper 集群状态。

方法 1：在 3 个节点分别查看集群状态。其命令如下：

```
[hadoop@hadoop1 zookeeper]$ bin/zkServer.sh status
[hadoop@hadoop2 zookeeper]$ bin/zkServer.sh status
[hadoop@hadoop3 zookeeper]$ bin/zkServer.sh status
```

方法 2：使用远程脚本查看集群状态。其命令如下：

```
[hadoop@hadoop1 ~]$ runRemoteCmd.sh '/home/hadoop/app/zookeeper/bin/zkServer.sh status' all
```

执行结果如图 4-7 所示。

```
[hadoop@hadoop1 ~]$ runRemoteCmd.sh '/home/hadoop/app/zookeeper/bin/zkServer.sh status' all
*******************hadoop1***********************
JMX enabled by default
Using config: /home/hadoop/app/zookeeper/bin/../conf/zoo.cfg
Mode: follower
*******************hadoop2***********************
JMX enabled by default
Using config: /home/hadoop/app/zookeeper/bin/../conf/zoo.cfg
Mode: leader
*******************hadoop3***********************
JMX enabled by default
Using config: /home/hadoop/app/zookeeper/bin/../conf/zoo.cfg
Mode: follower
```

图 4-7　查看 Zookeeper 集群状态

如果在 Zookeeper 集群中，其中一个节点为 Leader(主节点)，另外两个节点是 Follower(从节点)，则说明 Zookeeper 集群搭建成功。

4.3　Zookeeper Shell 的常用操作

Zookeeper Shell 的常用操作主要有以下 6 种。

Zookeeper Shell 的常用操作

(1) 客户端连接 zk 服务，命令如下：

```
[hadoop@hadoop1 zookeeper]$ bin/zkCli.sh -server localhost:2181
```

(2) 查看 Znode 根目录结构，命令如下：

```
[zk: localhost:2181(CONNECTED) 1] ls   /
```

(3) 创建节点，命令如下：

```
[zk: localhost:2181(CONNECTED) 2] create /test helloworld
```

(4) 查看节点，命令如下：

```
[zk: localhost:2181(CONNECTED) 3] get /test
```

(5) 修改节点，命令如下：

```
[zk: localhost:2181(CONNECTED) 4] set /test zookeeper
[zk: localhost:2181(CONNECTED) 5] get /test
```

(6) 删除节点，命令如下：

```
[zk: localhost:2181(CONNECTED) 6] delete /test
```

项目五　搭建 HDFS 分布式集群

5.1　HDFS 的架构设计与工作原理

5.1.1　HDFS 是什么

HDFS(Hadoop Distributed File System，Hadoop 分布式文件系统)是Hadoop 项目的核心子项目，是分布式计算中数据存储管理的基础，是基于访问流数据模式和处理超大文件的需求而开发的，可以运行于廉价的商用服务器上。

HDFS 的架构设计与工作原理

HDFS 源于 Google 在 2003 年 10 月发表的 GFS(The Google File System，谷歌文件系统)论文。它其实就是 GFS 的一个克隆版本。

5.1.2　HDFS 的产生背景

数据量的不断增大，最终会导致数据在一个操作系统的磁盘中存储不下。这时，就需要将数据分配到更多操作系统的磁盘中进行存储，但是这样会导致数据的管理和维护非常不方便，因此就迫切地需要一种系统来管理和维护多台机器上的数据文件，这种系统就是分布式文件系统。HDFS 只是分布式文件系统中的一种。图 5-1 为 Hadoop HDFS图标。

图 5-1　Hadoop HDFS 图标

5.1.3 HDFS 的设计理念

HDFS 的设计理念来源于非常朴素的思想：当数据文件的大小超过单台计算机的存储能力时，就有必要将数据文件切分并存储到由若干台计算机组成的集群中，这些计算机通过网络进行连接。而 HDFS 作为一个抽象层架构在集群网络之上，对外提供统一的文件管理功能，对于用户来说，就像在操作一台计算机，根本感受不到 HDFS 底层的多台计算机，而且 HDFS 还能很好地容忍节点故障且不丢失任何数据。

5.1.4 HDFS 的核心设计目标

1. 支持超大文件存储

支持超大文件存储是 HDFS 最基本的功能。

2. 流式数据访问

流式数据访问是 HDFS 最高效的数据访问方式。流式数据访问可以理解为：HDFS 在读取数据文件时就像打开了开关的水龙头一样，可以源源不断地读取。

3. 简单的一致性模型

在 HDFS 文件系统中，一个文件一旦经过创建、写入、关闭之后，一般就不需要再进行修改，这样就保证了数据的一致性。

4. 硬件故障的检测和快速应对

在由大量普通硬件构成的集群中，硬件出现故障是常见的问题。由于 HDFS 文件系统一般由数十台甚至成百上千台服务器组成，大量的服务器就意味着高故障率，但是 HDFS 在设计之初已经充分考虑到这些问题，认为硬件故障是常态而不是异常，所以进行故障的检测和快速自动恢复也是 HDFS 的重要设计目标之一。

5.1.5 HDFS 的系统架构

HDFS 采用 Master/Slave 架构。一个 HDFS 集群包含一个 NameNode 和多个 DataNode。NameNode 为 Master 服务，它负责管理文件系统的命名空间和客户端对文件的访问。NameNode 会保存文件系统的具体信息，包括文件信息、文件被分割成具体 Block(块)的信息以及每一个 Block(块)归属的 DataNode 的信息。对于整个集群来说，HDFS 通过 NameNode 为用户提供了一个单一的命名空间。DataNode 为 Slave 服务，在集群中可以存在多个。通常每一个 DataNode 都对应一个物理节点(当然也不排除每个物理节点可以有多个 DataNode，不过生产环境里不建议这么做)。DataNode 负责管理节点上它们拥有的存储，它将存储划分为多个 Block(块)，管理 Block(块)信息，同时周期性地将其所有的 Block(块)信息发送给 NameNode。

图 5-2 为 HDFS 的系统架构，主要包含 HDFS Client、NameNode 和 DataNode 三个角色。其中，NameNode 是主节点，也是名字节点；DataNode 是从节点，也是数据节点。

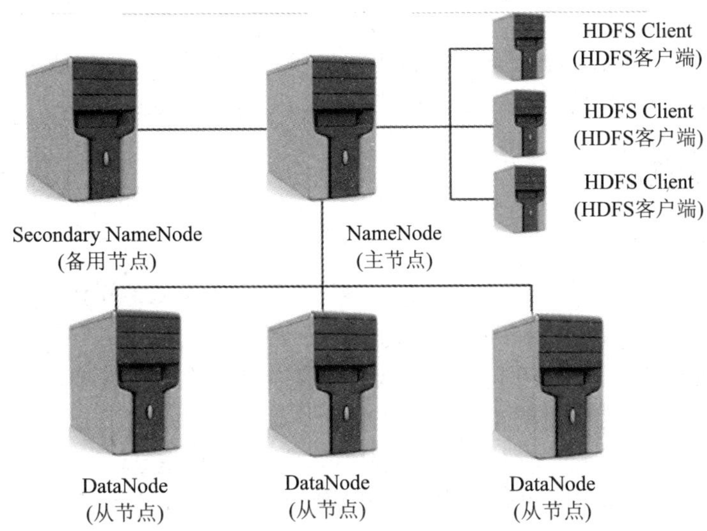

图 5-2　HDFS 的系统架构

在第一次启动 NameNode 并进行格式化后，系统会创建 FSImage 和 Edits 文件。FSImage 文件是 Hadoop 文件系统元数据的镜像，其中包含 Hadoop 文件系统中的所有目录和文件 IdNode 的序列化信息。Edits 文件存放的是 Hadoop 文件系统的所有更新操作的路径以及文件系统客户端执行的所有写操作记录。FSImage 和 Edits 合并过程如图 5-3 所示。

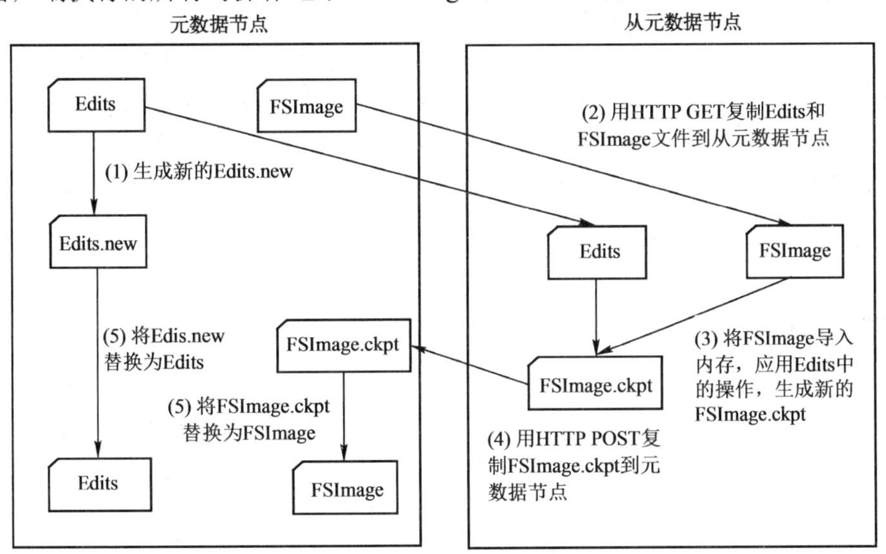

图 5-3　FSImage 和 Edits 合并过程

由图 5-3 可知，FSImage 和 Edits 合并的主要步骤如下：

(1) 将 HDFS 更新记录写入一个新的文件 Edits.new。

(2) 将 FSImage 和 Edits 通过 HTTP GET 协议发送至 Secondary NameNode(从元数据节点/备用节点)。

(3) 将 FSImage 与 Edits 合并，生成一个新的文件 FSImage.ckpt。这个过程之所以在 Secondary NameNode 中进行，是因为比较耗时，如果在 NameNode 中进行，则会导致整个系统卡顿。

(4) 将生成的 FSImage.ckpt 通过 HTTP POST 协议发送至 NameNode。

(5) 将 FSImage.ckpt 替换为 FSImage，Edits.new 替换为 Edits。

5.1.6 HDFS 的优缺点

1. HDFS 的优点

(1) 高容错性。自动保存多个副本数据，某一个副本丢失以后可以自动恢复。HDFS 通过增加多个副本的形式，提高了 HDFS 文件系统的容错性。

(2) 适合大数据处理。HDFS 能处理 GB、TB 甚至 PB 级别的数据、百万数量以上的文件以及达到 10 000 个节点以上的集群。

(3) 流式文件访问。数据文件支持一次写入，多次读取，只能以追加的方式添加在文件末尾，不能修改。流式文件访问方式保证了数据的简单一致性。

(4) 高可靠性。HDFS 提供了容错和恢复机制，比如某一个副本丢失了，可以通过其他副本来恢复此副本，从而保证了数据的安全性和系统的可靠性。

2. HDFS 的缺点

(1) 不适合低延时数据访问。比如处理毫秒级别的延时数据访问，HDFS 是很难做到的。HDFS 更适合高吞吐率的场景，即在某一时间内写入大量的数据。

(2) 不适合大量小文件的存储。如果有大量小文件需要存储，这些小文件的元数据信息则会占用 NameNode 大量的内存空间，而 NameNode 的内存是有限的。如果小文件的寻道时间超过文件数据的读取时间，它就违反了 HDFS 大数据块的设计目标。

(3) 不支持并发写入及文件随机修改。一个文件只能有一个写操作，不允许多个线程同时进行写操作；并且仅支持数据的 append(追加)操作，不支持文件的随机修改操作。

5.1.7 HDFS 读数据流程

HDFS 读数据的流程如图 5-4 所示。

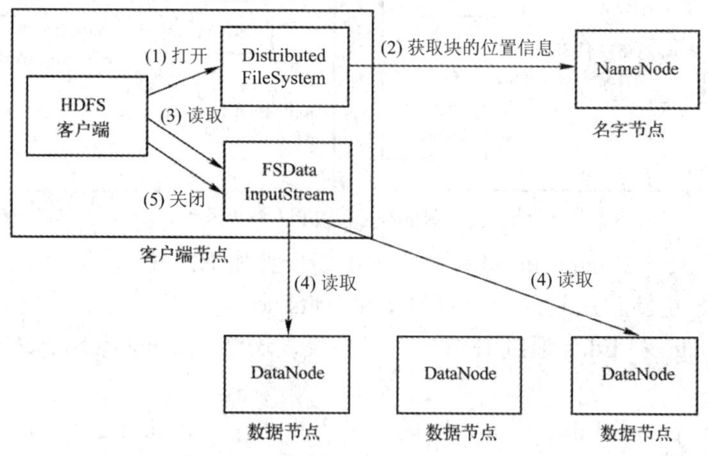

图 5-4 HDFS 读数据流程

由图 5-4 可知，HDFS 读数据的主要流程如下：

(1) 从分布式文件系统(Distributed FileSystem)中打开文件，读取文件名称。

(2) 从 NameNode 中获取文件第一批数据块的位置。

(3) 通过数据输入流(FSData InputStream)获取距离客户端最近的 DataNode，与其建立通信，并读取数据。

(4) 如果读取的过程出现异常(比如通信异常)，则会尝试去读取第二个优先位置的 DataNode。

(5) 关闭数据输入流(FSData InputStream)。

5.1.8 HDFS 写数据流程

客户端向 HDFS 写数据，首先要与 NameNode 通信，确认可以写文件并获得接收文件 Block(块)的 DataNode，然后客户端按顺序将文件逐个的 Block 传递给相应的 DataNode，并由接收到 Block 的 DataNode 负责向其他 DataNode 复制 Block 的副本。其流程如图 5-5 所示。

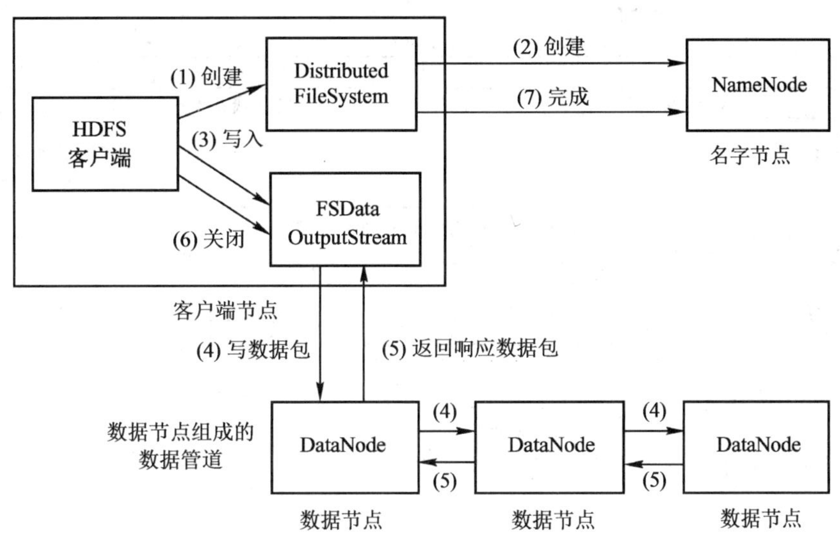

图 5-5　HDFS 写数据流程

由图 5-5 可知，HDFS 写数据的主要流程如下：

(1) 客户端通过调用 Distibuted FileSystem 的 create 方法创建新文件。

(2) Distibuted FileSystem 调用 NameNode 来创建一个没有数据块关联的新文件。

(3) 前两步执行结束后，会返回文件系统数据输出流(FSData OutputStream)。

(4) 数据队列中的数据包首先传输到数据管道的第一个 DataNode 中，第一个 DataNode 又把数据包发送到第二个 DataNode 中，依次类推。

(5) DataNode 写入数据后，会返回响应数据包到数据输出流。

(6) 客户端在完成写入数据后，会关闭数据输出流(FSData OutputStream)。

5.1.9 HDFS 的高可用机制及架构

1. 高可用(High Availability，HA)机制

为了整个系统的可靠性，通常会在系统中部署两台或多台主节点，多台主节点形成主备的关系，但是在某一时刻只有一个主节点能够对外提供服务，当检测到对外提供服务的主节点停止工作之后，备用主节点能够立刻接替已停止工作的主节点对外提供服务，而用户感觉不到明显的系统中断。这样对用户来说整个系统就更加可靠和高效。

影响 HDFS 集群的可用性主要包括以下两种情况：

(1) NameNode 机器宕机，将导致集群不可用，重启 NameNode 之后才可使用。

(2) 计划内的 NameNode 软件或硬件升级，导致集群在短时间内不可用。

2. HDFS HA 架构

HDFS 的 HA 架构如图 5-6 所示。

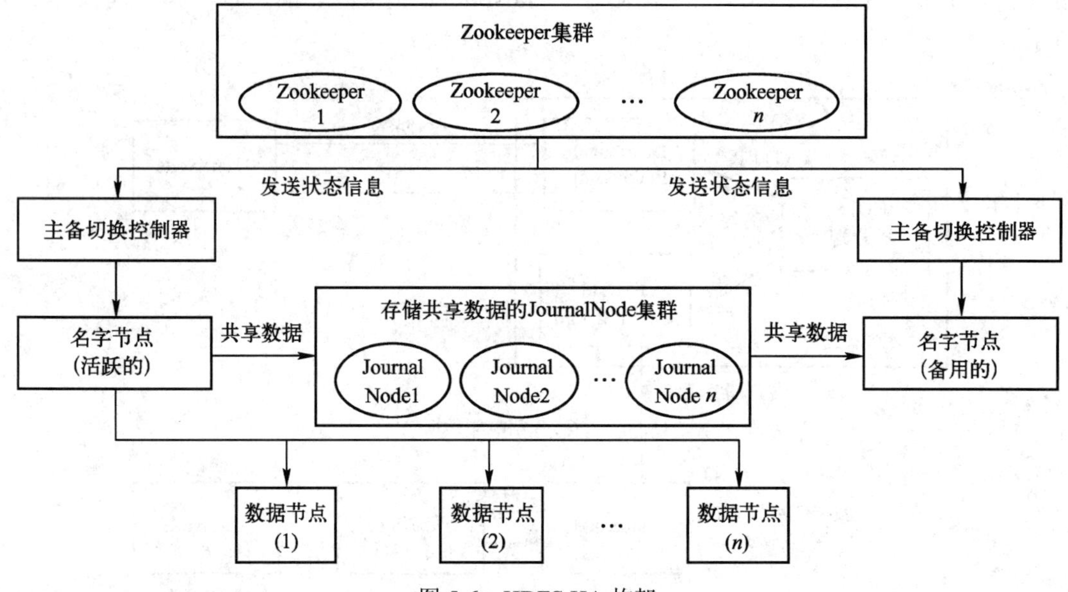

图 5-6　HDFS HA 构架

由图 5-6 可以总结出以下 5 点：

(1) 两个节点上都安装了一个 NameNode。

(2) 每个 NameNode 所在的节点中都有一个主备切换控制器。该控制器会监控 NameNode 的状态，并在 Zookeeper 中注册 NameNode。

(3) 先在 Zookeeper 中注册成功的 NameNode 是 active(活跃的)状态，剩下的 NameNode 则是 standby(备用的)。如果 active 节点停止工作了，则控制器会将 Zookeeper 中注册的此节点注销。

(4) standby 节点中的控制器一旦检测到 Zookeeper 中的节点消失，则立即注册并通知 standby 状态的 NameNode 开始工作。

(5) active NameNode 和 standby NameNode 是通过 JournalNode 集群进行主从复制的。

5.2　HDFS 集群的安装与配置

1. 下载并解压 Hadoop

HDFS 集群配置

首先在官网(网址为 https://archive.apache.org/dist/hadoop/common/)下载 Hadoop 稳定版本的安装包，然后上传至 hadoop1 节点下的/home/hadoop/app 目录下并解压，命令如下：

```
[hadoop@hadoop1 app]$ tar  -zxvf  hadoop-2.9.2.tar.gz
[hadoop@hadoop1 app]$ ln  -s  hadoop-2.9.2  hadoop
[hadoop@hadoop1 app]$ cd  /home/hadoop/app/hadoop/etc/hadoop/
```

2. 修改 HDFS 配置文件

(1) 修改 hadoop-env.sh 配置文件。hadoop-env.sh 文件主要配置与 Hadoop 环境相关的变量，这里主要修改 JAVA_HOME 的安装目录，命令如下：

```
[hadoop@hadoop1 hadoop]$ vi hadoop-env.sh
export JAVA_HOME=/home/hadoop/app/jdk
```

(2) 修改 core-site.xml 配置文件。core-site.xml 文件主要配置 Hadoop 的公有属性，配置属性的命令如下：

```
[hadoop@hadoop1 hadoop]$ vi core-site.xml
<configuration>
    <property>
        <name>fs.defaultFS</name>
        <value>hdfs://mycluster</value>
    </property>
    <!--默认的 HDFS 路径-->
    <property>
        <name>hadoop.tmp.dir</name>
        <value>/home/hadoop/data/tmp</value>
    </property>
    <!--Hadoop 的临时目录，如果需要配置多个目录，则用逗号隔开-->
    <property>
    <name>ha.zookeeper.quorum</name>
    <value>hadoop1:2181,hadoop2:2181,hadoop3:2181</value>
    </property>
    <!--配置 Zookeeper 管理 HDFS-->
</configuration>
```

(3) 修改 hdfs-site.xml 配置文件。hdfs-site.xml 文件主要配置与 HDFS 相关的属性，配置属性的命令如下：

```
[hadoop@hadoop1 hadoop]$ vi hdfs-site.xml
<configuration>
  <property>
          <name>dfs.replication</name>
          <value>3</value>
      </property>
      <!--数据块副本数为 3-->
  <property>
          <name>dfs.permissions</name>
          <value>false</value>
      </property>
  <property>
          <name>dfs.permissions.enabled</name>
          <value>false</value>
      </property>
      <!--权限默认配置为 false-->
  <property>
          <name>dfs.nameservices</name>
          <value>mycluster</value>
      </property>
      <!--命名空间，它的值与 fs.defaultFS 的值要对应，NameNode 高可用之后有两个 NameNode，
        mycluster 是对外提供的统一入口-->
  <property>
          <name>dfs.ha.namenodes.mycluster</name>
          <value>nn1,nn2</value>
      </property>
      <!-- 指定集群 NameNode 的别名，这里指逻辑名称，名称无要求，不重复即可-->
      <property>
          <name>dfs.namenode.rpc-address.mycluster.nn1</name>
          <value>hadoop1:9000</value>
      </property>
      <property>
          <name>dfs.namenode.http-address.mycluster.nn1</name>
          <value>hadoop1:50070</value>
      </property>
  <property>
          <name>dfs.namenode.rpc-address.mycluster.nn2</name>
          <value>hadoop2:9000</value>
      </property>
```

```
        <property>
                <name>dfs.namenode.http-address.mycluster.nn2</name>
                <value>hadoop2:50070</value>
        </property>
    <property>
                <name>dfs.ha.automatic-failover.enabled</name>
                <value>true</value>
        </property>
        <!--启动故障自动恢复-->
        <property>
                <name>dfs.namenode.shared.edits.dir</name>
                <value>qjournal://hadoop1:8485;hadoop2:8485;hadoop3:8485/mycluster</value>
        </property>
        <!--指定 NameNode 的元数据在 JournalNode 上的存放位置-->
    <property>
                <name>dfs.client.failover.proxy.provider.mycluster</name>

<value>org.apache.hadoop.hdfs.server.namenode.ha.ConfiguredFailoverProxyProvider</value>
        </property>
        <!--指定 mycluster 出现故障时，负责执行故障切换的类-->
        <property>
                <name>dfs.journalnode.edits.dir</name>
                <value>/home/hadoop/data/journaldata/jn</value>
        </property>
        <!-- 指定 JournalNode 在本地磁盘存放数据的位置 -->
    <property>
                <name>dfs.ha.fencing.methods</name>
                <value>shell(/bin/true)</value>
        </property>
        <!-- 配置隔离机制，shell 通过 SSH 连接 active NameNode 节点，杀掉进程-->
        <property>
                <name>dfs.ha.fencing.ssh.private-key-files</name>
                <value>/home/hadoop/.ssh/id_rsa</value>
        </property>
        <!-- 为了实现 SSH 登录杀掉进程，还需要配置 SSH 密钥信息 -->
    <property>
                <name>dfs.ha.fencing.ssh.connect-timeout</name>
                <value>10000</value>
        </property>
        <property>
```

```
            <name>dfs.namenode.handler.count</name>
            <value>100</value>
      </property>
</configuration>
```

(4) 配置 slaves 文件。slaves 文件是根据集群规划配置 DataNode 节点所在的主机名，命令如下：

```
[hadoop@hadoop1 hadoop]$ vi slaves
hadoop1
hadoop2
hadoop3
```

(5) 向所有节点远程复制 Hadoop 安装目录。在 hadoop1 节点，切换到/home/hadoop/app目录下，将 Hadoop 安装目录远程复制到 hadoop2 和 hadoop3 节点，具体操作有以下两种方法。

方法 1：使用远程拷贝命令。其命令如下：

```
[hadoop@hadoop1 app]$ scp -r    hadoop-2.9.2    hadoop@hadoop2:/home/hadoop/app/
[hadoop@hadoop1 app]$ scp -r    hadoop-2.9.2    hadoop@hadoop3:/home/hadoop/app/
```

方法 2：使用集群脚本。其命令如下：

```
[hadoop@hadoop1 hadoop]$ deploy.sh /home/hadoop/app/hadoop-2.9.2 /home/hadoop/app slave
```

然后在 hadoop2 和 hadoop3 节点上分别创建软连接，命令如下：

```
[hadoop@hadoop2 app]$ ln -s hadoop-2.9.2 hadoop
[hadoop@hadoop3 app]$ ln -s hadoop-2.9.2 hadoop
```

注意：复制前，使用“rm -rf hadoop hadoop-2.9.2”命令删除 hadoop1、hadoop2 上的 hadoop hadoop-2.9.2 目录。

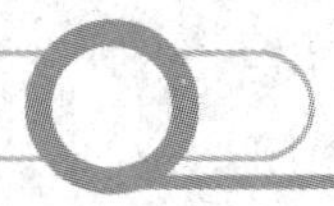

5.3 HDFS 集群服务的启动

1. 启动 Zookeeper 集群

在集群所有节点启动 Zookeeper 服务，有以下两种方法。

启动 HDFS 集群服务

方法 1：分别在 3 个节点启动服务。其命令如下：

```
[hadoop@hadoop1 zookeeper]$ bin/zkServer.sh start
[hadoop@hadoop2 zookeeper]$ bin/zkServer.sh start
[hadoop@hadoop3 zookeeper]$ bin/zkServer.sh start
```

方法 2：使用远程执行脚本启动服务。其命令如下：

```
[hadoop@hadoop1 hadoop]$ runRemoteCmd.sh '/home/hadoop/app/zookeeper/bin/zkServer.sh start ' all
```

2. 启动 JournalNode 集群

在集群所有节点启动 JournalNode 服务，有以下两种方法。

方法 1：分别在三个节点启动服务。其命令如下：

```
[hadoop@hadoop1 hadoop]$ sbin/hadoop-daemon.sh start journalnode
[hadoop@hadoop2 hadoop]$ sbin/hadoop-daemon.sh start journalnode
[hadoop@hadoop3 hadoop]$ sbin/hadoop-daemon.sh start journalnode
```

方法 2：使用远程执行脚本启动服务。其命令如下：

```
[hadoop@hadoop1 hadoop]$ runRemoteCmd.sh '/home/hadoop/app/hadoop/sbin/hadoop-daemon.sh start journalnode' all
```

3. 格式化主节点 NameNode

在 hadoop1 的 NameNode 主节点上，使用如下命令对 NameNode 进行格式化。

```
[hadoop@hadoop1 hadoop]$ bin/hdfs namenode -format          //NameNode 格式化
[hadoop@hadoop1 hadoop]$ bin/hdfs zkfc -formatZK            //格式化高可用
[hadoop@hadoop1 hadoop]$ bin/hdfs namenode                  //启动 NameNode
```

4. 备用 NameNode 同步主节点的元数据

在 hadoop1 节点启动 NameNode 服务的同时，需要在 hadoop2 的 NameNode 备用节点上执行如下命令同步主节点的元数据。

```
[hadoop@hadoop2 hadoop]$ bin/hdfs namenode -bootstrapStandby
```

5. 关闭 JournalNode 集群

在 hadoop2 节点同步主节点元数据之后，在 hadoop1 节点上，按下[Ctrl+C]组合键结束 NameNode 进程，然后关闭所有节点上的 JournaNode 进程，命令如下：

```
[hadoop@hadoop1 hadoop]$ sbin/hadoop-daemon.sh stop journalnode
[hadoop@hadoop2 hadoop]$ sbin/hadoop-daemon.sh stop journalnode
[hadoop@hadoop3 hadoop]$ sbin/hadoop-daemon.sh stop journalnode
```

6. 一键启动 HDFS 集群

如果前面的操作没有问题，就可以在 hadoop1 节点上使用脚本一键启动 HDFS 集群的所有相关进程，命令如下：

```
[hadoop@hadoop1 hadoop]$ sbin/start-dfs.sh
```

注意：第一次安装 HDFS 时需要对 NameNode 进行格式化，之后使用 start-dfs.sh 脚本一键启动 HDFS 集群的所有进程即可。

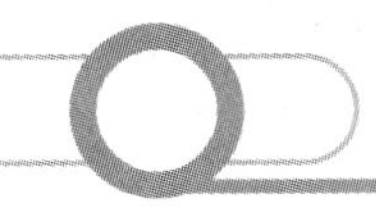

5.4　测试 HDFS 集群

HDFS 集群测试

在浏览器中输入网址(http://hadoop1:50070)，通过 Web 界面查看 hadoop1 节点的 NameNode 的状态，结果如图 5-7 所示。该节点的状态为 active，表示 HDFS 可以通过 hadoop1 节点的 NameNode 对外提供服务。

Hadoop Overview Datanodes Datanode Volume Failures Snapshot Startup Progress Utilities

Overview 'hadoop1:9000' (active)

Namespace:	mycluster
Namenode ID:	nn1
Started:	Thu Dec 02 21:27:40 +0800 2021
Version:	2.9.2, r826afbeae31ca687bc2f8471dc841b66ed2c6704
Compiled:	Tue Nov 13 20:42:00 +0800 2018 by ajisaka from branch-2.9.2
Cluster ID:	CID-9c723813-2bcc-48f4-9124-fd6833d5d390
Block Pool ID:	BP-582710820-192.168.0.111-1631109503565

图 5-7　active 状态的 NameNode 界面

在浏览器中输入网址(http://hadoop2:50070)，通过 Web 界面查看 hadoop2 节点的 NameNode 的状态，结果如图 5-8 所示。该节点的状态为 standby，表示 hadoop2 节点的 NameNode 不能对外提供服务，只能作为备用节点。

Hadoop Overview Datanodes Datanode Volume Failures Snapshot Startup Progress Utilities

Overview 'hadoop2:9000' (standby)

Namespace:	mycluster
Namenode ID:	nn2
Started:	Thu Dec 02 21:27:43 +0800 2021
Version:	2.9.2, r826afbeae31ca687bc2f8471dc841b66ed2c6704
Compiled:	Tue Nov 13 20:42:00 +0800 2018 by ajisaka from branch-2.9.2
Cluster ID:	CID-9c723813-2bcc-48f4-9124-fd6833d5d390
Block Pool ID:	BP-582710820-192.168.0.111-1631109503565

图 5-8　standby 状态的 NameNode 界面

注意：在某一时刻，只能有一个 NameNode 处于 active 状态。

在 hadoop1 节点的/home/hadoop/app/hadoop 目录下创建 words.log 文件，然后上传至 HDFS 的/test 目录下，检查 HDFS 是否能正常使用，具体操作如下：

```
#本地新建 words.log 文件
[hadoop@hadoop1 hadoop]$ vi words.log
hadoop hadoop hadoop
spark spark spark
flink flink flink
[hadoop@hadoop1 hadoop]$ hdfs dfs -mkdir /test
```

```
#上传本地文件 words.log
[hadoop@hadoop1 hadoop]$ hdfs dfs -put words.log /test
#查看 words.log 是否上传成功
[hadoop@hadoop1 hadoop]$ hdfs dfs -ls /test/test/words.log
```

如果上面的操作没有异常，则说明 HDFS 集群搭建成功。

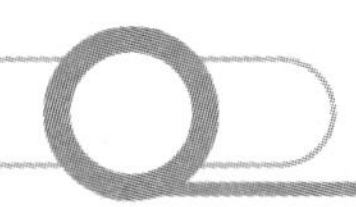

5.5　HDFS Shell 的操作命令

5.5.1　HDFS Shell 的基本操作命令

HDFS Shell 的操作命令

HDFS Shell 的基本操作命令主要有以下 7 种。

(1) 显示目录下的文件列表命令：ls。例如：

```
bin/hdfs dfs -ls    /
```

(2) 创建文件夹命令：mkdir。例如：

```
bin/hdfs dfs -mkdir    /test
```

(3) 上传文件命令：put 或 copyFromLocal。例如：

```
bin/hdfs dfs -put words.log    /test
```

(4) 查看文件内容命令：cat 或 tail 或 text。例如：

```
bin/hdfs dfs -cat /test/words.log
```

注意：对于压缩文件只能用 text 命令来查看其文件内容，否则文件内容会显示为乱码。

(5) 文件复制命令：get 或 copyToLocal。例如：

```
bin/hdfs dfs -get /test/words.log    /home/hadoop/app/hadoop/data
```

注意：本地目录需要提前创建。

(6) 删除文件命令：rm。例如：

```
bin/hdfs dfs -rm /test/words.log
```

(7) 删除文件夹命令：rmr。例如：

```
bin/hdfs dfs -rm -r    /test
```

5.5.2　HDFS Shell 的管理员操作命令

HDFS Shell 的管理员操作命令主要有以下 8 种。

(1) 返回 HDFS 集群的状态信息，命令如下：

```
bin/hdfs dfsadmin -report
```

(2) 保存 HDFS 集群相关节点信息，命令如下：

```
bin/hdfs dfsadmin -metasave metasave.tt
```

注意：metasave.tt 文件保存在{hadoop.log.dir}目录下，该目录默认是 hadoop 安装目录下的 logs 目录。

(3) 从 NameNode 获取最新的 FSImage 文件，命令如下：

```
bin/hdfs dfsadmin -fetchImage ~
```

(4) 打印集群网络拓扑，命令如下：

```
bin/hdfs dfsadmin -printTopology
```

(5) 刷新集群节点信息，命令如下：

```
bin/hdfs dfsadmin -refreshNodes
```

(6) 安全模式(safemode)。

安全模式是Hadoop的一种保护机制，用于保证集群中数据块的安全。当启动NameNode服务时就会启动 safemode，在该模式下，NameNode 会等待 DataNode 向它发送块报告。只有当 NameNode 接收到的块数量(DataNodes Blocks)和实际的块数量(Total Blocks)接近一致时，即 DataNodes Blocks/Total Blocks >= 99.9%，NameNode 才会退出安全模式。

① 查看安全模式状态，命令如下：

```
bin/hdfs dfsadmin -safemode get
```

② 进入安全模式，命令如下：

```
bin/hdfs dfsadmin -safemode enter
```

注意：在 NameNode 安全模式下，不允许用户对 HDFS 中的文件或者文件夹进行增、删或改操作。

③ 退出安全模式，命令如下：

```
bin/hdfs dfsadmin -safemode leave
```

项目六　搭建 YARN 分布式集群

6.1　YARN 的架构设计与工作原理

6.1.1　YARN 是什么

YARN 的架构设计与工作原理

YARN(Yet Another Resource Negotiator，另一种资源协调者)是 Hadoop 2.0 版本新引入的资源管理系统，是从 MR1 演化而来的。

Apache Hadoop YARN 是一种新的 Hadoop 资源管理器，它是一个通用资源管理系统，可以为上层应用提供统一的资源管理和调度。YARN 的引入为集群在利用率、资源统一管理和数据共享等方面带来了巨大好处。

YARN 的核心思想是将 MR1 中 JobTracker 的资源管理和作业调度两个功能分开，分别由 ResourceManager 和 ApplicationMaster 两个进程来实现。其中，ResourceManager 负责整个集群的资源管理和调度；ApplicationMaster 负责应用程序相关的事务，比如任务调度、任务监控和容错等。

6.1.2　YARN 的作用

YARN 作为一种通用资源管理系统，可以让上层的多种计算框架(MapReduce、Spark、Flink 等)共享整个集群资源，提高集群资源利用率，而且还可以实现多种计算模型之间的数据共享。图 6-1 为 YARN 在 Hadoop 生态系统中的位置。

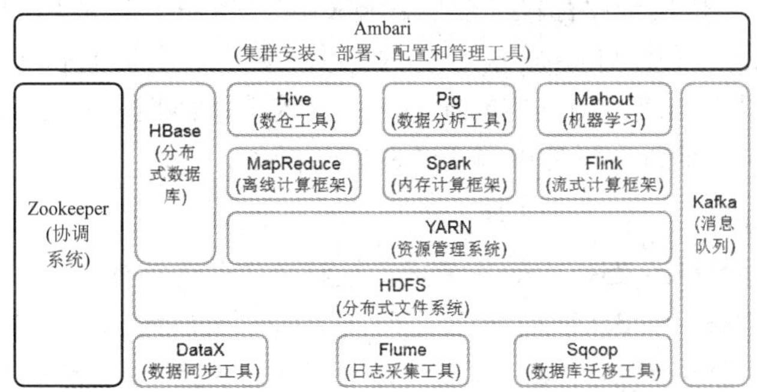

图 6-1　YARN 在 Hadoop 生态系统中的位置

6.1.3 YARN 的基本构架

YARN 的基本构架如图 6-2 所示。

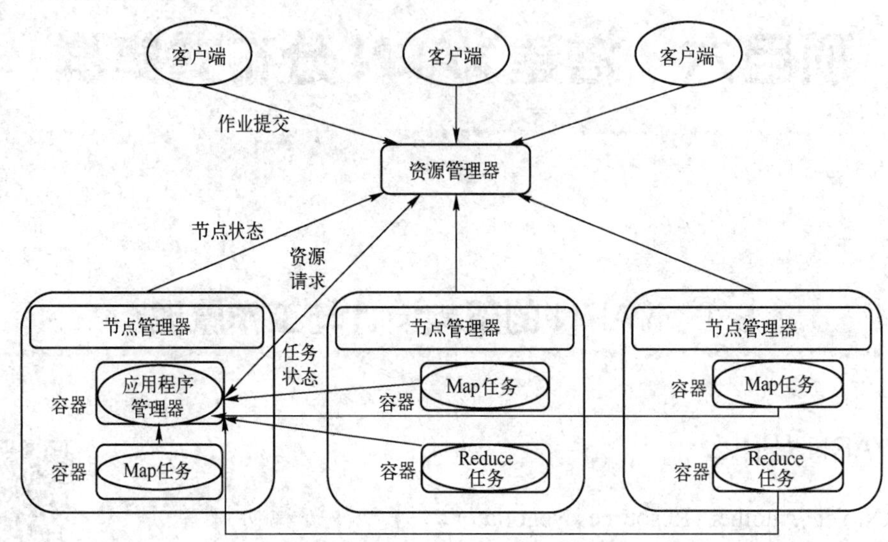

图 6-2 YARN 的基本构架

由 YARN 的构架图可知，YARN 主要由资源管理器(ResourceManager)、应用程序管理器(ApplicationMaster)、节点管理器(NodeManager)和相应的容器(Container)构成。

1. ResourceManager

ResourceManager 是一个全局的资源管理器，负责整个系统的资源管理和调度，其主要由两个组件组成：资源调度器(ResourceScheduler)和全局应用程序管理器(Applications Manager)。

ApplicationsManager 负责整个系统中所有应用程序的管理，包括应用程序的提交、与调度器协商获取资源以启动和监控 ApplicationMaster 的运行状态，并在失败的时候通知 ApplicationsManager 等。ApplicationsManager 相当于一个项目经理，具体的任务则交给 ApplicationMaster 管理。

2. ApplicationMaster

用户提交的每一个应用程序都包含一个 ApplicationMaster，它主要是与 ResourceManager 协商获取资源，并将得到的资源分配给内部具体的任务。ApplicationMaster 负责与 NodeManager 通信以启动或停止具体的任务，并监控该应用程序所有任务的运行状态，当任务运行失败的时候，重新为任务申请资源并启动任务。

3. NodeManager

NodeManager 为 YARN 架构中的从节点，是整个作业运行的一个执行者，是每个节点上的资源和任务管理器。NodeManager 会定时向 ResourceManager 汇报本节点的资源使用情况和各个容器(Container)的运行状态，接收并处理来自 ApplicationMaster 的容器启动和停止等请求。

4. Container

Container 是对资源的抽象，封装了节点的多维度资源(如内存、CPU、磁盘、网络等)。当 ApplicationMaster 向 ResourceManager 申请资源时，ResourceManager 为 ApplicationMaster 返回的资源就是 Container，得到资源的任务只能使用该 Container 所封装的资源。Container 是根据应用程序的需求动态生成的。

6.1.4　YARN 的工作原理

图 6-3 为 YARN 的工作原理。从图可以看出，应用程序在 YARN 中的执行过程，整个执行过程可以总结为以下 4 步：

(1) 客户端向资源管理器提交任务。

(2) 资源管理器会在一个节点上启动应用的应用程序管理器实例。

(3) 应用程序管理器会在不同节点上启动容器，执行应用任务。

(4) 各节点会及时将节点的资源状况汇报给资源管理器。

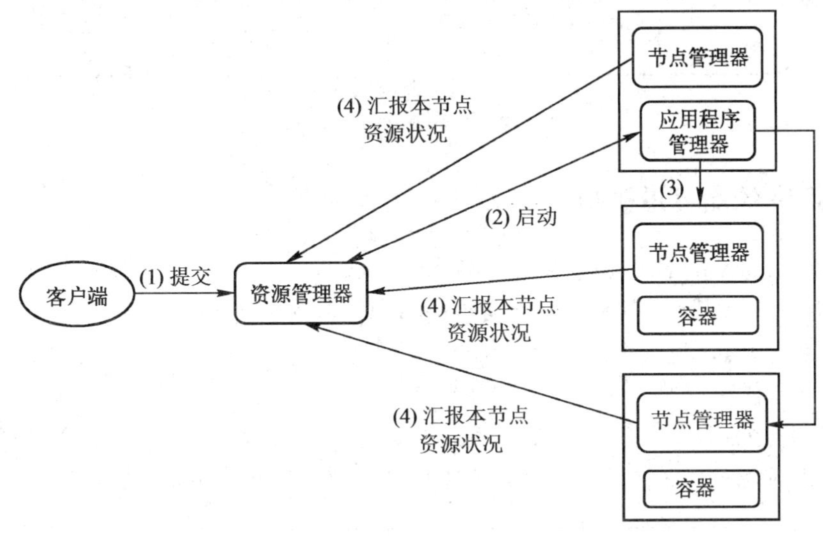

图 6-3　YARN 的工作原理

6.1.5　YARN 的工作流程

图 6-4 为 YARN 的工作流程，从图可以看出，YARN 的工作流程分为以下 8 步：

(1) 客户端向 YARN 提交一个应用程序。

(2) ResourceManager 为该应用程序分配一个 Container(容器)，与对应的 NodeManager 进行通信，要求应用程序在此 Container 中启动应用程序管理器。

(3) 应用程序管理器向资源管理器注册，这样用户可以直接通过资源管理器查看应用程序的运行状态。

(4) 应用程序管理器为各个任务向资源管理器请求资源。

(5) 请求到资源后与 NodeManager 进行通信，要求启动任务。

(6) 启动任务。

(7) 各个任务向应用程序管理器报告状态和进度。

(8) 应用程序管理器向资源管理器请求注销自己。

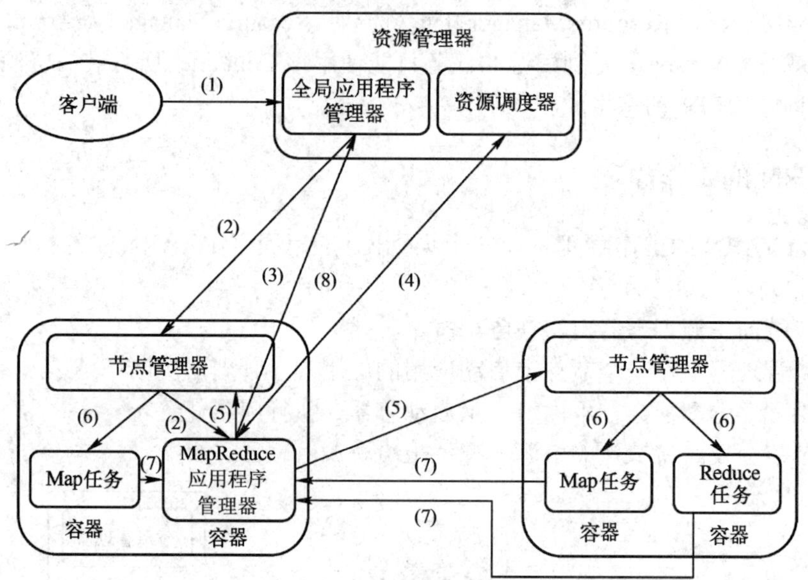

图 6-4 YARN 的工作流程

6.1.6 YARN 的高可用机制

图 6-5 为 YARN 的 HA 架构原理，从图可以看出：

(1) 资源管理器。基于 Zookeeper 实现高可用机制，避免单点故障。

(2) 节点管理器。执行失败之后，资源管理器将失败任务告诉对应的应用程序管理器，由应用程序管理器决定如何处理失败的任务。

(3) 应用程序管理器。执行失败之后，由资源管理器负责重启，应用程序管理器需处理内部的容错问题，并保存已经运行完成的任务，重启后无须重新运行。

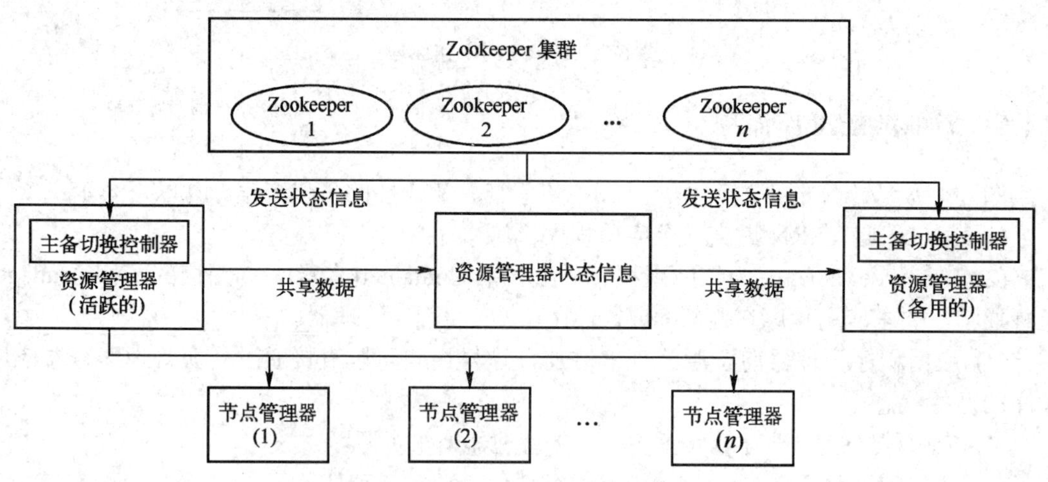

图 6-5 YARN 的 HA 架构原理

6.1.7　YARN 的调度器

集群资源是非常有限的，在多用户、多任务环境下，需要有一个协调者来保证在有限资源或业务约束下有序调度任务，YARN 就是这个协调者。目前在很多大数据平台(如Hadoop)，都是由 YARN 来协调资源。

YARN 共有 3 个类型的调度器，分别为 FIFO 调度器、容量调度器和公平调度器。

(1) FIFO 调度器。先进先出，队列中同一时间只有一个任务在运行，该任务独占整个集群的资源。

(2) 容量调度器。多队列，每个队列内部先进先出，同一个队列同时间只有一个任务在运行，任务的并行度为队列的个数。

(3) 公平调度器。同个队列同一时间有多个任务在运行，按照缺额大小分配资源启动任务。

6.2　YARN 集群的配置

1. 修改 mapred-site.xml 配置文件

YARN 集群的配置

mapred-site.xml 文件主要配置与 MapReduce 相关的属性，这里主要将 MapReduce 的运行环境指定为 YARN，核心配置命令如下：

```
[hadoop@hadoop1 hadoop]$ vi mapred-site.xml
<configuration>
<property>
    <name>mapreduce.framework.name</name>
    <value>yarn</value>
    <!--指定运行 MapReduce 的环境为 YARN-->
</property>
</configuration>
```

2. 修改 yarn-site.xml 配置文件

yarn-site.xml 文件主要配置与 YARN 相关的属性，核心配置命令如下：

```
[hadoop@hadoop1 hadoop]$ vi yarn-site.xml
<configuration>
<property>
    <name>yarn.resourcemanager.connect.retry-interval.ms</name>
    <value>2000</value>
</property>
<property>
    <name>yarn.resourcemanager.ha.enabled</name>
```

```
    <value>true</value>
</property>
<!--打开高可用-->
<property>
    <name>yarn.resourcemanager.ha.automatic-failover.enabled</name>
    <value>true</value>
</property>
<!--启动故障自动恢复-->
<property>
    <name>yarn.resourcemanager.ha.automatic-failover.embedded</name>
    <value>true</value>
</property>
<!--rm(资源管理器)启动内置选举 active-->
<property>
    <name>yarn.resourcemanager.cluster-id</name>
    <value>yarn-rm-cluster</value>
</property>
<!--给 yarn cluster 取个名字 yarn-rm-cluster-->
<property>
    <name>yarn.resourcemanager.ha.rm-ids</name>
    <value>rm1,rm2</value>
</property>
<!--ResourceManager 高可用 rm1,rm2-->
<property>
    <name>yarn.resourcemanager.hostname.rm1</name>
    <value>hadoop1</value>
</property>
<property>
    <name>yarn.resourcemanager.hostname.rm2</name>
    <value>hadoop2</value>
</property>
<property>
    <name>yarn.resourcemanager.recovery.enabled</name>
    <value>true</value>
</property>
<!--启用 ResourceManager 自动恢复-->
<property>
    <name>hadoop.zk.address</name>
    <value>hadoop1:2181,hadoop2:2181,hadoop3:2181</value>
```

```
</property>
<!--配置 Zookeeper 地址作为状态存储和 Leader 选举-->
<property>
    <name>yarn.resourcemanager.address.rm1</name>
    <value>hadoop1:8032</value>
</property>
<!--rm1 端口号-->
<property>
    <name>yarn.resourcemanager.scheduler.address.rm1</name>
    <value>hadoop1:8034</value>
</property>
<!-- rm1 调度器的端口号-->
<property>
    <name>yarn.resourcemanager.webapp.address.rm1</name>
    <value>hadoop1:8088</value>
</property>
<!-- rm1 Webapp 端口号-->
<property>
    <name>yarn.resourcemanager.address.rm2</name>
    <value>hadoop2:8032</value>
</property>
<property>
    <name>yarn.resourcemanager.scheduler.address.rm2</name>
    <value>hadoop2:8034</value>
</property>
<property>
    <name>yarn.resourcemanager.webapp.address.rm2</name>
    <value>hadoop2:8088</value>
</property>
<property>
    <name>yarn.nodemanager.aux-services</name>
    <value>mapreduce_shuffle</value>
</property>
<property>
    <name>yarn.nodemanager.aux-services.mapreduce_shuffle.class</name>
    <value>org.apache.hadoop.mapred.ShuffleHandler</value>
</property>
<!--执行 MapReduce 需要配置的 shuffle 过程-->
<property>
```

```
        <name>yarn.nodemanager.vmem-check-enabled</name>
        <value>false</value>
</property>
<property>
        <name>yarn.nodemanager.vmem-pmem-ratio</name>
        <value>4</value>
</property>
</configuration>
```

3. 向所有节点同步 YARN 配置文件

在 hadoop1 节点上修改 YARN 相关配置之后，将修改的配置文件远程复制到 hadoop2 节点和 hadoop3 节点，具体操作如下：

```
#将 mapred-site.xml 文件远程复制到 hadoop2 和 hadoop3 节点
```

方法 1：使用远程复制命令。其命令如下：

```
[hadoop@hadoop1 hadoop]$ scp -r mapred-site.xml
hadoop@hadoop2:/home/hadoop/app/hadoop/etc/hadoop
[hadoop@hadoop1 hadoop]$ scp -r mapred-site.xml
hadoop@hadoop3:/home/hadoop/app/hadoop/etc/hadoop
```

方法 2：使用集群脚本。其命令如下：

```
[hadoop@hadoop1 hadoop]$ deploy.sh mapred-site.xml   /home/hadoop/app/hadoop/etc/hadoop/slave
#将 yarn-site.xml 文件远程复制到 hadoop2 和 hadoop3 节点
```

方法 1：使用远程复制命令。其命令如下：

```
[hadoop@hadoop1 hadoop]$ scp -r yarn-site.xml
hadoop@hadoop2:/home/hadoop/app/hadoop/etc/hadoop
[hadoop@hadoop1 hadoop]$ scp -r yarn-site.xml
hadoop@hadoop3:/home/hadoop/app/hadoop/etc/hadoop
```

方法 2：使用集群脚本。其命令如下：

```
[hadoop@hadoop1 hadoop]$ deploy.sh yarn-site.xml   /home/hadoop/app/hadoop/etc/hadoop/slave
```

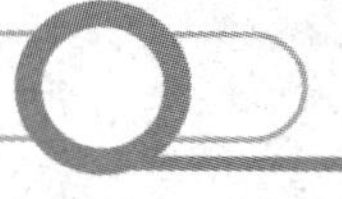

6.3 YARN 集群服务的启动

由于 YARN HA 的实现依赖 Zookeeper，所以需要先启动 Zookeeper 集群。在前面的内容中已经介绍了启动 Zookeeper 集群的方法，此处不再赘述。下面介绍启动 YARN 集群和备用 ResourceManager 的方法。

启动 YARN 集群服务

1. 启动 YARN 集群

在 hadoop1 节点上，使用脚本一键启动 YARN 集群，命令如下：

```
[hadoop@hadoop1 hadoop]$ sbin/start-yarn.sh
```

2. 启动备用 ResourceManager

因为 start-yarn.sh 脚本不包含启动备用 ResourceManager 进程的命令，所以需要在 hadoop2 节点上单独启动 ResourceManager，命令如下：

```
[hadoop@hadoop2 hadoop]$ sbin/yarn-daemon.sh start resourcemanager
```

6.4　YARN 集群的测试

YARN 集群测试

1. 在 Web 界面查看 YARN 集群

在浏览器中输入网址(http://hadoop1:8088 或者 http://hadoop2:8088)，通过 Web 界面查看 YARN 集群信息，如图 6-6 所示。

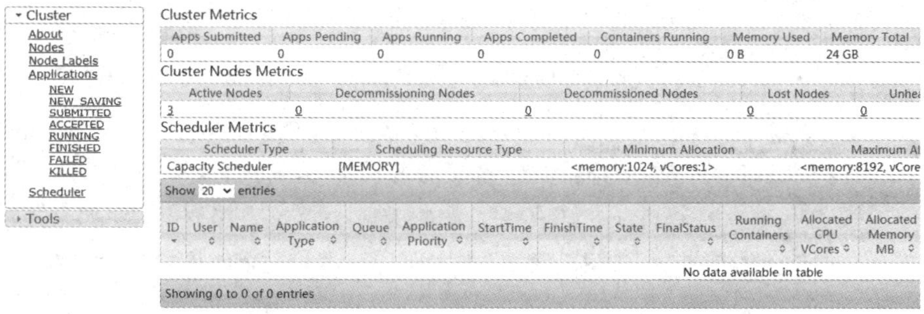

图 6-6　在 Web 界面查看 YARN 集群

2. 查看 ResourceManager 状态

在 hadoop1 节点上，使用命令查看两个 ResourceManager 的状态，命令如下，具体参见图 6-7。

```
[hadoop@hadoop1 hadoop]$ bin/yarn rmadmin -getServiceState rm1
[hadoop@hadoop1 hadoop]$ bin/yarn rmadmin -getServiceState rm2
```

```
[hadoop@hadoop1 hadoop]$
[hadoop@hadoop1 hadoop]$
[hadoop@hadoop1 hadoop]$ bin/yarn rmadmin -getServiceState rm1
active
[hadoop@hadoop1 hadoop]$ bin/yarn rmadmin -getServiceState rm2
standby
[hadoop@hadoop1 hadoop]$
```

图 6-7　查看 ResourceManager 状态

如果一个 ResourceManager 为 active 状态，另一个 ResourceManager 为 standby 状态，则说明 YARN 集群构建成功。

3. 测试 YARN 集群

为了测试 YARN 集群是否可以正常运行 MapReduce 程序，以 Hadoop 自带的 WordCount 为例进行演示，命令如下。具体参见图 6-8。

[hadoop@hadoop1 hadoop]$ bin/yarn jar share/hadoop/mapreduce/hadoop-mapreduce-examples-2.9.2.jar wordcount /test/words.log /test/out

```
[hadoop@hadoop1 hadoop]$ bin/yarn jar share/hadoop/mapreduce/hadoop-mapreduce-examples-2.9.2.jar wordcount /test/words
.log /test/out
23/01/20 15:27:13 INFO input.FileInputFormat: Total input files to process : 1
23/01/20 15:27:13 INFO mapreduce.JobSubmitter: number of splits:1
23/01/20 15:27:14 INFO Configuration.deprecation: yarn.resourcemanager.system-metrics-publisher.enabled is deprecated.
 Instead, use yarn.system-metrics-publisher.enabled
23/01/20 15:27:14 INFO mapreduce.JobSubmitter: Submitting tokens for job: job_1674199280181_0001
23/01/20 15:27:15 INFO impl.YarnClientImpl: Submitted application application_1674199280181_0001
23/01/20 15:27:15 INFO mapreduce.Job: The url to track the job: http://hadoop1:8088/proxy/application_1674199280181_00
01/
23/01/20 15:27:15 INFO mapreduce.Job: Running job: job_1674199280181_0001
23/01/20 15:27:25 INFO mapreduce.Job: Job job_1674199280181_0001 running in uber mode : false
23/01/20 15:27:25 INFO mapreduce.Job:  map 0% reduce 0%
```

图 6-8　YARN 集群运行 WordCount

MapReduce 程序在 YARN 集群运行的状态，如图 6-9 所示。

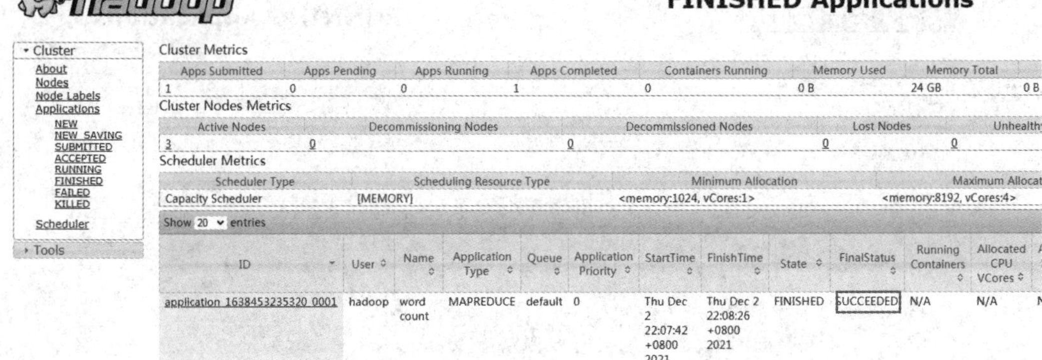

图 6-9　MapReduce 程序运行状态

如果上述操作没有异常，最终程序的状态信息显示为“SUCCEEDED”，就说明 MapReduce 程序在 YARN 集群上面运行成功，从而也说明 Hadoop 分布式集群已经全部搭建成功。

通过以下命令查询执行结果，如图 6-10 所示。

[hadoop@hadoop1 hadoop]$ bin/hdfs dfs -cat /test/out/*

```
[hadoop@hadoop1 hadoop]$ bin/hdfs dfs -cat /test/out/*
flink   3
hadoop  3
spark   3
```

图 6-10　MapReduce 程序运行结果

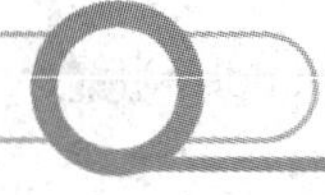

6.5　Hadoop 集群的运维管理

在生产环境中，Hadoop 集群一旦运行起来就不会再轻易关闭，日常工作中更多的是对 Hadoop 集群进行管理和维护。

6.5.1　Hadoop 集群进程的管理

Hadoop 集群进程管理

Hadoop 集群进程的管理主要是对 NameNode、DataNode、ResourceManager 和 NodeManager 等进程进行上线和下线操作，接下来分别对每个进程的操作进行讲解。

1. NameNode 守护进程管理

(1) 查看 NameNode(nn1 和 nn2)的状态。输入如下命令，状态如图 6-11 所示。

```
[hadoop@hadoop1 hadoop]$ bin/hdfs haadmin -getServiceState nn1
[hadoop@hadoop1 hadoop]$ bin/hdfs haadmin -getServiceState nn2
```

```
[hadoop@hadoop1 hadoop]$ bin/hdfs haadmin -getServiceState nn1
standby
[hadoop@hadoop1 hadoop]$ bin/hdfs haadmin -getServiceState nn2
active
[hadoop@hadoop1 hadoop]$
```

图 6-11　查看 NameNode 的状态

(2) 由图 6-11 可知，nn2 是 active 状态，现将其下线。输入如下命令，具体参见图 6-12。

```
[hadoop@hadoop2 hadoop]$ sbin/hadoop-daemon.sh stop namenode
```

```
[hadoop@hadoop2 hadoop]$ sbin/hadoop-daemon.sh stop namenode
stopping namenode
```

图 6-12　下线 nn2

(3) 查看 nn1 的状态。输入如下命令，状态如图 6-13 所示。

```
[hadoop@hadoop2 hadoop]$ bin/hdfs haadmin -getServiceState nn1
```

```
[hadoop@hadoop2 hadoop]$ bin/hdfs haadmin -getServiceState nn1
active
```

图 6-13　查看 nn1 的状态

(4) 将 nn2 重新上线操作。输入如下命令，具体参见图 6-14。

```
[hadoop@hadoop2 hadoop]$ sbin/hadoop-daemon.sh start namenode
```

```
[hadoop@hadoop2 hadoop]$ sbin/hadoop-daemon.sh start namenode
starting namenode, logging to /home/hadoop/app/hadoop-2.9.2/logs/hadoop-hadoop-namenode-hadoop2.
out
```

图 6-14　nn2 重新上线

2. DataNode 守护进程管理

(1) 下线操作。下线 hadoop1 的 DataNode，输入如下命令，具体参见图 6-15。

```
[hadoop@hadoop1 hadoop]$ sbin/hadoop-daemon.sh stop datanode
```

```
[hadoop@hadoop1 hadoop]$ sbin/hadoop-daemon.sh stop datanode
stopping datanode
```

图 6-15　下线 DataNode

执行“sbin/hadoop-daemon.sh stop datanode”命令关闭 DataNode 进程，此时当前 DataNode 中的数据块会迁移到其他 DataNode 中，从而实现数据容错。等待 DataNode 进程

关闭之后，即可对数据节点进行相关的维护操作。

(2) 上线操作。上线 hadoop1 的 DataNode，输入如下命令，具体参见图 6-16。

```
[hadoop@hadoop1 hadoop]$ sbin/hadoop-daemon.sh start datanode
```

```
[hadoop@hadoop1 hadoop]$ sbin/hadoop-daemon.sh start datanode
starting datanode, logging to /home/hadoop/app/hadoop-2.9.2/logs/hadoop-hadoop-datanode-hadoop1.out
```

图 6-16　上线 DataNode

完成对 DataNode 所在节点的维护工作之后，可以执行“sbin/hadoop-daemon.sh start datanode”命令重新启动 DataNode 进程，然后执行负载均衡命令，将集群中的部分数据块迁移到当前 DataNode 中，从而提高集群的数据存储能力。

3. ResourceManager 守护进程管理

(1) 查看资源管理器 rm1、rm2 的状态，输入如下命令，具体参见图 6-17。

```
[hadoop@hadoop1 hadoop]$ bin/yarn rmadmin -getServiceState rm1
[hadoop@hadoop1 hadoop]$ bin/yarn rmadmin -getServiceState rm2
```

```
[hadoop@hadoop1 hadoop]$ bin/yarn rmadmin -getServiceState rm1
standby
[hadoop@hadoop1 hadoop]$ bin/yarn rmadmin -getServiceState rm2
active
```

图 6-17　查看 rm1 和 rm2 的状态

(2) 下线 rm2，输入如下命令，具体参见图 6-18。

```
[hadoop@hadoop2 hadoop]$ sbin/yarn-daemon.sh stop resourcemanager
```

```
[hadoop@hadoop2 hadoop]$ sbin/yarn-daemon.sh stop resourcemanager
stopping resourcemanager
[hadoop@hadoop2 hadoop]$
```

图 6-18　下线 rm2

(3) 查看 rm1 的状态，输入如下命令，具体参见图 6-19。

```
[hadoop@hadoop2 hadoop]$ bin/yarn rmadmin -getServiceState rm1
```

```
[hadoop@hadoop2 hadoop]$ bin/yarn rmadmin -getServiceState rm1
active
```

图 6-19　查看 rm1 的状态

执行“sbin/yarn-daemon.sh stop resourcemanager”命令关闭 ResourceManager 进程，如果此时关闭的是 Active 状态的 ResourceManager，那么备用的 ResourceManager 会自动切换为 Active 状态并对外提供服务。ResourceManager 进程关闭之后，可以对其所在节点进行相关维护操作。

(4) 重新上线 rm2，输入如下命令，具体参见图 6-20。

```
[hadoop@hadoop2 hadoop]$ sbin/yarn-daemon.sh start resourcemanager
```

```
[hadoop@hadoop2 hadoop]$ sbin/yarn-daemon.sh start resourcemanager
starting resourcemanager, logging to /home/hadoop/app/hadoop-2.9.2/logs/yarn-hadoop-resourcemana
ger-hadoop2.out
```

图 6-20　重新上线 rm2

完成对 ResourceManager 所在节点的维护工作之后，可以执行“sbin/yarn-daemon.sh start resourcemanager”命令重新启动 ResourceManager 进程。如果 YARN 集群中已经有 ResourceManager 为 Active 状态，那么刚启动的 ResourceManager 会以 Standby 状态运行。

4. NodeManager 守护进程管理

(1) 下线操作。输入如下命令下线 hadoop1 上的 NodeManager，具体参见图 6-21。

```
[hadoop@hadoop1 hadoop]$ sbin/yarn-daemon.sh stop nodemanager
```

```
[hadoop@hadoop1 hadoop]$ sbin/yarn-daemon.sh stop nodemanager
stopping nodemanager
```

图 6-21　下线 NodeManage

执行“sbin/yarn-daemon.sh stop nodemanager”命令关闭 NodeManager 进程，此时如果当前 NodeManager 所在节点在运行任务，YARN 集群就会自动将此任务调度到其他 NodeManager 节点运行。等待 NodeManager 进程关闭之后，即可对该节点进行相关的维护操作。

(2) 上线操作。输入如下命令上线 hadoop1 的 NodeManager，具体参见图 6-22。

```
[hadoop@hadoop1 hadoop]$ sbin/yarn-daemon.sh start nodemanager
```

```
[hadoop@hadoop1 hadoop]$ sbin/yarn-daemon.sh start nodemanager
starting nodemanager, logging to /home/hadoop/app/hadoop-2.9.2/logs/yarn-hadoop-nodemanager-hadoop1.out
```

图 6-22　上线 NodeManage

完成对 NodeManager 所在节点的维护工作之后，可以执行“sbin/yarn-daemon.sh start nodemanager”命令重新启动 NodeManager 进程。当 YARN 集群中有新的任务需要运行时，会优先提交到当前 NodeManager 所在的节点运行。

6.5.2　Hadoop 集群的运维技巧

在实际工作中，针对 Hadoop 集群的运行和维护涉及方方面面，接下来将介绍两种常见的运维技巧。

Hadoop 集群运维技巧

1. 查看日志

在 Hadoop 集群运行过程中，日志是 Hadoop 运维中最重要的依据，无论遇到什么错误或异常，第一步操作就是查看 Hadoop 的运行日志。Hadoop 集群中各个进程的日志路径如下：

```
$ HADOOP_HOME/logs/hadoop-hadoop-namenode-hadoop1.log
$ HADOOP_HOME/logs/yarn-hadoop-resourcemanager-hadoop1.log
$ HADOOP_HOME/logs/hadoop-hadoop-datanode-hadoop1.log
$ HADOOP_HOME/logs/yarn-hadoop-nodemanager-hadoop1.log
```

一般可以通过 Linux 命令查看日志，如 vi、cat 等，也可以通过“tail -f”命令实时查看更新的日志。

(1) 进入日志目录。在命令行输入如下命令，进入日志目录。

```
[hadoop@hadoop1 hadoop]$ cd logs/
```

(2) 查看日志文件。在日志目录使用 ls 命令查看日志文件，具体参见图 6-23。

```
[hadoop@hadoop1 logs]$ ls
```

```
[hadoop@hadoop1 logs]$ ^C
[hadoop@hadoop1 logs]$ ls
hadoop-hadoop-datanode-hadoop1.log          hadoop-hadoop-secondarynamenode-hadoop1.out
hadoop-hadoop-datanode-hadoop1.out          hadoop-hadoop-secondarynamenode-hadoop1.out.1
hadoop-hadoop-datanode-hadoop1.out.1        hadoop-hadoop-zkfc-hadoop1.log
hadoop-hadoop-datanode-hadoop1.out.2        hadoop-hadoop-zkfc-hadoop1.out
hadoop-hadoop-datanode-hadoop1.out.3        hadoop-hadoop-zkfc-hadoop1.out.1
hadoop-hadoop-datanode-hadoop1.out.4        SecurityAuth-hadoop.audit
hadoop-hadoop-journalnode-hadoop1.log       userlogs
hadoop-hadoop-journalnode-hadoop1.out       yarn-hadoop-nodemanager-hadoop1.log
hadoop-hadoop-journalnode-hadoop1.out.1     yarn-hadoop-nodemanager-hadoop1.out
hadoop-hadoop-journalnode-hadoop1.out.2     yarn-hadoop-nodemanager-hadoop1.out.1
hadoop-hadoop-journalnode-hadoop1.out.3     yarn-hadoop-nodemanager-hadoop1.out.2
hadoop-hadoop-journalnode-hadoop1.out.4     yarn-hadoop-nodemanager-hadoop1.out.3
hadoop-hadoop-journalnode-hadoop1.out.5     yarn-hadoop-nodemanager-hadoop1.out.4
hadoop-hadoop-namenode-hadoop1.log          yarn-hadoop-resourcemanager-hadoop1.log
hadoop-hadoop-namenode-hadoop1.out          yarn-hadoop-resourcemanager-hadoop1.out
hadoop-hadoop-namenode-hadoop1.out.1        yarn-hadoop-resourcemanager-hadoop1.out.1
hadoop-hadoop-namenode-hadoop1.out.2        yarn-hadoop-resourcemanager-hadoop1.out.2
hadoop-hadoop-namenode-hadoop1.out.3        yarn-hadoop-resourcemanager-hadoop1.out.3
```

图 6-23　查看日志文件

(3) 查看 hadoop1 中关于 NameNode 的日志。使用 cat 命令查看相应的日志文件内容，具体参见图 6-24。

```
[hadoop@hadoop1 logs]$ cat hadoop-hadoop-namenode-hadoop1.log
```

```
2023-01-20 16:43:25,381 INFO org.apache.hadoop.hdfs.server.namenode.FSNamesystem: Roll Edit Log from 192.168.249.162
2023-01-20 16:43:25,381 INFO org.apache.hadoop.hdfs.server.namenode.FSEditLog: Rolling edit logs
2023-01-20 16:43:25,381 INFO org.apache.hadoop.hdfs.server.namenode.FSEditLog: Ending log segment 485, 485
2023-01-20 16:43:25,382 INFO org.apache.hadoop.hdfs.server.namenode.FSEditLog: Number of transactions: 2 Total time for transactions(ms): 2 Number of transactions batched in Syncs: 0 Number of syncs: 1 SyncTimes(ms): 2 2
2023-01-20 16:43:25,388 INFO org.apache.hadoop.hdfs.server.namenode.FSEditLog: Number of transactions: 2 Total time for transactions(ms): 2 Number of transactions batched in Syncs: 0 Number of syncs: 2 SyncTimes(ms): 7 2
2023-01-20 16:43:25,395 INFO org.apache.hadoop.hdfs.server.namenode.FileJournalManager: Finalizing edits file /home/hadoop/data/tmp/dfs/name/current/edits_inprogress_0000000000000000485 -> /home/hadoop/data/tmp/dfs/name/current/edits_0000000000000000485-0000000000000000486
2023-01-20 16:43:25,395 INFO org.apache.hadoop.hdfs.server.namenode.FSEditLog: Starting log segment at 487
2023-01-20 16:45:25,454 INFO org.apache.hadoop.hdfs.server.namenode.FSNamesystem: Roll Edit Log from 192.168.249.162
2023-01-20 16:45:25,454 INFO org.apache.hadoop.hdfs.server.namenode.FSEditLog: Rolling edit logs
2023-01-20 16:45:25,454 INFO org.apache.hadoop.hdfs.server.namenode.FSEditLog: Ending log segment 487, 487
2023-01-20 16:45:25,454 INFO org.apache.hadoop.hdfs.server.namenode.FSEditLog: Number of transactions: 2 Total time for transactions(ms): 0 Number of transactions batched in Syncs: 0 Number of syncs: 1 SyncTimes(ms): 3 3
2023-01-20 16:45:25,465 INFO org.apache.hadoop.hdfs.server.namenode.FSEditLog: Number of transactions: 2 Total time for transactions(ms): 0 Number of transactions batched in Syncs: 0 Number of syncs: 2 SyncTimes(
```

图 6-24　查看关于 NameNode 的日志

2. 清理临时文件

输入如下命令，进入临时文件夹，具体参见图 6-25。

```
[hadoop@hadoop1 ~]$ cd /home/hadoop/data/tmp/mapred
```

```
[hadoop@hadoop1 ~]$ cd /home/hadoop/data/tmp/mapred
```

图 6-25　进入临时文件夹

大多数情况下，因为对集群操作太频繁或者日志输出不合理，所以会造成日志文件和临时文件占用大量磁盘，从而直接影响 HDFS 的正常存储，此时可以定期清理临时文件。临时文件的路径如下所示：

(1) HDFS 的临时文件路径：${hadoop.tmp.dir}/mapred/staging。

(2) 本地临时文件路径：${mapred.local.dir}/mapred/local。

3. 定期执行负载均衡脚本

造成 HDFS 数据不均衡的原因有很多，如新增一个 DataNode、快速删除 HDFS 上的大量文件和计算任务分布不均匀等。数据不均衡会降低 MapReduce 计算本地化的概率，从而降低作业执行效率。当发现 Hadoop 集群数据不均衡时，可以执行 Hadoop 脚本“sbin/start-balancer.sh”进行负载均衡操作。在命令行输入如下命令：

```
[hadoop@hadoop1 hadoop]$ sbin/start-balancer.sh
```

执行结果如图 6-26 所示。

```
[hadoop@hadoop1 hadoop]$ sbin/start-balancer.sh
starting balancer, logging to /home/hadoop/app/hadoop-2.9.2/logs/hadoop-hadoop-balancer-hadoop1.out
Time Stamp               Iteration#  Bytes Already Moved  Bytes Left To Move  Bytes Being Moved
```

图 6-26　进行负载均衡操作

4. 文件系统检查

检查文件系统时，在命令行输入如下命令：

```
[hadoop@hadoop1 hadoop]$ bin/hdfs fsck /
```

执行结果如图 6-27 所示。

```
Status: HEALTHY
 Total size:    235958 B
 Total dirs:    25
 Total files:   17
 Total symlinks:                0
 Total blocks (validated):      16 (avg. block size 14747 B)
 Minimally replicated blocks:   16 (100.0 %)
 Over-replicated blocks:        0 (0.0 %)
 Under-replicated blocks:       16 (100.0 %)
 Mis-replicated blocks:         0 (0.0 %)
 Default replication factor:    3
 Average block replication:     2.0
 Corrupt blocks:                0
 Missing replicas:              16 (33.333332 %)
 Number of data-nodes:          2
 Number of racks:               1
FSCK ended at Fri Jan 20 16:55:26 HKT 2023 in 4 milliseconds


The filesystem under path '/' is HEALTHY
```

图 6-27　文件系统检查

图中相应参数的意义如下：

Status：本次 HDFS 上 Block 检测的结果。

Total size：/目录下文件的总大小。

Total dirs：检测的目录下子目录的数量。

Total files：检测的目录下文件的数量。

Total symlinks：检测的目录下连接符号的数量。

Total blocks(validated)：检测的目录下有效的 Block 数量。

Minimally replicated blocks：拷贝的最小 Block 数量。

Over-replicated blocks：副本数大于指定副本数的 Block 数量。

Under-replicated blocks：副本数小于指定副本数的 Block 数量。

Mis-replicated blocks：丢失的 Block 数量。

Default replication factor：默认的副本数量(如上图中的副本数据为 3，代表自身 1 份，需要拷贝 2 份)。

Average block replication：当前块的平均复制数。

Corrupt blocks：坏块的数量。

Missing replicas：丢失的副本数。

Number of data-nodes：节点的数量。

Number of racks：机架的数量。

5. 元数据备份

使用如下命令备份元数据，备份文件名为 fsimage.backup，具体参见图 6-28。

```
[hadoop@hadoop1 hadoop]$ bin/hdfs dfsadmin -fetchImage fsimage.backup
```

```
[hadoop@hadoop1 hadoop]$ bin/hdfs dfsadmin -fetchImage fsimage.backup
23/01/20 17:00:59 INFO namenode.TransferFsImage: Opening connection to http://hadoop1:50070/imagetransfer?getimage=1&txid=latest
23/01/20 17:00:59 INFO namenode.TransferFsImage: Image Transfer timeout configured to 60000 milliseconds
23/01/20 17:00:59 INFO namenode.TransferFsImage: Combined time for fsimage download and fsync to all disks took 0.01s. The fsimage download took 0.01s at 0.00 KB/s. Synchronous (fsync) write to disk of /home/hadoop/app/hadoop-2.9.2/fsimage.backup took 0.00s.
```

图 6-28　元数据备份

项目七 Hadoop 分布式计算框架(MapReduce)

7.1 初识 MapReduce

7.1.1 MapReduce 概述

MapReduce 最早是由 Google 公司研究并提出的一种面向大规模数据处理的并行计算模型和方法。Google 设计 MapReduce 的初衷是解决其搜索引擎中大规模网页数据的并行化处理的问题。2004 年，Google 发表了一篇关于分布式计算框架 MapReduce 的论文，重点介绍了 MapReduce 的基本原理和设计思想。同年，开源项目 Lucene(搜索牵引程序库)和 Nutch(搜索引擎)的创始人 Doug Cutting 发现 MapReduce 正是其所需要的解决大规模 Web 数据处理的重要技术，因而模仿 Google 的 MapReduce 基于 Java 设计开发了一个后来被称为 MapReduce 的开源并行计算框架。尽管 MapReduce 还有很多局限性，但人们普遍认为 MapReduce 是目前最为成功、最广为接受和易于使用的大数据并行处理技术。

初识 MapReduce

MapReduce 具体包含以下 3 层含义：

(1) MapReduce 是一个并行程序的计算模型与方法。

MapReduce 是一个编程模型，该模型主要用来解决海量数据的并行计算。它借助函数式编程和分而治之的设计思想，提供了一种简便的并行程序设计模型。该模型将大数据处理过程主要拆分为 Map(映射)和 Reduce(化简)两个模块，这样即使用户不懂分布式计算框架的内部运行机制，只要能参照 Map 和 Reduce 的思想描述清楚要处理的问题，即可编写出 map 函数和 reduce 函数，从而轻松地实现大数据的分布式计算。

(2) MapReduce 是一个并行程序运行的软件框架。

MapReduce 提供了一个庞大且设计精良的并行计算软件框架，它能够自动完成计算任务的并行化处理，自动划分数据和计算任务，在集群节点上自动分配和执行任务以及收集计算结果，将数据分布式存储、数据通信、容错处理等涉及很多系统底层的复杂问题都交由 MapReduce 软件框架统一处理，极大地减轻了软件开发人员的负担。

(3) MapReduce 是一个基于集群的高性能并行计算平台。

MapReduce 是一个简单的软件框架，基于它写出来的应用程序能够运行在由成千个商用机器组成的大型集群上，并以一种可靠的方式并行处理 TB 或 PB 级别的数据集。

7.1.2 MapReduce 的基本设计思想

对于大规模数据处理，MapReduce 的基本设计思想主要体现在以下 3 个方面。

1. 分而治之

MapReduce 对大数据并行处理采用分而治之的策略。如果一个大文件可以分为具有同样计算过程的多个数据库，并且这些数据库之间不存在数据依赖关系，那么提高处理数据效率的最好办法就是采用分而治之的策略对数据进行并行化计算。MapReduce 就是采用这种分而治之的设计思想，对相互不具有或具有较少数据依赖关系的大数据，用一定的数据划分方法对数据进行分片，然后将每个数据分片交由一个任务去处理，最后汇总所有任务的处理结果。简单地说，MapReduce 就是“任务的分解与结果的汇总”，其过程如图 7-1 所示。

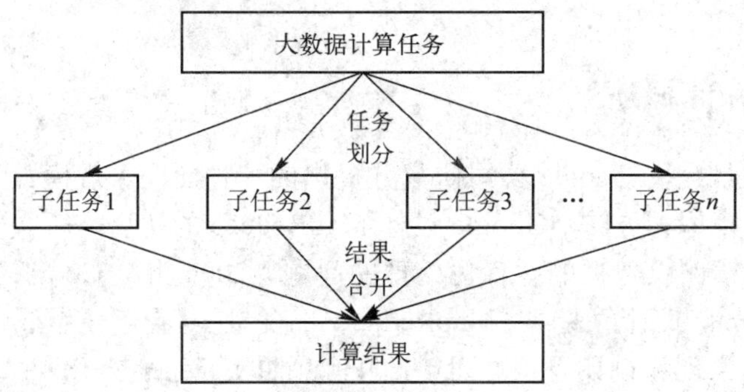

图 7-1 任务的分解与结果的汇总过程

2. 抽象成模型

MapReduce 把函数式编程思想构建成抽象模型——Map 和 Reduce。MapReduce 借鉴 LISP(表处理语言)中的函数式编程思想定义了 Map 和 Reduce 两个抽象类，程序员只需要实现这两个抽象类，然后根据不同的业务逻辑实现具体的 map 函数和 reduce 函数，即可快速完成并行化程序的编写。

例如，一个 Web 访问日志文件由大量的重复性访问日志构成，对这种顺序式数据元素或记录，通常也采用顺序式扫描的方式来处理。图 7-2 描述了典型的顺序式大数据处理的过程。

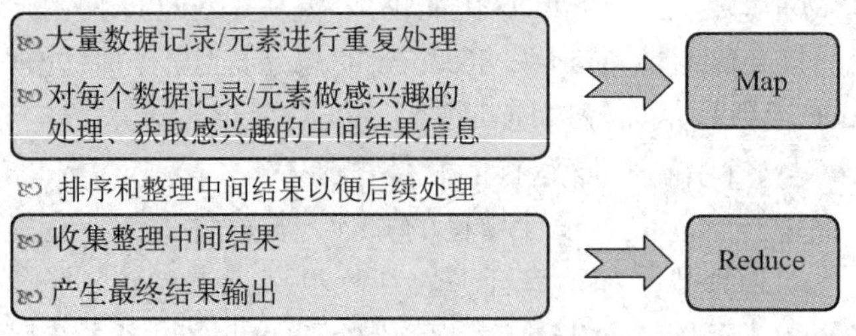

图 7-2 顺序式大数据处理的过程

MapReduce 将以上处理过程抽象为两个基本操作，把前两步抽象为 Map 操作，把后两步抽象为 Reduce 操作。Map 操作主要负责对一组数据记录进行某种重复处理，而 Reduce 操作主要负责对 Map 操作生成的中间结果进行进一步的整理和输出。以这种方式，MapReduce 为大数据处理过程中的主要处理操作提供了一种抽象机制。

3. 上升到框架

MapReduce 以统一构架为程序员隐藏系统底层细节。一般情况下，并行计算方法缺少统一的计算框架支持，因此程序员就需要考虑数据的存储、划分、分发、结果收集和错误恢复等诸多细节问题。为此，MapReduce 设计并提供了统一的计算框架，为程序员隐藏了大多数系统底层的处理细节，程序员只需要关注具体业务和算法本身即可，而不用关注其他系统层面的处理细节，极大地减轻了程序员开发程序的负担。

MapReduce 提供统一计算框架的主要目标是实现自动并行化计算，为程序员隐藏系统层面的细节。自动并行化计算主要包含以下 6 点：

(1) 计算任务的自动划分和调度。

(2) 数据的自动化分布存储和划分。

(3) 处理数据与计算任务的同步。

(4) 结果的收集整理，如排序、合并和分区等。

(5) 系统通信、负载均衡和计算性能优化。

(6) 处理系统节点的出错检测和失效恢复。

7.1.3 MapReduce 的优缺点

1. MapReduce 的优点

在大数据和人工智能时代，MapReduce 如此受欢迎，主要是因为它具有以下 4 个优点。

(1) 易于编写。MapReduce 通过实现一些简单接口就可以完成一个分布式程序的编写，而且这个分布式程序可以运行在由大量廉价服务器组成的集群上。也就是说，编写一个分布式程序和编写一个并行程序一样简单。正是这个使用简单的特点使 MapReduce 越来越流行。

(2) 良好的扩展性。当计算资源不能得到满足时，可以通过简单地增加机器数量来扩展集群的计算能力。这和 HDFS 通过增加机器来扩展集群存储能力的道理是一样的。

(3) 高容错性。MapReduce 的设计初衷是使程序能够部署在廉价的商用服务器上，这就要求它具有很高的容错性。如果其中一个节点停止工作，其计算任务可以转移到另外一个正常的节点上运行，不会造成任务运行失败，而且这个过程不需要人工参与，完全在 Hadoop 内部完成。

(4) 适合 PB 级以上数据集的离线处理。MapReduce 是对海量数据进行离线处理，数据量越大越能体现 MapReduce 的优越性。因为 MapReduce 启动速度慢且耗资源，所以处理小规模数据集的效率比较低。

2. MapReduce 的缺点

MapReduce 虽然具有很多优势，但也有不适合的计算场合，主要表现在以下 3 个方面。

(1) 不适合实时计算。因为 MapReduce 无法像 MySQL(关系型数据库管理系统)一样在毫秒或秒级内返回结果，所以 MapReduce 不适合对数据进行实时处理。

(2) 不适合流式计算。流式计算的输入数据是动态的，而 MapReduce 的输入数据集是静态的，不能动态变化。

(3) 不适合 DAG(有向无环图)计算。在多个应用程序之间存在依赖关系的场景下，如果后一个应用程序输入是前一个应用程序的输出，那么此时 MapReduce 并不是不能处理，而是这种情况下每个 MapReduce 的输出结果都会写入磁盘，从而造成大量的磁盘输入与输出，导致性能低下。

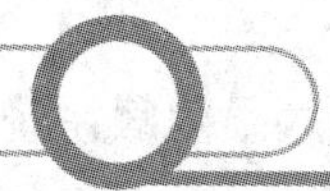

7.2 MapReduce 编程模型

7.2.1 MapReduce 的执行步骤

MapReduce
编程模型

MapReduce 编程模型可以分为 Map 和 Reduce 两个阶段，如图 7-3 所示。

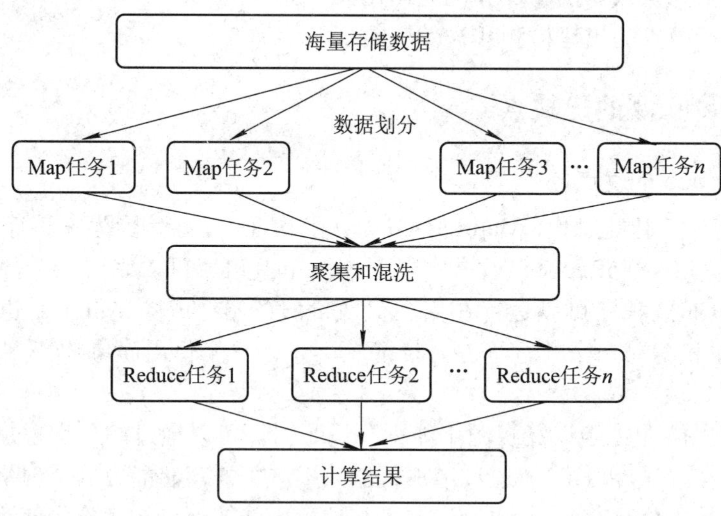

图 7-3　MapReduce 编程模型

1. Map 任务处理

Map 任务的执行步骤如下：

(1) 读取 HDFS 中的文件。每一行解析成一个键值对<k,v>。每一个键值对调用一次 map 函数。

(2) 覆盖 map()，接收(1)产生的键值对<k,v>并进行处理，将其转换为新的键值对<k,v>输出。

(3) 对(2)输出的键值对<k,v>进行分区，默认分为一个区。

(4) 对不同分区中的数据按照 key 值进行排序、分组。分组指的是将相同 key 的 value

放到一个集合中。

(5) 对分组后的数据进行归约。

2. Reduce 任务处理

Reduce 任务的执行步骤如下：

(1) 多个 Map 任务的输出，按照不同的分区，通过网络拷贝到不同的 Reduce 任务上。

(2) 对多个 Map 任务的输出进行合并、排序。

(3) 将 Reduce 任务输出的键值对<k,v>写到 HDFS 中。

7.2.2　深入剖析 MapReduce 编程模型

1. 背景分析

WordCount 是最简单的，也是最能体现 MapReduce 思想的程序之一，可以称为 MapReduce 版的“Hello World”。

2. 问题思路分析

剖析该模型的思路分为以下 3 步：

(1) 业务场景：有大量的文件，每个文件里面存储的都是单词。

(2) 任务：统计所有文件中每个单词出现的次数。

(3) 解决思路：首先分别统计出每个文件中各个单词出现的次数，然后再累加不同文件中同一个单词出现的次数。

3. 深入剖析 MapReduce 编程模型

接下来以 WordCount 为例，深入剖析 MapReduce 编程模型。

(1) 数据分割。将数据文件拆分为分片(Split)，分片是用来组织数据块(Block)的，用来明确一个分片包含多少个数据库以及这些数据块存储的位置，但实际它并不存储源数据。

源数据以数据块的形式存储在文件系统上，分片只是连接数据块和 Map 任务的一个桥梁。源数据被分割成若干分片，每个分片作为一个 Map 任务的输入。在 map 函数执行过程中，分片被分解成一个个键值对<key,value>，map 函数会迭代处理每条数据。默认情况下，当输入文件较小时，每个数据文件会被划分为一个分片，并将文件按行转换成键值对<key,value>，这一步由 MapReduce 框架自动完成。数据分割过程如图 7-4 所示。

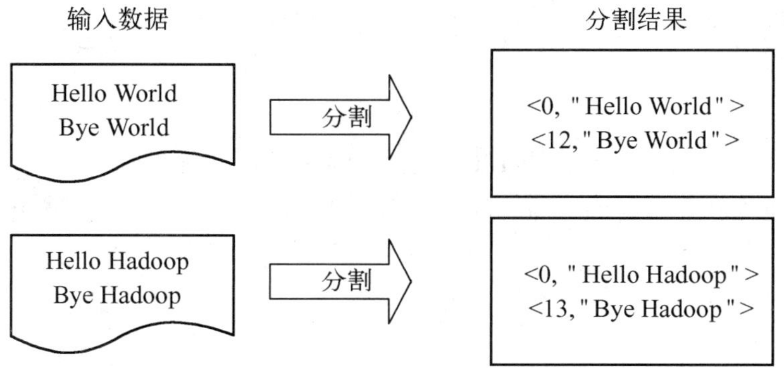

图 7-4　数据分割过程

(2) 数据处理。将分割好的键值对<key,value>交给用户自定义的 map 函数进行迭代处理，然后输出新的键值对<key,value>。数据处理过程如图 7-5 所示。

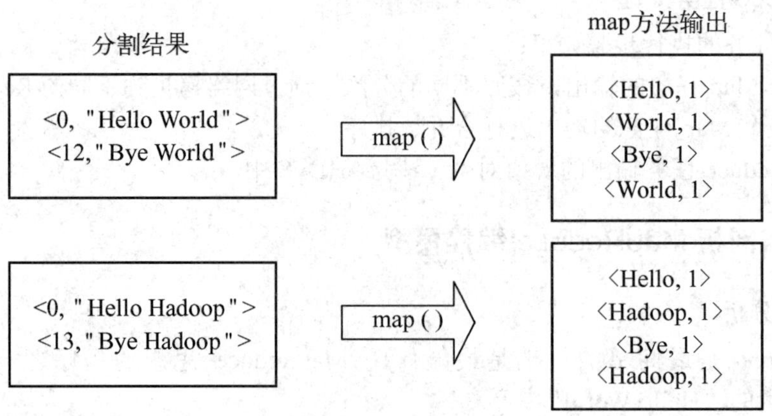

图 7-5　数据处理过程

(3) 数据局部合并。在将 Map 任务处理后的数据写入磁盘之前，首先根据 Reduce 端的个数对数据进行分区。在每个分区中，线程按照 key 值在内存中排序，如果设置了 Combine(合并)，那么会在排序后的输出上运行 Combine，使 Map 任务的输出结果变少，从而减少了写到磁盘的数据和传递给 Reduce 端的数据。数据局部合并过程如图 7-6 所示。

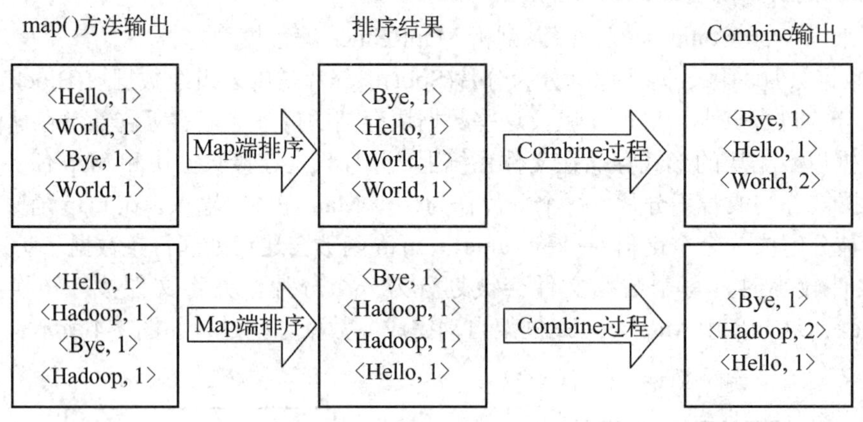

图 7-6　数据局部合并过程

(4) 数据聚合。经过复杂的 Sheffle(混洗，包括排序、合并等)过程之后，将 Map 端的数据输出到 Reduce 端。Reduce 端会首先对数据进行合并排序，然后交给 reduce 函数进行聚合处理。

数据聚合过程如图 7-7 所示。

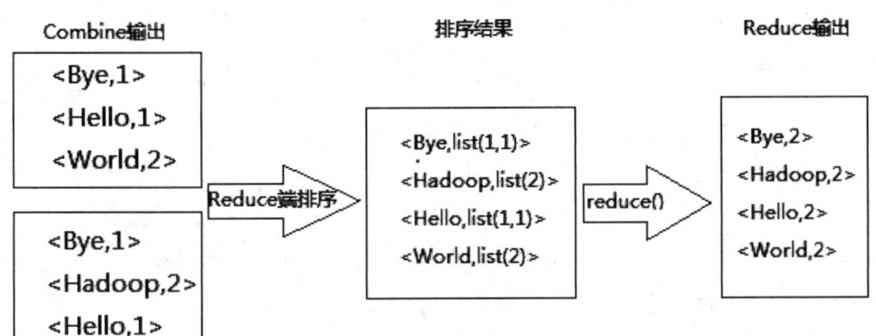

图 7-7　数据聚合过程

注意：相同 key 的记录只会交给同一个 reduce 函数进行处理，只有这样才能统计出最终的聚合结果。

4. WordCount 具体代码实现

接下来以具体的 WordCount 代码，进一步理解和分析 MapReduce 编程模型。代码如下：

```
public class WordCount {
    public static class MyMapper extends Mapper<Object,Text, Text, IntWritable>{
        private Text word = new Text();
        private final static IntWritable one = new IntWritable(1) ;
        @Override
        protected void map(Object key, Text value, Context context) throws IOException,
        InterruptedException {
            StringTokenizer itr= new StringTokenizer(value.toString());
            while (itr.hasMoreTokens()){
                word.set(itr.nextToken());
                context.write(word,one);
            }
        }
    }

    public static class MyReducer extends Reducer<Text, IntWritable,Text,IntWritable>{
        private IntWritable result = new IntWritable();
        @Override
        protected void reduce(Text key, Iterable<IntWritable> values, Context context) throws
        IOException, InterruptedException {
            int sum = 0;
            for(IntWritable val:values){
                sum +=val.get();
            }
```

```
            result.set(sum);
            context.write(key,result);
        }
    }

    public static void main(String[] args) throws IOException, InterruptedException,
    ClassNotFoundException {
        Configuration conf = new Configuration();
        Job job = Job.getInstance(conf);
        job.setJarByClass(WordCount.class);
        job.setJobName("WordCount");
        job.setInputFormatClass(TextInputFormat.class);
        job.setOutputFormatClass(TextOutputFormat.class);
        FileInputFormat.addInputPath(job,new Path(args[0]));
        FileOutputFormat.setOutputPath(job,new Path(args[1]));
        job.setMapperClass(MyMapper.class);
        job.setReducerClass(MyReducer.class);
        job.setMapOutputKeyClass(Text.class);
        job.setMapOutputValueClass(IntWritable.class);
        job.setOutputKeyClass(Text.class);
        job.setOutputValueClass(IntWritable.class);
        job.waitForCompletion(true);

    }
}
```

项目八　Hive 的安装与部署

8.1　Hive 概 述

8.1.1　Hive 的定义

Hive 概述

Hive 是构建在 Hadoop 之上的离线分析系统，主要用于存储和处理海量结构化数据。Hive 可以将数据映射到一张数据表中，赋予数据一种表结构，同时 Hive 还提供了丰富的类 SQL(简称 HQL)语言对表中的数据进行统计分析。Hive 首先会对 HQL 语言进行解析和转换，生成一系列 MapReduce 任务，然后在 Hadoop 集群上执行 MapReduce 任务并完成对数据的处理。正因如此，不熟悉 MapReduce 的用户也能很方便地利用 HQL 语句对数据进行查询、分析和汇总。目前，Hive 已经是一个非常成功的 Apache 项目，很多公司和组织都将 Hive 当作大数据仓库工具。

8.1.2　Hive 的产生背景

Hive 的诞生源于 Facebook 的日志分析需求，面对海量的结构化数据，Hive 能够以较低的成本完成以往需要大规模数据库才能完成的任务，并且学习门槛相对较低，应用开发灵活且高效。后来，Facebook 将 Hive 开源给了 Apache，Hive 成为 Apache 的一个顶级项目，至此，Hive 在大数据应用方面得到了快速的发展和普及。

8.1.3　Hive 的优缺点

使用 Hive 进行大数据分析，虽然降低了开发成本和学习成本，但是也有不适合的应用场景。接下来详细介绍 Hive 的优缺点。

1. Hive 的优点

(1) Hive 适合数据的批处理，打破了传统关系型数据库在海量数据处理上的瓶颈。

(2) Hive 构建在 Hadoop 之上，充分地利用了集群的存储资源和计算资源。

(3) Hive 的学习和使用成本低，并且支持标准的 SQL 语法，从而免去了编写 MapReduce 程序的过程，减少了开发成本。

(4) 具有良好的扩展性，并且能够实现与其他组件的集成开发。

2. Hive 的缺点

(1) HQL 的表达能力有限，不支持迭代计算，因此有些复杂的运算用 HQL 不易表达，还需要单独编写 MapReduce 程序来实现。

(2) Hive 的运行效率低、延迟高，这是因为 Hive 底层计算引擎默认为 MapReduce，而 MapReduce 是离线计算框架。

(3) Hive 的调优操作比较困难，由于 HQL 语句最终会转换为 MapReduce 任务，所以 Hive 的调优操作还需要考虑对 MapReduce 层面的优化。

8.1.4 Hive 在 Hadoop 生态系统中的位置

Hive 在 Hadoop 生态系统中承担着数据仓库的角色，如图 8-1 所示。Hive 能够管理 Hadoop 中的数据，同时可以查询和分析数据。

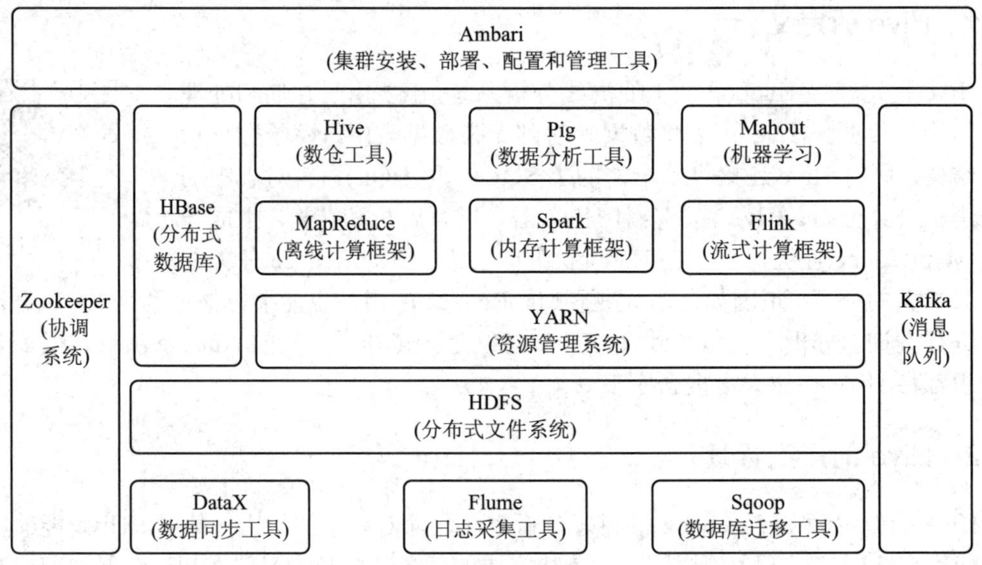

图 8-1 Hive 在 Hadoop 生态系统中的位置

8.1.5 Hive 和 Hadoop 的关系

Hive 利用 HDFS 来存储数据，利用 MapReduce 来查询和分析数据。Hive 与 Hadoop 之间的关系总结如下：

(1) Hive 需要构建在 Hadoop 集群之上。

(2) Hive 中的所有数据都存储在 Hadoop 分布式文件系统中。

(3) 对 HQL 查询语句的解释、优化和生成查询计划等过程均是由 Hive 完成的，而查询计划被转化为 MapReduce 任务之后，则需要运行在 Hadoop 集群之上。

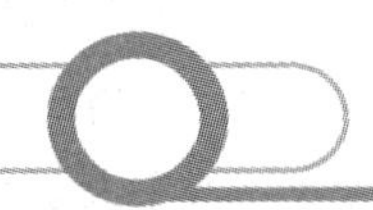

8.2　Hive 的原理及架构

Hive 是构建在 Hadoop 之上的 SQL 引擎，它重用了 Hadoop 中的 HDFS 和 MapReduce 等。Hive 是 Hadoop 生态中的重要组成部分，也是目前应用最广泛的 SQL on Hadoop 解决方案。

8.2.1　Hive 的设计原理

Hive 是一种构建在 Hadoop 之上的数据仓库工具，可以使用 HQL 语句对数据进行分析和查询，而 Hive 的底层数据都存储在 HDFS 中。Hive 在加载数据过程中不会对数据进行任何修改，只是将数据移动到指定的 HDFS 目录下。Hive 的主要特点如下：

(1) 支持索引，加快了数据的查询速度。

(2) 不同的存储类型。例如：纯文本文件和 HBase 中的文件。

(3) 将元数据存储在关系数据库中，大大地减少了在查询过程中执行语义检查的时间。

(4) 可以直接使用存储在 Hadoop 文件系统中的数据。

(5) 内置大量的用户自定义函数(User Define Function，简称 UDF)来对时间、字符串进行操作，支持用户扩展 UDF 来完成内置函数无法实现的操作。

(6) HQL 语句最终会被转换为 MapReduce 任务运行在 Hadoop 集群之上。

8.2.2　Hive 的体系结构

Hive 的体系架构如图 8-2 所示。

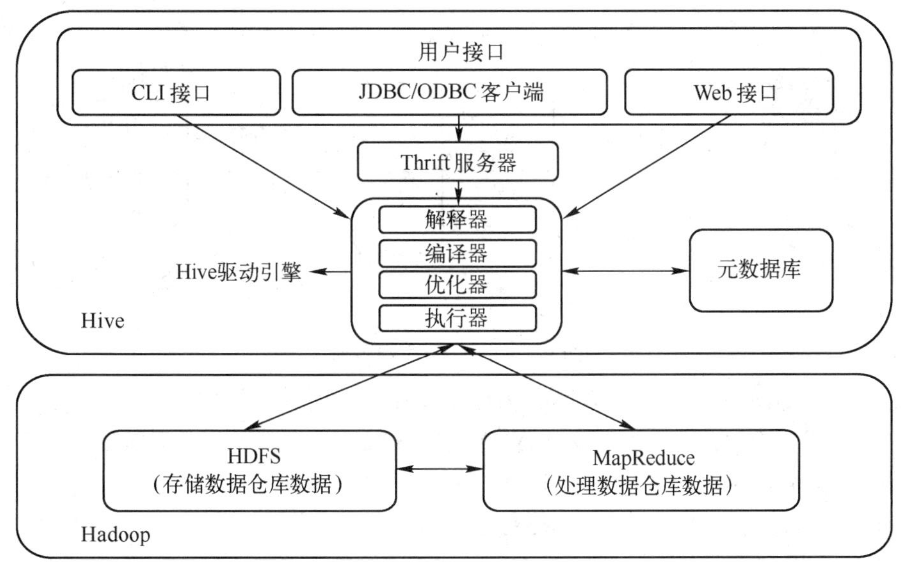

图 8-2　Hive 的体系结构

Hive的体系架构主要包含用户接口、Thrift服务器、Hive驱动引擎、元数据库和Hadoop集群等。

1. 用户接口

用户接口主要有CLI接口、JDBC/ODBC客户端和Web接口。其中，最常用的是CLI接口，CLI接口启动时，会同时启动一个Hive副本。JDBC/ODBC客户端是Hive的客户端，用户连接至Thrift服务器。在启动JDBC/ODBC客户端模式的时候，需要指出Thrift服务器所在节点，并且在该节点启动Thrift服务器。Web接口是通过浏览器访问Hive。

2. Thrift服务器

Thrift服务器是基于Socket通信的，支持跨语言，如C++、Java、PHP、Python和Ruby等多种语言。Hive Thrift服务器简化了在多编程语言中运行Hive的命令。

3. Hive驱动引擎

解释器、编译器、优化器、执行器完成HQL查询语句的词法分析、编译、优化以及查询计划的生成。生成的查询计划存储在HDFS中，并在随后由MapReduce调用执行。

4. 元数据库

Hive的数据由两部分组成：数据文件和元数据。元数据用于存放Hive的基础信息，它存储在关系数据库中，如MySQL和Derby。元数据包括数据库信息、表的名字、表的列和分区及其属性、表的属性和表的数据所在目录等。

5. Hadoop集群

Hive的数据文件存储在HDFS中，而大部分的查询由MapReduce完成。(对于包含*的查询，如“select * from tbl”语句不会生成MapRedcue作业。)

8.2.3 Hive的运行机制

Hive的运行机制如图8-3所示。

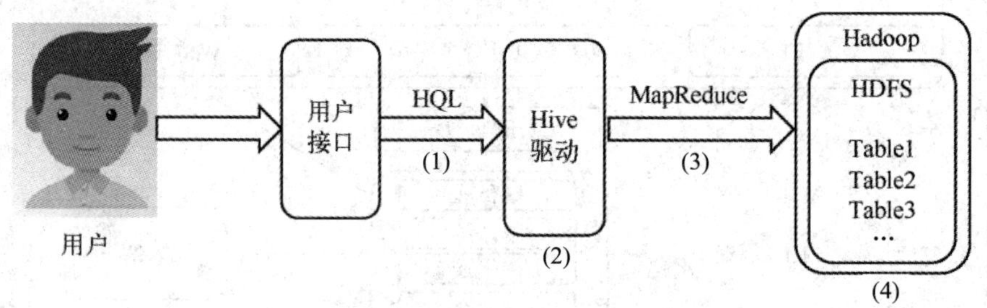

图8-3 Hive的运行机制

由图可知，Hive的运行机制主要分为以下4个步骤：

(1) 用户通过用户接口连接Hive，编写HQL语句。

(2) Hive解析查询语句并指定逻辑查询计划。

(3) Hive将查询计划转换成MapReduce作业。

(4) Hive在Hadoop上执行MapReduce作业。

8.2.4 Hive 的转换过程

HQL 语句转换为 MapReduce 作业的过程如图 8-4 所示。

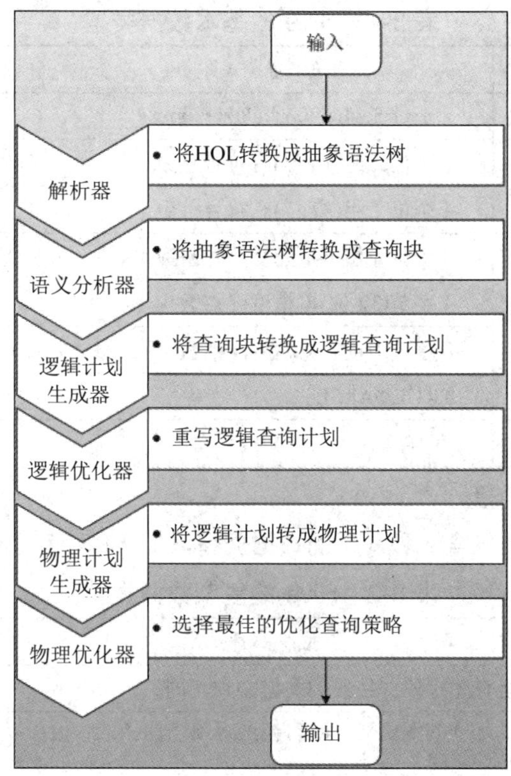

图 8-4 HQL 语句转换为 MapReduce 作业的过程

由图可知，HQL 语句转换为 MapReduce 作业主要分为以下 7 个步骤：

(1) 由 Hive 驱动模块中的解析器对用户输入的 HQL 语句进行词法和语法解析，将 HQL 语句转换为抽象语法树。

(2) 抽象语法树的结构仍然很复杂，不方便直接翻译为 MapReduce 程序，因此还需要把语法树转换为查询块。

(3) 把查询块转换为逻辑查询计划，里面包含了很多逻辑操作符。

(4) 重写逻辑查询计划，进行优化，以便合并多余的操作，从而减少 MapReduce 任务的数量。

(5) 将逻辑操作符转换为需要执行的具体的 MapReduce 任务。

(6) 对生成的 MapReduce 任务进行优化，生成最佳的任务执行计划。

(7) 由 Hive 驱动模块中的执行器，执行最终的 MapReduce 任务并输出运行结果。

8.2.5 Hive 的数据类型

Java 的数据类型包含基本数据类型和引用数据类型，而 Hive 的数据类型包含基本数据类型和复杂数据类型。

1. Hive 的基本数据类型

如表 8-1 所示，Hive 的基本数据类型有 TINYINT、SMALLINT、INT、BIGINT、FLOAT、DOUBLE、BOOLEAN 和 STRING。

表 8-1　Hive 的基本数据类型

类　型	描　　述	示　例
TINYINT	1 个位元组(8 位)有符号整数	1
SMALLINT	2 个位元组(16 位)有符号整数	1
INT	4 个位元组(32 位)有符号整数	1
BIGINT	8 个位元组(64 位)有符号整数	1
FLOAT	4 字节(32 位)单精度浮点数	1.0
DOUBLE	8 字节(64 位)双精度浮点数	1.0
BOOLEAN	TRUE/FALSE	TRUE
STRING	字符串	'dit'，"dit"

2. Hive 的复杂数据类型

如表 8-2 所示，Hive 包含 3 种复杂的数据类型，即 ARRAY、MAP 和 STRUCT。

表 8-2　Hive 的复杂数据类型

类　型	描　　述	示　例
ARRAY	一组有序字段。字段的类型必须相同	Array(1,2)
MAP	一组无序的键值对。键的类型必须是原子的，值可以是任何类型，同一个映射的键的类型必须相同，值的类型也必须相同	Map('a',1,'b',2)
STRUCT	一组命名的字段，字段类型可以不同	Struct('a',1,1,0)

8.2.6　Hive 的数据存储

1. 表(Table)

Hive 的表在逻辑上由存储的数据和描述表中数据形式的相关元数据组成。数据一般存储在 HDFS 中，但它也可以存储在其他任何 Hadoop 文件系统中，包括本地文件系统或 S3。Hive 把元数据存储在关系型数据库中，而不是 HDFS 中。在 Hive 中创建表时，默认情况下，Hive 负责管理数据，这意味着 Hive 会把数据移入它的“仓库目录”；另一种选择是创建一个外部表(External Table)，这会让 Hive 到仓库目录以外的位置访问数据。

2. 分区(Partition)

Hive 把表分成分区，这是一种根据分区列(如日期)的值对表进行粗略划分的机制，使用分区可以加快数据分片的查询速度。以分区的常用情况为例，日志文件的每条记录包含一个时间戳，如果根据日期来对它进行分区，那么同一天的记录就会被存放在同一个分区中。对于限制到某个或者某些特定日期的查询，因为它们只需要扫描查询范围内分区中的文件，所以处理可以变得非常高效。

注意：使用分区不会影响大范围的查询操作，仍然可以查询跨多个分区的整个数据集。

3. 桶(Bucket)

表或者分区可以进一步分为桶。它会为数据提供额外的结构以获得更高效的查询处理。例如，通过用户 ID 来划分桶，就可以在所有用户集合的随机样本上快速计算基于用户的查询。

8.3　MySQL 的安装与部署

一般情况下，由于 Hive 的元数据信息存储在第三方数据库(如 MySQL)中，所以在安装 Hive 之前需要先安装 MySQL。加之，硬件资源有限，所以从 Hadoop 集群中选择 hadoop1 节点安装部署 MySQL。具体安装步骤如下：

1. 安装前的准备工作

(1) 如图 8-5 所示，输入如下命令进入 root 用户。

```
[hadoop@hadoop1 hadoop]$ su - root
```

```
[hadoop@hadoop1 hadoop]$ su - root
Password:
Last login: Sun Jan 22 08:30:38 CST 2023 on pts/0
```

图 8-5　进入 root 用户

(2) 下载 wget。由于没有 wget 工具，所以输入如下命令进行下载。

```
[root@hadoop1 ~]# yum install wget -y
```

(3) 下载 mysql-sever。由于 CentOS 7 的 yum 源中没有正常安装 MySQL 的 mysql-sever 文件，所以直接使用 yum 安装的时候并不能成功，这也是 CentOS 7 的独特之处。在官网上下载 mysql-sever 文件，命令如下：

```
[root@hadoop1 ~]# wget http://dev.mysql.com/get/mysql-community-release-el7-5.noarch.rpm
[root@hadoop1 ~]# rpm -ivh mysql-community-release-el7-5.noarch.rpm
```

2. 安装 MySQL

MySQL 的安装有离线和在线两种方式，为了方便，本书选择在线安装方式，步骤如下：

MySQL 的安装

(1) 在线安装 MySQL。在 hadoop1 节点上，使用 yum 命令在线安装 MySQL，命令如下：

```
[root@hadoop1 ~]# yum install mysql-server
```

(2) 启动 MySQL 服务。MySQL 安装成功之后，通过命令启动 MySQL 服务，命令如下：

```
[root@hadoop1 ~]# service mysqld start
```

(3) 设置 MySQL 的 root 用户密码，具体步骤如下：

因为 MySQL 刚安装完成，默认 root 用户是没有密码的，所以 root 用户可直接登录 MySQL，输入密码时按[Enter]键即可，命令如下：

```
[root@hadoop1 ~]# mysql -u root -p
Enter password:
...
mysql>
```

在 MySQL 客户端设置 root 用户密码，具体操作如下：

```
mysql>set password for root@localhost=password('root');
```

设置 MySQL 的 root 用户密码之后，退出并重新登录 MySQL，用户名为 root，密码为 root，命令如下：

```
[root@hadoop1 ~]# mysql -u root -p
Enter password:
mysql>
```

如果 MySQL 登录成功，就说明 MySQL 的 root 用户密码设置成功。

3. 创建 Hive 账户

(1) 创建 Hive 账户，操作命令如下：

```
mysql>create user 'hive' identified by 'hive';
```

(2) 将 MySQL 所有权限授予 Hive 账户，操作命令如下：

```
mysql>grant all on *.* to 'hive'@'hadoop1' identified by 'hive';
```

(3) 将 MySQL 所有权限授予 Hive 账户，并允许所有 IP 访问，操作命令如下：

```
mysql>grant all on *.* to 'hive'@'%' identified by 'hive';
```

(4) 通过命令使上述授权生效，操作命令如下：

```
mysql> flush privileges;
```

(5) 如果上述操作成功，就可以使用 Hive 账户登录 MySQL，操作命令如下：

```
[root@hadoop1 ~] #mysql -h hadoop1 -u hive -p
```

(6) 创建 Hive 数据库，操作命令如下：

```
mysql> create database hive;
```

8.4 安装与部署 Hive 客户端

安装 Hive

Hive 的安装比较简单，因为 Hive 底层存储依赖 HDFS，底层计算默认依赖 MapReduce，所以选择一个节点安装部署 Hive 客户端，通过 Hive 客户端将 Hive 查询任务提交到 Hadoop 集群即可。

安装与部署 Hive 客户端的步骤如下：

1. 下载 Hive

在官网(http://hive.apache.org/down/oads.html)下载 Hive 安装包 apache-hive-2.3.7-bin.tar.gz，然后上传至hadoop1节点的/home/hadoop/app目录下。

2. 解压 Hive

在hadoop1节点上，使用解压命令解压Hive安装包，命令如下：

```
[hadoop@hadoop1 app]$ tar -zxvf apache-hive-2.3.7-bin.tar.gz
```

然后，创建Hive软连接，命令如下：

```
[hadoop@hadoop1 app]$ ln -s apache-hive-2.3.7-bin hive
```

3. 修改 hive-site.xml 配置文件

进入Hive的conf目录下发现hive-site.xml文件不存在，需要从默认配置文件中复制一份，命令如下：

```
[hadoop@hadoop1 conf]$ cp hive-default.xml.template hive-site.xml
```

然后在hive-site.xml配置文件中，修改元数据库的相关配置，修改内容和命令如下：

```
[hadoop@hadoop1 conf]$ vi hive-site.xml
#配置连接驱动名为 com.mysql.jdbc.Driver
<property>
    <name>javax.jdo.option.ConnectionDriverName</name>
    <value>com.mysql.jdbc.Driver</value>
  </property>
#修改连接 MySQL 的 URL(统一资源定位器，俗称网址)
<property>
    <name>javax.jdo.option.ConnectionURL</name>
    <value>jdbc:mysql://hadoop1:3306/hive?characterEncoding=UTF-8</value>
  </property>
#修改连接数据库的用户名和密码
<property>
    <name>javax.jdo.option.ConnectionUserName</name>
    <value>hive</value>
  </property>
<property>
    <name>javax.jdo.option.ConnectionPassword</name>
    <value>hive</value>
  </property>
```

4. 配置 Hive 的环境变量

打开 .bashrc文件，配置Hive的环境变量，命令如下：

```
[hadoop@hadoop1 conf]$ vi ~/.bashrc
```

修改环境变量为如下内容：

```
JAVA_HOME=/home/hadoop/app/jdk
```

```
HADOOP_HOME=/home/hadoop/app/hadoop
HIVE_HOME=/home/hadoop/app/hive
CLASSPATH=.:$JAVA_HOME/lib/dt.jar:$JAVA_HOME/lib/tools.jar
PATH=$JAVA_HOME/bin:$HADOOP_HOME/bin:/home/hadoop/tools:$HIVE_HOME/bin:$PATH
export JAVA_HOME CLASSPATH PATH HADOOP_HOME HIVE_HOME
```

保存并退出，然后执行命令“source ~/.bashrc”使配置文件生效。

5. 添加 MySQL 驱动包

下载驱动包 mysql-connector-java-5.1.38.jar(网址为 http://central.maven.org/ maven2/ mysql/)，然后上传至 Hive 的 lib 目录下。

6. 修改 Hive 的相关数据目录

修改 hive-site.xml 配置文件，从而更改相关数据目录，命令如下：

```
[hadoop@hadoop1 conf]$ vi hive-site.xml
<property>
    <name>hive.querylog.location</name>
    <value>/home/hadoop/app/hive/iotmp</value>
</property>
<property>
    <name>hive.exec.local.scratchdir</name>
    <value>/home/hadoop/app/hive/iotmp</value>
</property>
<property>
    <name>hive.downloaded.resources.dir</name>
    <value>/home/hadoop/app/hive/iotmp</value>
</property>
```

7. 启动 Hive 服务

第一次启动 Hive 服务需要先进行初始化，命令如下：

```
[hadoop@hadoop1 hive]$ bin/schematool -dbType mysql -initSchema
```

然后再执行“bin/hive”脚本启动 Hive 服务，命令如下：

```
[hadoop@hadoop1 hive]$ bin/hive
hive>show databases;
```

如果上述操作没有问题，则说明 Hive 客户端安装成功。

项目九　Hive 常用命令的使用

9.1　Hive 对数据库的操作

9.1.1　创建数据库

Hive 对数据库的操作

Hive 在安装成功之后会存在一个默认的数据库“default”，为了方便管理不同业务的数据，需要创建新的数据库。

1. 语法

创建数据库的语法如下：

```
CREATE   (DATABASE|SCHEMA) [IF NOT EXISTS] database_name
[COMMENT database_comment]
[LOCATION hdfs_path]
[WITH DBPROPERTIES (property_name=property_value, ...)];
```

注意：在 Hive 中，所有语法子句的英文字母不区分大小写。

2. 含义

创建数据库子句的含义如下：

(1) DATABASE 和 SCHEMA：两者含义相同，用途一样。

(2) IF NOT EXISTS：在创建数据库时，若有同名数据库存在，缺少该子句则将抛出错误信息。

(3) COMMENT：为数据库添加描述信息。

(4) LOCATION：存放数据库数据目录。

(5) WITH DBPROPERTIES：为数据库添加属性，如创建时间和作者等信息。

3. 示例

创建名为 weather 的数据库，命令如下，具体参见图 9-1。

```
create database if not exists weather comment "天气数据库" location "/user/hive/warehouse/mydb"   with dbproperties('creator'='yangjun','date'='2021-12-06');
```

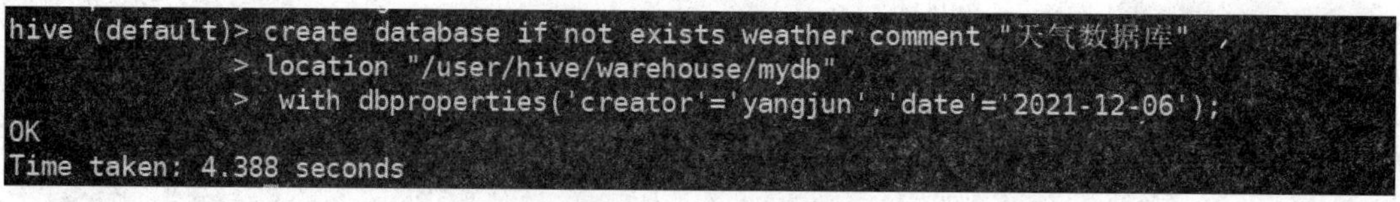

```
hive (default)> create database if not exists weather comment "天气数据库" ,
              > location "/user/hive/warehouse/mydb"
              > with dbproperties('creator'='yangjun','date'='2021-12-06');
OK
Time taken: 4.388 seconds
```

图 9-1 创建数据库

通过 describe 命令查看已建数据库的详情，命令如下，具体参见图 9-2。

```
describe database extended weather;
```

```
hive (default)> describe database extended weather;
OK
weather ?????   hdfs://mycluster/user/hive/warehouse/mydb       hadoop  USER    {date=2021-12-06, creator=yangj
un}
Time taken: 0.061 seconds, Fetched: 1 row(s)
hive (default)>
```

图 9-2 查看数据库

9.1.2 使用数据库

在 Hive 中，可以根据不同的业务需求创建不同的数据库。如果想对某个业务的数据进行操作，就需要先使用该数据库。

1. 语法

使用数据库的语法如下：

```
USE database_name;
```

2. 含义

使用数据库子句的含义如下：

USE：如果想使用某个数据库，则直接使用 USE 关键字即可。

3. 示例

输入如下命令使用已经创建的 weather 数据库，具体参见图 9-3。

```
use weather;
```

```
hive> use weather;
OK
Time taken: 0.084 seconds
hive>
```

图 9-3 使用数据库

查看当前使用的数据库，命令如下，具体参见图 9-4。

```
select current_database();
```

```
hive> select current_database();
OK
weather
Time taken: 1.224 seconds, Fetched: 1 row(s)
hive>
```

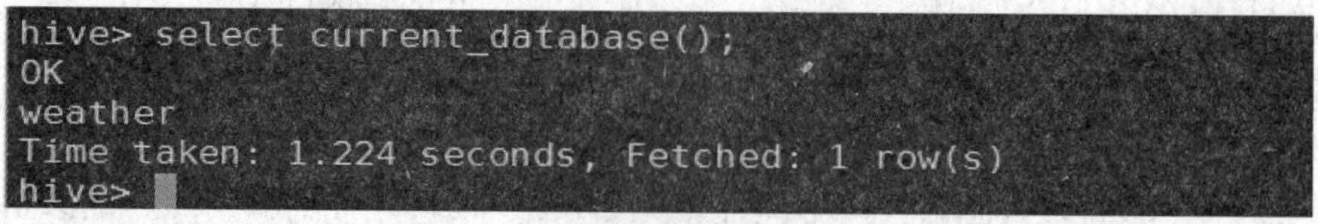

图 9-4 查看当前使用的数据库

9.1.3　修改数据库

如果创建数据库时某些信息设置错误，则可以对已创建的数据库进行修改。

1. 语法

修改数据库的语法如下：

ALTER (DATABASE|SCHEMA) database_name
SET DBPROPERTIES (property_name=property_value, ...);

2. 含义

修改数据库子句的含义如下：

ALTER：如果想修改某个数据库，则直接使用 ALTER 关键字即可。

SET DBPROPERTIES：修改数据库键值对的描述信息。

3. 示例

输入如下命令修改 weather 数据库的创建日期，具体参见图 9-5。

```
alter database weather set DBPROPERTIES('date'='2022-03-30');
```

```
hive (weather)> alter database weather set DBPROPERTIES('date'='2022-03-30');
OK
Time taken: 0.028 seconds
```

图 9-5　修改数据库

注意：Hive 2.3.8 以下版本只支持修改数据库的描述信息，不支持修改包括数据库名称和数据存储路径等信息。

9.1.4　删除数据库

如果某个数据库中的数据是过期或者无用的数据，就可以直接删除该数据库。

1. 语法

删除数据库的语法如下：

DROP (DATABASE|SCHEMA) [IF EXISTS] database_name [RESTRICT|CASCADE];

2. 含义

删除数据库子句的含义如下：

IF EXISTS：如果不加此选项，删除不存在的库时就会报错。

RESTRICT：如果数据库中包含表，加此参数删除数据库时操作就会失败。

CASCADE：如果想删除包含表的数据库，就需要加上该关键字。

3. 示例

输入如下命令在 weather 数据库中创建一个名为 temperature 的表，具体参见图 9-6。

```
create   table   if not exists temperature (id string, year string,temperature int);
```

```
hive> create table if not exists temperature(id string,year string,temperatur
e int);
OK
Time taken: 0.783 seconds
hive> 
```

图 9-6 创建 temperature 表

删除包含 temperature 表的 weather 数据库，需要加上 cascade 关键字，否则会报错，命令如下，具体参见图 9-7。

```
drop database if exists weather;
drop database if exists weather cascade;
```

```
hive> drop database if exists weather;
FAILED: Execution Error, return code 1 from org.apache.hadoop.hive.ql.exec.DD
LTask. InvalidOperationException(message:Database weather is not empty. One o
r more tables exist.)
hive> drop database if exists weather cascade;
OK
Time taken: 0.771 seconds
```

图 9-7 删除数据库

注意：如果 weather 数据库中不包含表，则可以直接使用“drop database if exists weather;”语句删除数据库。

9.2 Hive 对数据表的操作

9.2.1 创建表

Hive 对数据表的操作

Hive 的建表方式主要有以下 3 种。

1. 采用类关系型数据库来建表

1) 语法

类关系型数据库建表的语法如下：

```
CREATE [EXTERNAL] TABLE [IF NOT EXISTS] table_name
[(col_name data_type [COMMENT col_comment], ...)]
[COMMENT table_comment]
[ROW FORMAT row_format]
[STORED AS file_format]
[LOCATION hdfs_path];
```

2) 含义

类关系型数据库建表子句的含义如下：

EXTERNAL：加上该子句，表示创建外部表。

ROW FORMAT：指定表存储中各列的分隔符，默认为\001。

STORED AS：指定数据存储格式，默认值为 TEXTFILE。

LOCATION：指定 Hive 表中的数据在 HDFS 上的存储路径。

3) 示例

(1) 在 weather 数据库中创建一个 temperature 表，该表存储的是美国各个气象站每年的气温值，命令如下，具体参见图 9-8。

```
create  table  if not exists temperature
(id string comment '气象站 id',year string comment '年',temperature int comment '气温')
comment '天气表'
ROW FORMAT DELIMITED FIELDS TERMINATED BY ','
STORED AS  TEXTFILE ;
```

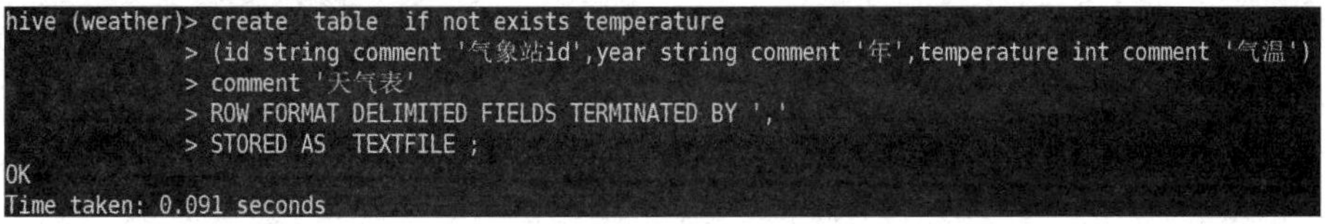

```
hive (weather)> create  table  if not exists temperature
              > (id string comment '气象站id',year string comment '年',temperature int comment '气温')
              > comment '天气表'
              > ROW FORMAT DELIMITED FIELDS TERMINATED BY ','
              > STORED AS  TEXTFILE ;
OK
Time taken: 0.091 seconds
```

图 9-8　创建 temperature 表

(2) 在 weather 数据库中创建一个 station 表，该表存储的是美国各气象站的详细信息，命令如下，具体参见图 9-9。

```
create  table  if not exists station
(id string comment '气象站 id',latitude string comment '纬度',
longitude string comment '经度',elevation string comment '海拔',
state string comment '各州编码')
comment '气象站表'
ROW FORMAT DELIMITED FIELDS TERMINATED BY ','
STORED AS  TEXTFILE ;
```

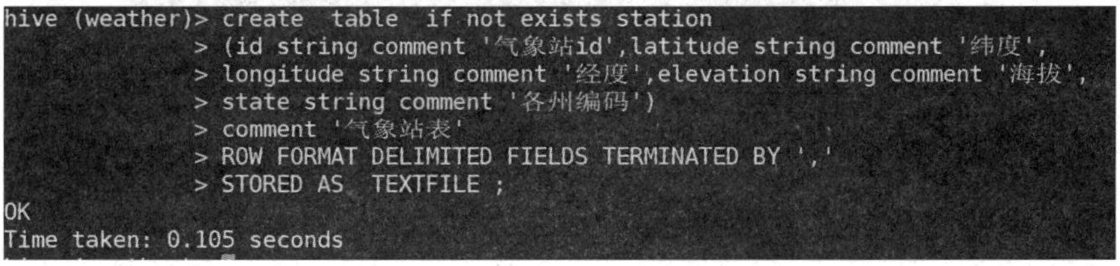

```
hive (weather)> create  table  if not exists station
              > (id string comment '气象站id',latitude string comment '纬度',
              > longitude string comment '经度',elevation string comment '海拔',
              > state string comment '各州编码')
              > comment '气象站表'
              > ROW FORMAT DELIMITED FIELDS TERMINATED BY ','
              > STORED AS  TEXTFILE ;
OK
Time taken: 0.105 seconds
```

图 9-9　创建 station 表

2. 使用 select 语句查询已有表并创建新表

使用 select 语句查询已有表并创建新表 temperature2，命令如下，具体参见图 9-10。

```
create table temperature2 as select * from temperature;
```

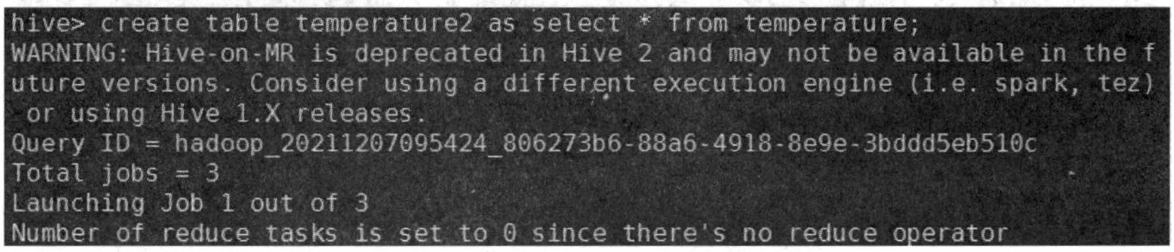

```
hive> create table temperature2 as select * from temperature;
WARNING: Hive-on-MR is deprecated in Hive 2 and may not be available in the f
uture versions. Consider using a different execution engine (i.e. spark, tez)
 or using Hive 1.X releases.
Query ID = hadoop_20211207095424_806273b6-88a6-4918-8e9e-3bddd5eb510c
Total jobs = 3
Launching Job 1 out of 3
Number of reduce tasks is set to 0 since there's no reduce operator
```

图 9-10　创建 temperature2 表

3. 使用 like 语句创建新表

使用 like 语句创建新表 temperature3，命令如下，具体参见图 9-11。

```
create table temperature3  like temperature;
```

```
hive> create table temperature3 like temperature;
OK
Time taken: 0.362 seconds
hive>
```

图 9-11　创建 temperature3 表

9.2.2　查看表

1. 查看所有表

使用 show 命令查看所有已经创建的表，命令如下，具体参见图 9-12。

```
show tables;
```

```
hive> show tables;
OK
station
temperature
temperature2
temperature3
Time taken: 0.136 seconds, Fetched: 4 row(s)
```

图 9-12　查看所有表

2. 查看特定表

通过匹配表达式查看特定表集合，命令如下，具体参见图 9-13。

```
show tables "temperature*";
```

```
hive> show tables "temperature*";
OK
temperature
temperature2
temperature3
Time taken: 0.083 seconds, Fetched: 3 row(s)
```

图 9-13　查看包含 temperature 的表

3. 查看表中的字段信息

通过 describe 命令查看表中包含 temperature 的字段信息，命令如下，具体参见图 9-14。

```
describe temperature;
```

```
hive> describe temperature;
OK
id                      string                  ???ID
year                    string                  ??
temperature             int                     ???
Time taken: 0.135 seconds, Fetched: 3 row(s)
```

图 9-14　查看包含 temperature 的表字段

9.2.3　修改表

(1) 使用 RENAME TO 语句将 temperature2 的表名称修改为 temperature_2，命令如下，具体参见图 9-15。

```
ALTER TABLE temperature2 RENAME TO temperature_2;
```

```
hive> ALTER TABLE temperature2 RENAME TO temperature_2;
OK
Time taken: 0.318 seconds
hive>
```

图 9-15　修改表名称

(2) 使用 REPLACE 语句替换 temperature_2 表中的所有字段，命令如下，具体参见图 9-16。

```
ALTER TABLE temperature_2 REPLACE COLUMNS (stationID string,year string,temperature int);
```

```
hive> ALTER TABLE temperature_2 REPLACE COLUMNS
    > (stationID string,
    > year string,
    > temperature int);
OK
Time taken: 0.359 seconds
```

图 9-16　修改表的字段

(3) 使用 ADD 语句为 temperature_2 表增加新字段 name，命令如下，具体参见图 9-17。

```
ALTER TABLE temperature_2 ADD COLUMNS (name string COMMENT '气象站名称');
```

```
hive> ALTER TABLE temperature_2 ADD COLUMNS
    > (name string COMMENT '气象站名称');
OK
Time taken: 0.335 seconds
```

图 9-17　给表添加字段

9.2.4　删除表

如果某个表中的数据是过期或者无用的数据，就可以直接删除该表。

1. 语法

删除表的语法如下：

```
DROP table IF EXISTS table_name;
```

2. 含义

删除表子句的含义如下：

DROP：删除的表的关键字。

IF EXISTS：如果表存在则删除，否则不做任何操作。

3. 示例

使用 DROP 语句删除 temperature_2 表，命令如下，具体参见图 9-18。

```
DROP TABLE temperature_2;
```

```
hive> DROP TABLE temperature_2;
OK
Time taken: 0.407 seconds
hive>
```

图 9-18　删除表

9.3　Hive 数据的相关操作

9.3.1　数据导入

Hive 数据相关操作

数据导入 Hive 表的方式主要有以下 4 种。

1. 通过 Insert 语句导入数据

通过 Insert 语句将数据插入表中，命令如下，具体参见图 9-19。

```
insert into table  temperature  values ('03013','2021',36);
```

```
hive> insert into table temperature values ('03013','2021',36);
WARNING: Hive-on-MR is deprecated in Hive 2 and may not be available in the f
uture versions. Consider using a different execution engine (i.e. spark, tez)
 or using Hive 1.X releases.
Query ID = hadoop_20211207114241_344d92ec-869b-44fd-b20b-e3585a9e4642
Total jobs = 3
Launching Job 1 out of 3
```

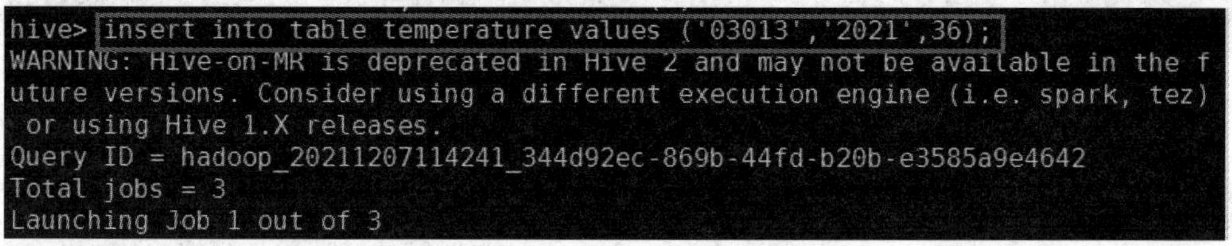

图 9-19　插入数据

由图可以看出，通过 Insert 方式向表中插入数据，底层执行的是 MapReduce 作业。

2. 通过 load data 命令加载数据

(1) 创建数据集。首先创建一个名为 temperature.log 的文件，里面包含美国各个气象站每年的气温数据，数据的第一列为气象站 ID，第二列为年份，第三列为气温值。具体样本数据如下：

03103,1980,41
03103,1981,98
03103,1982,70
03103,1983,74
03103,1984,77

再创建一个名为 station.log 的文件，里面包含美国各个气象站的详细信息，数据的第一列为气象站 ID，第二列为纬度，第三列为经度，第四列为海拔，第五列为州编码。具体样本数据如下：

03013,38.0700,102.6881,1129.0,CO
03016,39.5264,107.7264,1685.5,CO
03017,39.8328,104.6575,1650.2,CO
03024,35.6950,101.3950,930.9,TX

03026,39.2447,102.2842,1277.7,CO

然后将 temperature.log 和 station.log 文件上传至 hadoop1 节点的/home/hadoop/shell/data 目录下。

(2) 数据上传至 HDFS。首先在 HDFS 中创建/weather 目录，然后将 temperature.log 和 station.log 文件上传至该目录下，命令如下，具体参见图 9-20。

```
bin/hdfs dfs -mkdir  /weather
bin/hdfs dfs -put /home/hadoop/shell/data/temperature.log  /weather
bin/hdfs dfs -put /home/hadoop/shell/data/station.log  /weather
```

```
[hadoop@hadoop1 hadoop]$ bin/hdfs dfs -mkdir /weather
[hadoop@hadoop1 hadoop]$ bin/hdfs dfs -put /home/hadoop/shell/data/temperatur
e.log /weather
[hadoop@hadoop1 hadoop]$ bin/hdfs dfs -put /home/hadoop/shell/data/station.lo
g /weather
[hadoop@hadoop1 hadoop]$
```

图 9-20　上传数据到 HDFS

(3) 数据导入。通过 load data 命令将 HDFS 中的 temperature.log 和 station.log 文件分别加载到 temperature 表和 station 表中，命令如下，具体参见图 9-21。

```
load data inpath '/weather/temperature.log' overwrite into table temperature;
load data inpath '/weather/station.log' overwrite into table station;
```

```
hive> load data inpath '/weather/temperature.log' overwrite into table temper
ature;
Loading data to table weather.temperature
OK
Time taken: 0.971 seconds
hive> load data inpath '/weather/station.log' overwrite into table station;
Loading data to table weather.station
OK
Time taken: 1.007 seconds
```

图 9-21　数据导入

如果将本地文件加载到 Hive 表中，则可以使用如下语句：

```
load data local inpath '/home/hadoop/shell/data/temperature.log' overwrite into table temperature;
load data local inpath '/home/hadoop/shell/data/station.log' overwrite into table station;
```

3. 使用 select 子句插入数据

通过 like 子句创建表 temperature2，然后使用 select 子句查询 temperature 表数据并插入表 temperature2 中，命令如下，具体参见图 9-22。

```
create table temperature2 like temperature;
insert overwrite table temperature2 select * from temperature;
```

```
hive> create table temperature2 like temperature;
OK
Time taken: 1.097 seconds
hive> insert overwrite table temperature2 select * from temperature;
WARNING: Hive-on-MR is deprecated in Hive 2 and may not be available in the f
uture versions. Consider using a different execution engine (i.e. spark, tez)
 or using Hive 1.X releases.
Query ID = hadoop_20211207130351_eacab390-9f83-437d-b9ac-d0af820d2207
Total jobs = 3
Launching Job 1 out of 3.
```

图 9-22　通过其他数据导入建表

4. 使用 put 命令加载数据

(1) 建表。通过 create 方式创建表 temperature3，并指定表的 HDFS 路径，命令如下，具体参见图 9-23。

```
create  table if not exists temperature3
(id string comment '气象站 id',year string comment '年',temperature int comment '气温')
comment '天气表'
ROW FORMAT DELIMITED FIELDS TERMINATED BY ','
STORED AS  TEXTFILE
location '/user/hive/warehouse/mydb/temperature3';
```

```
hive (weather)> create  table  if not exists temperature3
              > (id string comment '气象站id',year string comment '年',temperature int comment '气温')
              > comment '天气表'
              > ROW FORMAT DELIMITED FIELDS TERMINATED BY ','
              > STORED AS  TEXTFILE
              > location '/user/hive/warehouse/mydb/temperature3';
OK
Time taken: 0.019 seconds
```

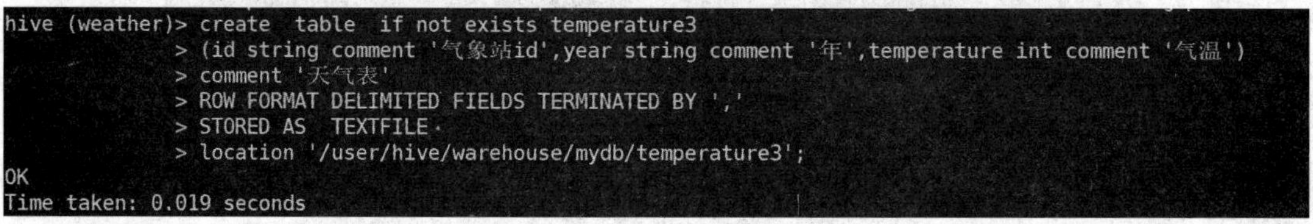

图 9-23 通过 create 方式建表并指定路径

(2) 加载数据。通过 HDFS 的 put 命令，将本地文件上传至 temperature3 表的 location 位置即可完成表的数据加载，命令如下，具体参见图 9-24。

```
bin/hdfs dfs -put /home/hadoop/shell/data/temperature.log /user/hive/warehouse/mydb/temperature3
```

```
[hadoop@hadoop1 hadoop]$
[hadoop@hadoop1 hadoop]$
[hadoop@hadoop1 hadoop]$ bin/hdfs dfs -put /home/hadoop/shell/data/temperatur
e.log /user/hive/warehouse/mydb/temperature3
[hadoop@hadoop1 hadoop]$
```

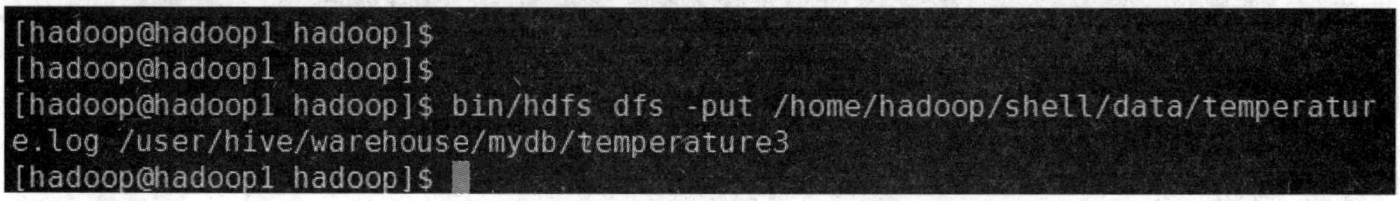

图 9-24 通过 put 命令上传数据并完成加载

(3) 表查询。通过 select 语句查询 temperature3 表中的数据，命令如下，具体参见图 7-25。

```
select * from temperature3 limit 3;
```

```
hive> select * from temperature3 limit 3;
OK
03103   1980    41
03103   1981    98
03103   1982    70
Time taken: 0.564 seconds, Fetched: 3 row(s)
```

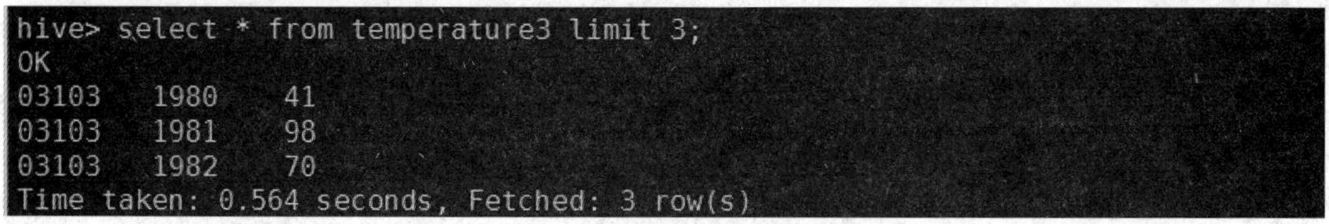

图 9-25 数据查询

9.3.2 数据导出

数据导出 Hive 表的方式主要有以下 4 种。

1. 使用 insert 语句导出数据

使用 insert overwrite local directory 语句将 temperature 表中的数据导出到本地文件系统，具体操作如图 9-26 所示。

insert overwrite local directory '/home/hadoop/shell/data/temperature.log.20220330' row format delimited fields terminated by ',' select * from temperature;

```
hive (weather)>  insert overwrite local directory '/home/hadoop/shell/data/temperature.log.20220330'
              >  row format delimited fields terminated by ','
              > select * from temperature;
WARNING: Hive-on-MR is deprecated in Hive 2 and may not be available in the future versions. Consider usi
engine (i.e. spark, tez) or using Hive 1.X releases.
Query ID = hadoop_20230623091328_748e45b5-fb89-428b-b44e-9b10f653c728
Total jobs = 1
```

图 9-26　导出到本地文件系统

注意： local 关键字表示将数据导出到本地文件系统，如果去掉 local 则表示将数据导出到 HDFS。

2. 使用 CTAS 结构导出数据

使用 CTAS 结构把 Hive 查询的结果导出到一个新创建的表，命令如下，具体参见图 9-27。

create table temperature4 as select * from temperature;

```
hive> create table temperature4 as select * from temperature;
WARNING: Hive-on-MR is deprecated in Hive 2 and may not be available in the f
uture versions. Consider using a different execution engine (i.e. spark, tez)
 or using Hive 1.X releases.
Query ID = hadoop_20211209153058_ccf38970-b923-4629-9ec3-13016cf9f3dd
Total jobs = 3
Launching Job 1 out of 3
```

图 9-27　导出到新创建的表

3. 使用 hive -e 命令导出数据

在命令行中，直接通过 hive -e 命令将 temperature 表中的数据导出到本地文件系统，命令如下，具体参见图 9-28。

bin/hive -e "select * from weather.temperature" >> /home/hadoop/shell/data/temperature.log.20220331

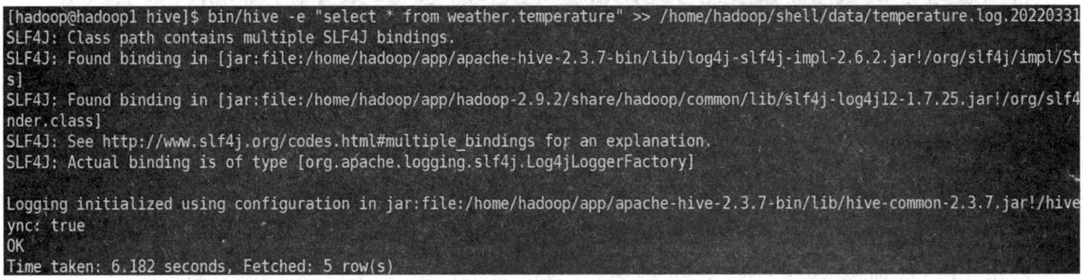

```
[hadoop@hadoop1 hive]$ bin/hive -e "select * from weather.temperature" >> /home/hadoop/shell/data/temperature.log.20220331
SLF4J: Class path contains multiple SLF4J bindings.
SLF4J: Found binding in [jar:file:/home/hadoop/app/apache-hive-2.3.7-bin/lib/log4j-slf4j-impl-2.6.2.jar!/org/slf4j/impl/St
s]
SLF4J: Found binding in [jar:file:/home/hadoop/app/hadoop-2.9.2/share/hadoop/common/lib/slf4j-log4j12-1.7.25.jar!/org/slf4
nder.class]
SLF4J: See http://www.slf4j.org/codes.html#multiple_bindings for an explanation.
SLF4J: Actual binding is of type [org.apache.logging.slf4j.Log4jLoggerFactory]

Logging initialized using configuration in jar:file:/home/hadoop/app/apache-hive-2.3.7-bin/lib/hive-common-2.3.7.jar!/hive
ync: true
OK
Time taken: 6.182 seconds, Fetched: 5 row(s)
```

图 9-28　导出到本地文件系统

4. 使用 hive -f 命令导出数据

(1) 将 Hive 查询语句封装到 temperature.sql 文件，具体参见图 9-29。

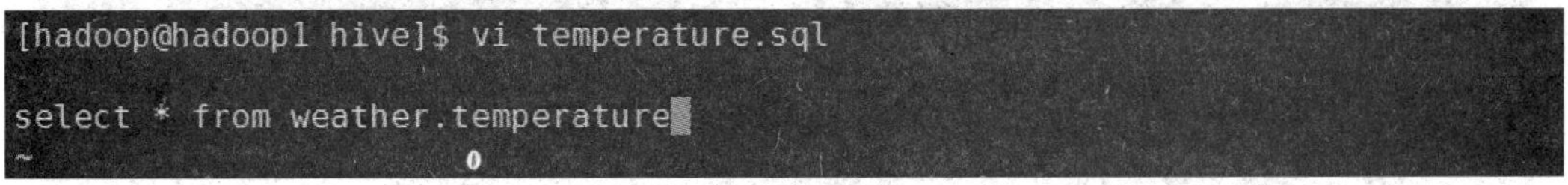

```
[hadoop@hadoop1 hive]$ vi temperature.sql

select * from weather.temperature
~
```

图 9-29　Hive 查询语句封装到 temperature.sql

(2) 在命令行中，通过 hive -f 命令将 temperature 表中的数据导出到本地文件系统，具体参见图 9-30。

```
[hadoop@hadoop1 hive]$ bin/hive -f temperature.sql >>/home/hadoop/shell/data/temperature.log.2021120917
SLF4J: Class path contains multiple SLF4J bindings.
SLF4J: Found binding in [jar:file:/home/hadoop/app/apache-hive-2.3.7-bin/lib/log4j-slf4j-impl-2.6.2.jar!/org/slf4j/i
]
SLF4J: Found binding in [jar:file:/home/hadoop/app/hadoop-2.9.2/share/hadoop/common/lib/slf4j-log4j12-1.7.25.jar!/or
der.class]
SLF4J: See http://www.slf4j.org/codes.html#multiple_bindings for an explanation.
SLF4J: Actual binding is of type [org.apache.logging.slf4j.Log4jLoggerFactory]

Logging initialized using configuration in jar:file:/home/hadoop/app/apache-hive-2.3.7-bin/lib/hive-common-2.3.7.jar
nc: true
OK
Time taken: 6.003 seconds, Fetched: 5 row(s)
```

图 9-30 通过 hive -f 命令导出到本地文件系统

9.3.3 数据备份与恢复

Hive 自带了数据的备份和恢复命令，不只数据，包括表结构也可以一同导出。

1. 数据备份

通过 export 命令对 temperature 表中的数据进行备份，命令如下，具体参见图 9-31。

```
export table temperature to '/user/hive/warehouse/mydb/backup/temperature';
```

```
hive> export table temperature to '/user/hive/warehouse/mydb/backup/temperatu
re';
Copying data from file:/home/hadoop/app/hive/iotmp/32b4dca2-c904-4afc-af80-fd
6ea6bbb821/hive_2021-12-09_16-14-14_834_6093778426427656503-1/-local-10000/_m
etadata
Copying file: file:/home/hadoop/app/hive/iotmp/32b4dca2-c904-4afc-af80-fd6ea6
bbb821/hive_2021-12-09_16-14-14_834_6093778426427656503-1/-local-10000/_metad
ata
Copying data from hdfs://mycluster/user/hive/warehouse/mydb/temperature
Copying file: hdfs://mycluster/user/hive/warehouse/mydb/temperature/temperatu
re.log
OK
Time taken: 1.425 seconds
```

图 9-31 通过 export 命令进行备份

Hive 执行 export 命令就是将表结构存储在_metadata 文件，并且直接将 Hive 数据文件复制到备份目录。

2. 数据恢复

通过 import 命令恢复 temperature 表中的备份，命令如下，具体参见图 9-32。

```
import table temperature_new from '/user/hive/warehouse/mydb/backup/temperature';
```

```
hive> import table temperature_new from '/user/hive/warehouse/mydb/backup/tem
perature';
Copying data from hdfs://mycluster/user/hive/warehouse/mydb/backup/temperatur
e/data
Copying file: hdfs://mycluster/user/hive/warehouse/mydb/backup/temperature/da
ta/temperature.log
Loading data to table weather.temperature_new
OK
Time taken: 1.948 seconds
```

图 9-32 通过 import 命令恢复备份

注意：temperature_new 表原来并不存在，当 Hive 进行 import 操作时会根据_metadata 文件里的信息自动创建，这样便于操作 Hive 表的数据备份恢复或者迁移。

9.4　Hive 查询的相关操作

Hive 的查询

前面已经将数据加载到 Hive 表中，接下来使用 select 语句的各种形式从 Hive 中检索数据。

9.4.1　查询显示所有字段

使用 select 语句查询显示 temperature 表的所有字段，命令如下，具体参见图 9-33。

```
select * from temperature limit 3;
```

```
hive> select * from temperature limit 3;
OK
03103   1980    41
03103   1981    98
03103   1982    70
Time taken: 0.477 seconds, Fetched: 3 row(s)
```

图 9-33　查询显示所有字段

9.4.2　查询显示部分字段

使用 select 语句查询显示 temperature 表的部分字段，命令如下，具体参见图 9-34。

```
select year,temperature from temperature limit 3;
```

```
hive> select year,temperature from temperature limit 3;
OK
1980    41
1981    98
1982    70
Time taken: 0.497 seconds, Fetched: 3 row(s)
```

图 9-34　查询显示部分字段

9.4.3　where 条件查询

使用 where 语句对 temperature 表进行过滤，查询显示气温值小于 10 的记录，命令如下，具体参见图 9-35。

```
select * from temperature where temperature<10 limit 3;
```

```
hive> select * from temperature where temperature<10 limit 3;
OK
03103   2011    -23
03812   2011    3
03816   2011    0
Time taken: 0.523 seconds, Fetched: 3 row(s)
```

图 9-35　where 语句条件查询

9.4.4 distinct 去重查询

使用 distinct 语句对 temperature 表中的气温字段进行去重查询，命令如下，具体参见图 9-36。

```
select distinct temperature   from temperature limit 3;
```

```
hive> select distinct temperature  from temperature limit 3;
WARNING: Hive-on-MR is deprecated in Hive 2 and may not be available in the
ine (i.e. spark, tez) or using Hive 1.X releases.
Query ID = hadoop_20220330231710_8cbbf95f-cdac-46a9-8964-704e7987bff6
Total jobs = 1
Launching Job 1 out of 1
Number of reduce tasks not specified. Estimated from input data size: 1
```

图 9-36 distinct 去重查询

9.4.5 group by 分组查询

使用 group by 语句对 temperature 表按气象站 ID 分组，并统计每个气象站的平均气温，命令如下，具体参见图 9-37。

```
select id,sum(temperature)/count(*) from temperature group by id limit 3;
```

```
hive> select id,sum(temperature)/count(*) from temperature group by id limit
3;
WARNING: Hive-on-MR is deprecated in Hive 2 and may not be available in the f
uture versions. Consider using a different execution engine (i.e. spark, tez)
 or using Hive 1.X releases.
Query ID = hadoop_20211209194459_942680e0-7328-47ce-ae78-5bb49f1d2e60
Total jobs = 1
Launching Job 1 out of 1
```

图 9-37 group by 分组查询

9.4.6 order by 全局排序

使用 order by 语句对 temperature 表按照气温值进行全局排序，命令如下，具体参见图 9-38。

```
select * from temperature order by temperature limit 3;
```

```
hive> select * from temperature order by temperature limit 3;
WARNING: Hive-on-MR is deprecated in Hive 2 and may not be available in the f
uture versions. Consider using a different execution engine (i.e. spark, tez)
 or using Hive 1.X releases.
Query ID = hadoop_20211209194831_4fee6564-bbec-44cf-a038-4d14ef41501c
Total jobs = 1
Launching Job 1 out of 1
```

图 9-38 order by 全局排序

注意：order by 语句会对表进行全局排序，底层作业只运行一个 Reduce 任务。当表的数据规模较大时，全局排序运行的时间会比较长。

9.4.7　sort by 局部排序

使用 sort by 语句对 temperature 表进行局部排序，为了便于观察局部排序效果，可以将 Reduce 任务的并行度设置为 3，同时将局部排序后的结果输出到 HDFS，命令如下，具体参见图 9-39。

```
set mapreduce.job.reduces=3;
INSERT OVERWRITE DIRECTORY '/weather/temperature' ROW FORMAT DELIMITED FIELDS TERMINATED by ',' select * from temperature sort by temperature;
```

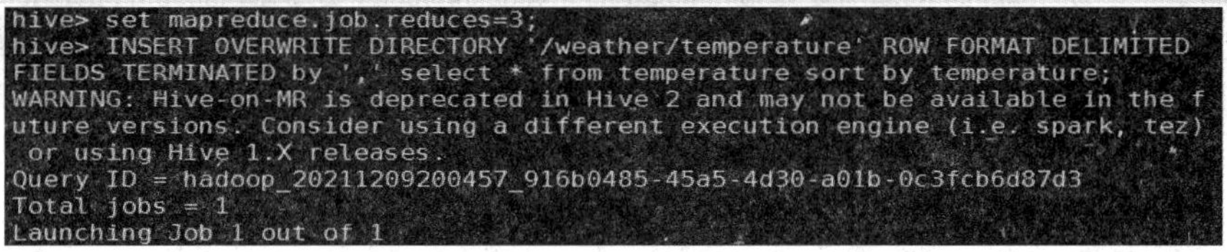

```
hive> set mapreduce.job.reduces=3;
hive> INSERT OVERWRITE DIRECTORY '/weather/temperature' ROW FORMAT DELIMITED
FIELDS TERMINATED by ',' select * from temperature sort by temperature;
WARNING: Hive-on-MR is deprecated in Hive 2 and may not be available in the f
uture versions. Consider using a different execution engine (i.e. spark, tez)
 or using Hive 1.X releases.
Query ID = hadoop_20211209200457_916b0485-45a5-4d30-a01b-0c3fcb6d87d3
Total jobs = 1
Launching Job 1 out of 1
```

图 9-39　sort by 局部排序

使用 HDFS 命令查看局部排序结果，可以看出每个文件的输出结果局部有序，命令如下，具体参见图 9-40。

```
bin/hdfs dfs -cat /weather/temperature/000000_0 | head -3
bin/hdfs dfs -cat /weather/temperature/000001_0 | head -3
bin/hdfs dfs -cat /weather/temperature/000002_0 | head -3
```

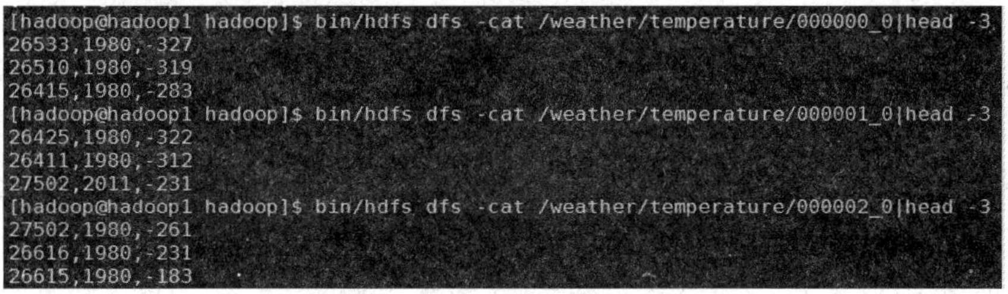

```
[hadoop@hadoop1 hadoop]$ bin/hdfs dfs -cat /weather/temperature/000000_0|head -3
26533,1980,-327
26510,1980,-319
26415,1980,-283
[hadoop@hadoop1 hadoop]$ bin/hdfs dfs -cat /weather/temperature/000001_0|head -3
26425,1980,-322
26411,1980,-312
27502,2011,-231
[hadoop@hadoop1 hadoop]$ bin/hdfs dfs -cat /weather/temperature/000002_0|head -3
27502,1980,-261
26616,1980,-231
26615,1980,-183
```

图 9-40　使用 HDFS 命令查看局部排序

9.4.8　distribute by 分区查询

使用 distribute by 语句对 temperature 表中的数据按照气象站 ID 进行分区，命令如下，具体参见图 9-41。

```
set mapreduce.job.reduces=3;
INSERT OVERWRITE DIRECTORY '/weather/temperature' ROW FORMAT DELIMITED FIELDS TERMINATED by ',' select * from temperature DISTRIBUTE BY id;
```

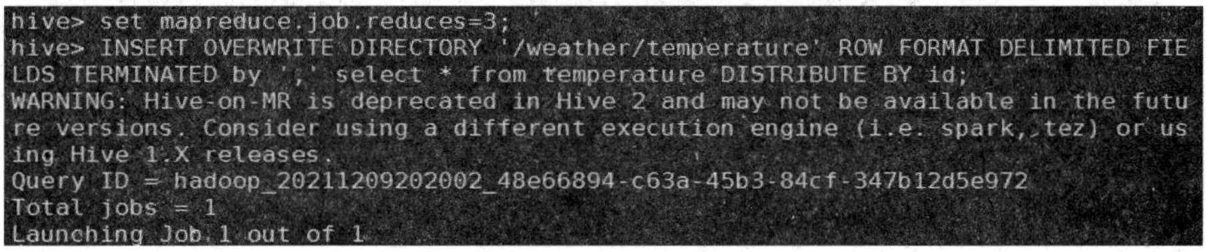

```
hive> set mapreduce.job.reduces=3;
hive> INSERT OVERWRITE DIRECTORY '/weather/temperature' ROW FORMAT DELIMITED FIE
LDS TERMINATED by ',' select * from temperature DISTRIBUTE BY id;
WARNING: Hive-on-MR is deprecated in Hive 2 and may not be available in the futu
re versions. Consider using a different execution engine (i.e. spark, tez) or us
ing Hive 1.X releases.
Query ID = hadoop_20211209202002_48e66894-c63a-45b3-84cf-347b12d5e972
Total jobs = 1
Launching Job 1 out of 1
```

图 9-41　使用 distribute by 语句进行分区

使用 HDFS 命令查看分区文件，可以看出数据按照气象站 ID 分配到不同的分区，命令如下，具体参见图 9-42。

```
bin/hdfs dfs -cat /weather/temperature/000000_0 | head -3
bin/hdfs dfs -cat /weather/temperature/000001_0 | head -3
bin/hdfs dfs -cat /weather/temperature/000002_0 | head -3
```

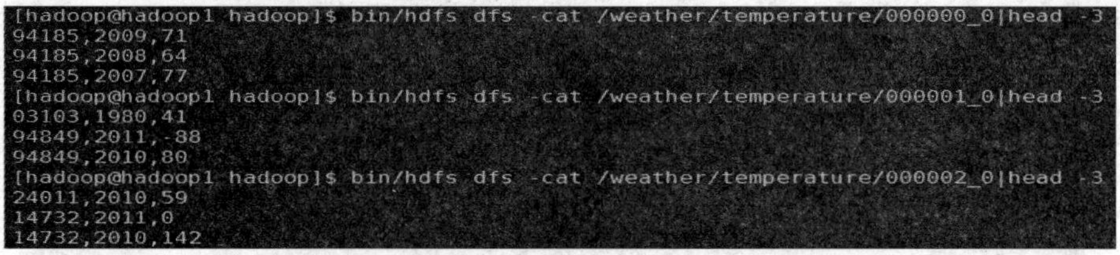

```
[hadoop@hadoop1 hadoop]$ bin/hdfs dfs -cat /weather/temperature/000000_0|head -3
94185,2009,71
94185,2008,64
94185,2007,77
[hadoop@hadoop1 hadoop]$ bin/hdfs dfs -cat /weather/temperature/000001_0|head -3
03103,1980,41
94849,2011,-88
94849,2010,80
[hadoop@hadoop1 hadoop]$ bin/hdfs dfs -cat /weather/temperature/000002_0|head -3
24011,2010,59
14732,2011,0
14732,2010,142
```

图 9-42　使用 HDFS 命令查看分区文件

9.4.9　cluster by 分区排序

cluster by 兼具 distribute by 和 sort by 的功能。当 distribute by 和 sort by 指定的字段相同时，即可使用 cluster by 替换。使用 cluster by 语句对 temperature 表中的数据按照气象站 ID 进行分区和排序，命令如下，具体参见图 9-43。

```
set mapreduce.job.reduces=3;
INSERT OVERWRITE DIRECTORY '/weather/temperature' ROW FORMAT DELIMITED FIELDS
TERMINATED by ',' select * from temperature cluster by id;
```

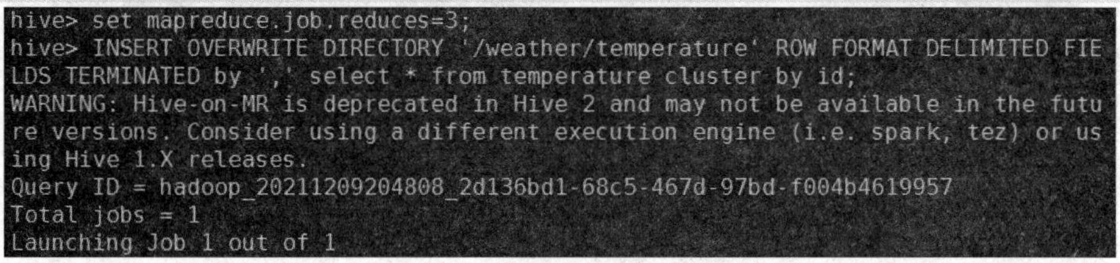

```
hive> set mapreduce.job.reduces=3;
hive> INSERT OVERWRITE DIRECTORY '/weather/temperature' ROW FORMAT DELIMITED FIE
LDS TERMINATED by ',' select * from temperature cluster by id;
WARNING: Hive-on-MR is deprecated in Hive 2 and may not be available in the futu
re versions. Consider using a different execution engine (i.e. spark, tez) or us
ing Hive 1.X releases.
Query ID = hadoop_20211209204808_2d136bd1-68c5-467d-97bd-f004b4619957
Total jobs = 1
Launching Job 1 out of 1
```

图 9-43　cluster by 分区排序

使用 HDFS 命令查看输出文件，可以看出数据按照气象站 ID 分区并排序，命令如下，具体参见图 9-44。

```
bin/hdfs dfs -cat /weather/temperature/000000_0 | head -3
bin/hdfs dfs -cat /weather/temperature/000001_0 | head -3
bin/hdfs dfs -cat /weather/temperature/000002_0 | head -3
```

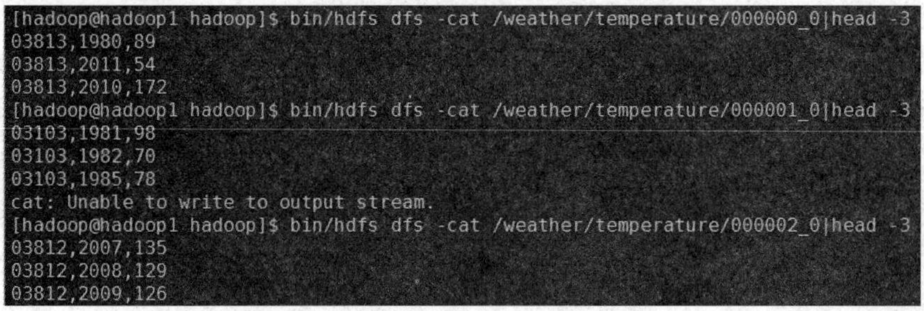

```
[hadoop@hadoop1 hadoop]$ bin/hdfs dfs -cat /weather/temperature/000000_0|head -3
03813,1980,89
03813,2011,54
03813,2010,172
[hadoop@hadoop1 hadoop]$ bin/hdfs dfs -cat /weather/temperature/000001_0|head -3
03103,1981,98
03103,1982,70
03103,1985,78
cat: Unable to write to output stream.
[hadoop@hadoop1 hadoop]$ bin/hdfs dfs -cat /weather/temperature/000002_0|head -3
03812,2007,135
03812,2008,129
03812,2009,126
```

图 9-44　使用 HDFS 命令查看输出文件

9.5　Hive 表连接的相关操作

和直接使用 MapReduce 相比，使用 Hive 简化了多表连接操作，极大地降低了开发成本。接下来介绍 Hive 表连接的相关操作。

Hive 表连接相关操作

9.5.1　等值连接

使用 join 子句实现 temperature 表和 station 表的等值连接，命令如下，具体参见图 9-45。

```
select t.id,t.year,t.temperature,s.state,s.latitude,s.longitude,s.elevation from temperature t join station s on (t.id==s.id) limit 3;
```

```
hive (weather)> select t.id,t.year,t.temperature,s.state,s.latitude,s.longitude,s.elevation
              >  from temperature t join station s on (t.id==s.id) limit 3;
WARNING: Hive-on-MR is deprecated in Hive 2 and may not be available in the future versions.
different execution engine (i.e. spark, tez) or using Hive 1.X releases.
Query ID = hadoop_20230613204023_05bc9b13-f327-4e9b-9824-328aa3c33ed9
Total jobs = 1
```

图 9-45　等值连接

注意：表的等值连接是内连接的子集。

9.5.2　内连接

使用 inner join 子句实现 temperature 表和 station 表的内连接，命令如下，具体参见图 9-46。

```
select t.id,t.year,t.temperature,s.state,s.latitude,s.longitude,s.elevation from temperature t inner join station s on t.id==s.id limit 3;
```

```
hive (weather)> select t.id,t.year,t.temperature,s.state,s.latitude,s.longitude,s.elevation
              >  from temperature t inner join station s on t.id==s.id limit 3;
WARNING: Hive-on-MR is deprecated in Hive 2 and may not be available in the future versions. C
using a different execution engine (i.e. spark, tez) or using Hive 1.X releases.
Query ID = hadoop_20230613204119_9bf108e1-ce4b-4638-8020-bdee485c0d92
Total jobs = 1
```

图 9-46　内连接

注意：与等值连接相比，表的内连接的条件可以相同，也可以不相同。

9.5.3　左连接

使用 left join 子句实现 temperature 表和 station 表的左连接，命令如下，具体参见图 9-47。

```
select t.id,t.year,t.temperature,s.state,s.latitude,s.longitude,s.elevation from temperature t left join station s on t.id==s.id limit 3;
```

```
hive (weather)> select t.id,t.year,t.temperature,s.state,s.latitude,s.longitude,s.elevation
              >  from temperature t left join station s on t.id==s.id limit 3;
WARNING: Hive-on-MR is deprecated in Hive 2 and may not be available in the future versions. C
using a different execution engine (i.e. spark, tez) or using Hive 1.X releases.
Query ID = hadoop_20230613204200_9824fa62-209d-4634-a5f0-a1ef5fd9be68
Total jobs = 1
```

图 9-47　左连接

注意：使用左连接会显示左表 temperature 的所有数据，如果右表 station 通过外键与左表 temperature 有匹配的数据就显示对应字段的数据，否则右表字段都显示为\N。

9.5.4　右连接

使用 right join 子句实现 temperature 表和 station 表的右连接，命令如下，具体参见图 9-48。

```
select t.id,t.year,t.temperature,s.state,s.latitude,s.longitude,s.elevation from temperature t right join station s on t.id==s.id limit 3;
```

```
hive (weather)> select t.id,t.year,t.temperature,s.state,s.latitude,s.longitude,s.elevation
              >  from temperature t right join station s on t.id==s.id limit 3;
WARNING: Hive-on-MR is deprecated in Hive 2 and may not be available in the future versions.
using a different execution engine (i.e. spark, tez) or using Hive 1.X releases.
Query ID = hadoop_20230613204242_49961b2e-f595-4e48-bc4f-2761363a48b5
Total jobs = 1
```

图 9-48　右连接

注意：使用右连接会显示右表 station 的所有数据，如果左表 temperature 通过外键与右表 station 有匹配的数据就显示对应字段的数据，否则左表字段都显示为\N。

9.5.5　全连接

使用 full join 子句实现 temperature 表和 station 表的全连接，命令如下，具体参见图 9-49。

```
select t.id,t.year,t.temperature,s.state,s.latitude,s.longitude,s.elevation from temperature t full  join station s on t.id==s.id limit 10;
```

```
hive> select t.id,t.year,t.temperature,s.state,s.latitude,s.longitude,s.elevatio
n from temperature t full  join station s on t.id==s.id limit 10;
WARNING: Hive-on-MR is deprecated in Hive 2 and may not be available in the futu
re versions. Consider using a different execution engine (i.e. spark, tez) or us
ing Hive 1.X releases.
Query ID = hadoop_20211216113825_898e5015-4547-4e36-ab6d-71e37898391c
Total jobs = 1
Launching Job 1 out of 1
```

图 9-49　全连接

注意：使用全连接会显示 temperature 表和 station 表的所有数据，两个表通过 id 字段进行关联，如果 temperature 表无匹配的数据则对应字段显示为\N，反之，station 表对应的字段显示为\N。

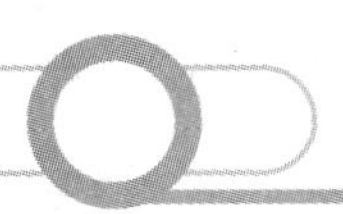

9.6 Hive 内部表和外部表的相关操作

在 Hive 中创建表时，默认情况下创建的是内部表(Managed Table)，此时 Hive 负责管理数据，Hive 会将数据移入它的仓库目录。另一种是创建一个外部表(External Table)，让 Hive 到仓库目录以外的位置访问数据。

Hive 内部表和外部表相关操作

9.6.1 内部表

在 Hive 建表时，如果不使用 external 关键字，默认创建的就是内部表。创建 managed_temperature 内部表，命令如下，具体参见图 9-50。

```
create   table   if not exists managed_temperature
(id string,year string,temperature int)
ROW FORMAT DELIMITED FIELDS TERMINATED BY ','
STORED AS   TEXTFILE
LOCATION '/user/hive/warehouse/mydb/managed_temperature';
```

```
hive> create table if not exists managed_temperature
    > (id string,year string,temperature int)
    > ROW FORMAT DELIMITED FIELDS TERMINATED BY ','
    > STORED AS  TEXTFILE
    > LOCATION '/user/hive/warehouse/mydb/managed_temperature';
OK
Time taken: 0.92 seconds
```

图 9-50 创建内部表

使用 load 命令将数据加载到 managed_temperature 内部表时，Hive 会把 HDFS 中的 /weather/temperature.log 文件移到 LOCATION 指定的仓库目录下。加载数据命令如下，具体参见图 9-51。

```
load data inpath '/weather/temperature.log' overwrite into table managed_temperature;
```

```
hive> load data inpath '/weather/temperature.log' overwrite into table managed_t
emperature;
Loading data to table weather.managed_temperature
OK
Time taken: 2.097 seconds
```

图 9-51 使用 load 命令加载数据

使用 drop 命令删除 managed_temperature 内部表时，它的元数据和数据会被一起彻底删除。删除内部表的命令如下，具体参见图 9-52。

```
drop table managed_temperature;
```

```
hive> drop table managed_temperature;
OK
Time taken: 0.701 seconds
```

图 9-52 使用 drop 命令删除内部表

9.6.2 外部表

创建 external_temperature 外部表，命令如下，具体参见图 9-53。

```
create external  table  if not exists external_temperature
(id string,year string,temperature int)
ROW FORMAT DELIMITED FIELDS TERMINATED BY ','
STORED AS  TEXTFILE
LOCATION '/user/hive/warehouse/mydb/external_temperature';
```

```
hive> create external table if not exists external_temperature
    > (id string,year string,temperature int)
    > ROW FORMAT DELIMITED FIELDS TERMINATED BY ','
    > STORED AS  TEXTFILE
    > LOCATION '/user/hive/warehouse/mydb/external_temperature';
OK
Time taken: 0.221 seconds
```

图 9-53 创建外部表

使用 load 命令将数据加载到 external_temperature 外部表时，Hive 知道数据并不由自己管理，因此不会将数据移到 LOCATION 指定的仓库目录。加载数据的命令如下，具体参见图 9-54。

```
load data inpath '/weather/temperature.log' overwrite into table external_temperature;
```

```
hive> load data inpath '/weather/temperature.log' overwrite into table external_
temperature;
Loading data to table weather.external_temperature
OK
Time taken: 0.977 seconds
```

图 9-54 使用 load 命令加载数据

使用 drop 命令删除 external_temperature 外部表时，Hive 不会删除实际数据，而只会删除元数据。删除外部表的命令如下，具体参见图 9-55。

```
drop table external_temperature;
```

```
hive> drop table external_temperature;
OK
Time taken: 0.307 seconds
```

图 9-55 使用 drop 命令删除外部表

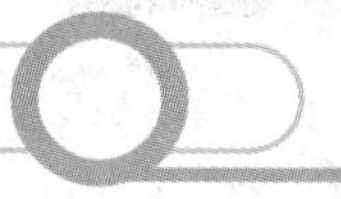

9.7 Hive 分区与分桶的相关操作

Hive 的分区与分桶相关操作

9.7.1 创建表分区

创建 partition_temperature 表，使用 year 分区，命令如下，具体参见图 9-56。

```
create  table  if not exists partition_temperature
(id string,temperature int)
PARTITIONED BY (year string)
ROW FORMAT DELIMITED FIELDS TERMINATED BY ','
STORED AS  TEXTFILE;
```

```
hive> create table if not exists partition_temperature
    > (id string,temperature int)
    > PARTITIONED BY (year string)
    > ROW FORMAT DELIMITED FIELDS TERMINATED BY ','
    > STORED AS  TEXTFILE;
OK
Time taken: 0.202 seconds
```

图 9-56　创建表分区

使用 insert 子句将 temperature 表中的数据加载到 partition_temperature 分区表中，并以 year 字段作为分区列动态创建分区，命令如下，具体参见图 9-57。

```
set hive.exec.dynamic.partition=true;
set hive.exec.dynamic.partition.mode=nonstrict;
set hive.exec.max.dynamic.partitions.pernode=10000;
set hive.exec.max.dynamic.partitions=10000;
set hive.exec.max.created.files=10000;
INSERT OVERWRITE TABLE partition_temperature PARTITION(year) SELECT id,temperature,year
FROM temperature;
```

```
hive> set hive.exec.dynamic.partition=true;
hive> set hive.exec.dynamic.partition.mode=nonstrict;
hive> set hive.exec.max.dynamic.partitions.pernode=10000;
hive> set hive.exec.max.dynamic.partitions=10000;
hive> set hive.exec.max.created.files=10000;
hive> INSERT OVERWRITE TABLE partition_temperature PARTITION(year) SELECT id,tem
perature,year FROM temperature;
```

图 9-57　将数据加载到分区表中

使用“show partitions”命令查看 Hive 表中的分区，查看 partition_temperature 表的分区命令如下，具体参见图 9-58。

```
show partitions partition_temperature;
```

```
hive> show partitions partition_temperature;
OK
year=1980
year=1981
year=1982
year=1983
year=1984
```

图 9-58　查看表的分区

在 select 语句中使用 where 限定分区列 year 的值，Hive 会对查询结果进行修剪，从而只扫描相关的分区，命令如下，具体参见图 9-59。

```
select id,temperature from partition_temperature where year='2011';
```

```
hive> select id,temperature from partition_temperature where year='2011';
OK
03103   -23
03812   3
03813   54
03816   0
03820   54
```

图 9-59　查询分区数据

对于 partition_temperature 表限定日期的查询，因为只需要扫描查询特定日期分区中的文件，所以 Hive 的数据处理会变得非常高效。

9.7.2　创建分桶

创建 bucket_temperature 表并划分为 3 个桶，命令如下，具体参见图 9-60。

```
create table bucket_temperature(id string,year string,temperature int)
clustered by(id) into 3 buckets;
```

```
hive> create table bucket_temperature
    > (id string,year string,temperature int)
    > clustered by(id) into 3 buckets;
OK
Time taken: 0.265 seconds
```

图 9-60　分桶操作

使用 insert 子句将 temperature 表中的数据加载到 bucket_temperature 分桶表中，命令如下，具体参见图 9-61。

```
insert overwrite table bucket_temperature select * from temperature;
```

```
hive> insert overwrite table bucket_temperature select * from temperature;
WARNING: Hive-on-MR is deprecated in Hive 2 and may not be available in the futu
re versions. Consider using a different execution engine (i.e. spark, tez) or us
ing Hive 1.X releases.
Query ID = hadoop_20211216160836_2b1b44cb-a451-4f29-9409-7447c0a2086e
Total jobs = 1
Launching Job 1 out of 1
```

图 9-61　插入数据到分桶表中

物理上，每个桶就是表目录里面的一个文件。而事实上，桶对应 MapReduce 的输出文件分区，一个作业产生的桶和 Reduce 任务的个数相同。通过 dfs 命令查看 bucket_temperature 表目录下面的桶文件，命令如下，具体参见图 9-62。

```
dfs -ls /user/hive/warehouse/mydb/bucket_temperature;
```

```
hive> dfs -ls /user/hive/warehouse/mydb/bucket_temperature;
Found 3 items
-rwx-wx-wx   3 hadoop supergroup      39146 2021-12-16 16:09 /user/hive/warehous
e/mydb/bucket_temperature/000000_0
-rwx-wx-wx   3 hadoop supergroup      43736 2021-12-16 16:09 /user/hive/warehous
e/mydb/bucket_temperature/000001_0
-rwx-wx-wx   3 hadoop supergroup      40006 2021-12-16 16:09 /user/hive/warehous
e/mydb/bucket_temperature/000002_0
```

图 9-62　查看桶文件

对于非常大的数据集，有时用户需要使用的是一个具有代表性的查询结果而不是全部结果。使用 TABLESAMPLE 子句对 bucket_temperature 表进行抽样可达到此目的，命令如下，具体参见图 9-63。

```
select * from bucket_temperature TABLESAMPLE(BUCKET 1 OUT OF 3 on id);
```

```
94185   2011    -66
94185   2010    70
Time taken: 0.165 seconds, Fetched: 2683 row(s)
hive> select * from bucket_temperature TABLESAMPLE(BUCKET 1 OUT OF 3 on id);
```

图 9-63　查看分桶数据

图 9-63 中的语句表示从 3 个桶中的第一个桶获取所有的天气记录。因为查询只需要读取和 TABLESAMPLE 子句相匹配的桶，所以取样分桶表是非常高效的操作。

项目十 搭建 HBase 分布式集群

10.1 HBase 概述

10.1.1 HBase 是什么

HBase 是一个高可靠、高性能、面向列、可伸缩的分布式数据库，利用 HBase 技术可在廉价的 PC Server 上搭建大规模结构化存储集群。

HBase 概述

HBase 参考了 Google BigTable 建模。与 Google 的 BigTable 利用 GFS(谷歌文件系统)作为其文件存储系统类似，HBase 则利用 Hadoop 的 HDFS 作为其文件存储系统；Google 运行 MapReduce 来处理 Bigtable 中的海量数据，HBase 则利用 Hadoop 的 MapReduce 来处理 HBase 中的海量数据；Google Bigtable 利用 Chubby 作为协同服务，HBase 则利用 Zookeeper 作为协同服务。

10.1.2 HBase 的特点

HBase 作为一个典型的 NoSQL(非关系型的数据库)，可以通过行键(RowKey)检索数据，但仅支持单行事务，主要用于存储非结构化数据(不方便使用数据库二维逻辑来表现的数据，如图片、文件和视频等)和半结构化数据(数据一般是自描述的，数据的结构和内容混在一起，没有明显区分)。与 Hadoop 类似，HBase 的设计目标主要依靠横向扩展，通过不断增加廉价的商用服务器来提高计算和存储能力。

与传统数据库相比，HBase 具有以下重要特点：

(1) 容量巨大。单表可以有百亿行、数百万列。

(2) 无模式。同一个表的不同行可以有截然不同的列。

(3) 面向列。HBase 是面向列的存储和权限控制，并支持列独立索引。

(4) 稀疏性。表可以设计得非常稀疏，值为空的列不占用存储空间。

(5) 扩展性。HBase 底层文件存储依赖 HDFS，具备可扩展性。

(6) 高可靠性。HBase 提供了预写式日志(Write Ahead Logging，简称 WAL)和副本

(Replication)机制，可防止数据丢失。

(7) 高写入性能。底层的 LSM 树(Log-Structured Merge Tree，日志结构合并树)的数据结构和 Rowkey(行键，也称主键)有序排列等架构上的独特设计，使 HBase 具备高写入性能。

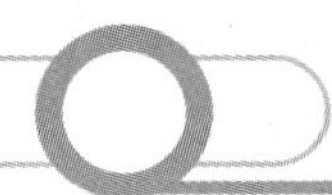

10.2　HBase 的模型及架构

10.2.1　HBase 的逻辑模型

HBase 中最基本的单位是列，一列或者多列构成了行，行有行键(Rowkey)，每一行的行键都是唯一的，对相同行键的插入操作被认为是对同一行的操作，多次插入操作其实就是对该行数据的更新操作。

HBase 中的一个表有若干行，每行有很多列，列中的值可以有多个版本，每个版本的值称为一个单元格，每个单元格存储的是该列不同时间的值。HBase 的逻辑模型如图 10-1 所示。

主键　　时间戳　　列簇

Rowkey	TimeStamp	contents:html	anchor:cnnsi.com	anchor:my.look.ca
com.cnn.www	t1	hadoop	CNN	
com.cnn.www	t2	spark		CNN.com
com.cnn.www	t3	flink		

图 10-1　HBase 的逻辑模型

10.2.2　HBase 的数据模型

1. 表

HBase 是一种列式存储的分布式数据库，其核心概念是表(Table)。与传统关系型数据库一样，HBase 的表也是由行和列组成的，但 HBase 同一列可以存储不同时刻的值，同时多个列可以组成一个列簇(Column Family)，这种组织形式主要是出于 HBase 存取性能的考虑。

行键既是 HBase 表的行键，也是 HBase 表的主键。HBase 表中的记录是按照 Rowkey 的字典顺序进行存储的。

在 HBase 中，为了高效地检索数据，需要设计良好的 Rowkey 来提高查询性能。Rowkey 长度不宜过长，过长将会占用大量的存储空间，同时会降低检索效率。其次，Rowkey 应该尽量均匀分布，避免产生热点问题(大量用户访问集中在一个或极少数节点，从而造成单台节点超出自身承受能力)。另外，还需要保证 Rowkey 的唯一性。

2. 列簇

HBase 表中的每个列都归属于某个列簇，一个列簇中的所有列成员有着相同的前缀。例如，列 anchor:cnnsi.com 和 anchor:my.look.ca 都是列簇 anchor 的成员。列簇是表的模式(Schema)的一部分，在使用表之前必须定义列簇，但列却不是必需的，写数据的时候可以动态加入。通常将经常一起查询的列放在一个列簇中，合理划分列簇将减少查询时加载到缓存的数据，提高查询效率，但也不能有太多的列簇，因为跨列簇访问是非常低效的。

3. 单元格

HBase 中通过 Rowkey 和 Column 确定的一个存储单元称为单元格(Cell)。每个单元格都保存着同一份数据的多个版本，不同时间版本的数据按照时间顺序倒序排序，最新时间的数据排在最前面，时间戳是 64 位的整数，可以由客户端在写入数据时赋值，也可以由 RegionServer 自动赋值。

10.2.3 HBase 的物理模型

虽然在逻辑模型中，表可以被看成一个稀疏的行集合，但是在物理上，表是按列簇分开存储的。HBase 的列是按列簇分组的，HFile 是面向列的物理文件，可以存放行的不同列，一个列簇的数据存放在多个 HFile 中，最重要的是一个列簇的数据会被同一个 Region 管理，物理上存放在一起。表 10-1 为列簇 contens 的物理模型，表 10-2 为列簇 anchor 的物理模型。

表 10-1 列簇 contens 的物理模型

行键	时间戳	列簇"contents:"
"com.cnn.www"	t6	contents:html="<html>…"
"com.cnn.www"	t5	contents:html="<html>…"
"com.cnn.www"	t3	contents:html="<html>…"

表 10-2 列簇 anchor 的物理模型

行键	时间戳	列簇"anchor:"
"com.cnn.www"	t9	anchor:cnnsi.com="CNN"
"com.cnn.www"	t8	anchor:my.look.com="CNN.com"

HBase 表中的所有行都是按照 Rowkey 的字典顺序排列，在行的方向上分割为多个 Region。Region 是 HBase 数据管理的基本单位，数据的移动、数据的负载均衡以及数据的分裂都是以 Region 为单位来进行操作的。Region 的切分方式如图 10-2 所示。

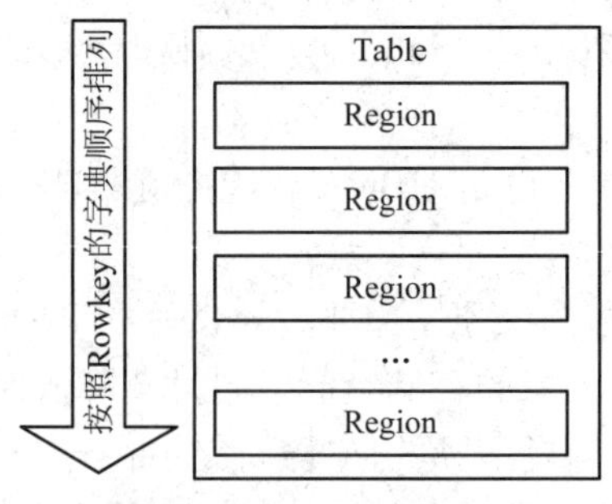

图 10-2 Region 的切分方式

HBase 表默认最初只有一个 Region，随着记录数不断增加而变大后，会分裂成多个 Region，每个 Region 由[startkey,endkey]的范围来划分，不同的 Region 会被 Master 分配给相应的 RegionServer 进行管理。

Region 是 HBase 中分布式存储和负载均衡的最小单元。不同的 Region 会分布到不同的 RegionServer 上，Region 的负载均衡如图 10-3 所示。

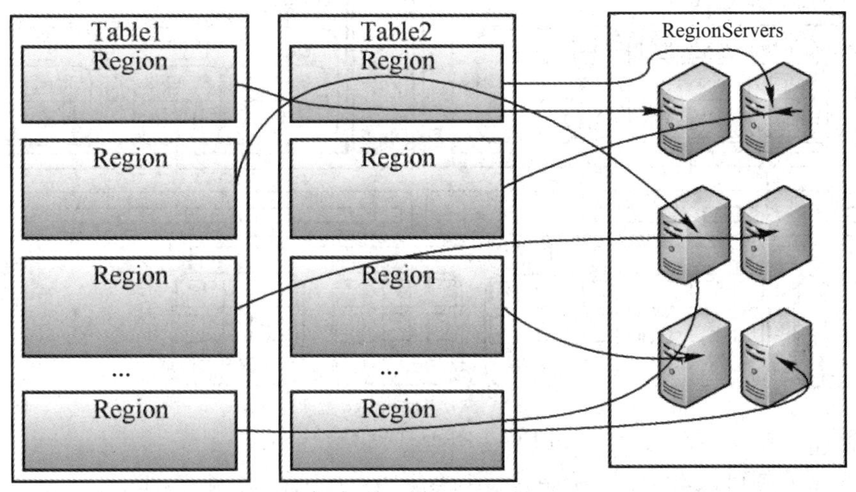

图 10-3　Region 的负载均衡

Region 虽然是分布式存储的最小单元，但并不是存储的最小单元。Region 由一个或多个 Store 组成，每个 Store 保存一个 Column Family。每个 Store 又由一个 MemStore 和零至多个 StoreFile 组成。MemStore 代表写缓存，StoreFile 存储在 HDFS 之上。Region 的组成结构如图 10-4 所示。

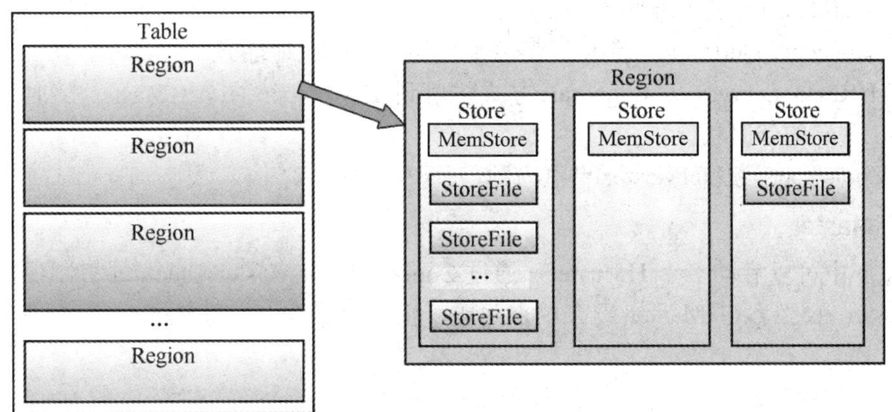

图 10-4　Region 的组成结构

10.2.4　HBase 的基本构架

HBase 是一个分布式系统架构，除了底层 HDFS 之外，HBase 还包含 4 个核心功能模块，分别是 Client、Zookeeper、HMaster 和 HRegionServer。HBase 的系统结构如图 10-5 所示。

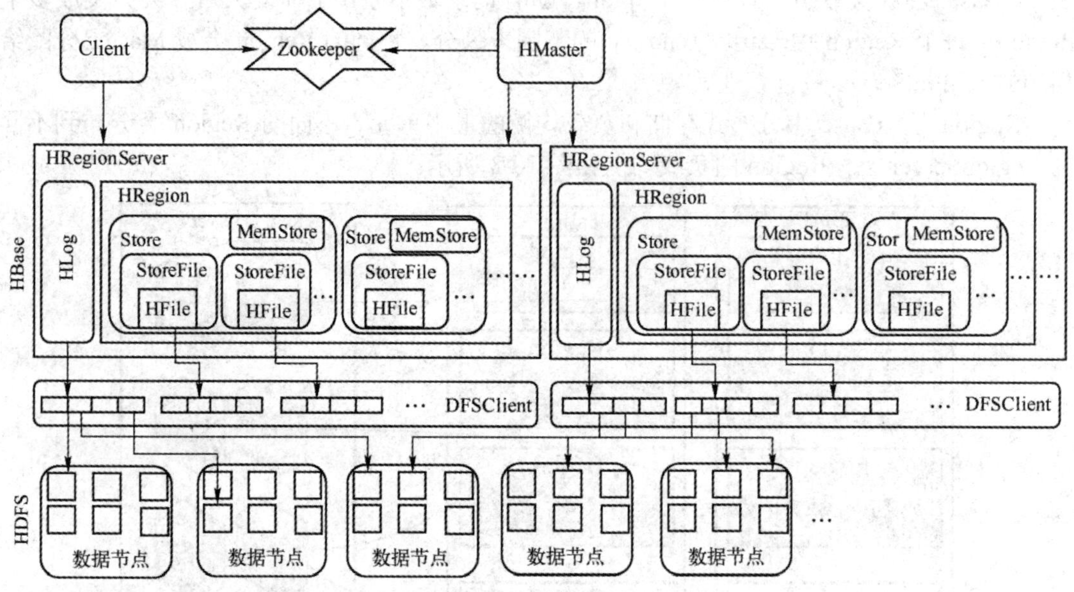

图 10-5 HBase 的系统结构

从系统结构图可以看出，HBase 的系统结构主要包括以下 4 个部分。

1. Client

Client 是整个 HBase 系统的入口，可以通过 Client 直接操作 HBase。

2. Zookeeper

Zookeeper 负责 HBase 中多个 HMaster(主服务器)的选举，保证在任何时候集群中只有一个 active HMaster。其主要职责如下：

(1) Zookeeper Quorum 存储-ROOT-表地址和 HMaster 地址。

(2) HRegionServer 以 Ephedral 方式注册到 Zookeeper 中，HMaster 随时感知各个 HRegionServer 的健康状况。

(3) Zookeeper 避免 HMaster 单点问题。

3. HMaster

HBase 中可以启动多个 HMaster，通过 Zookeeper 的 Master Election 机制保证了总有一个 Master 在运行。HMaster 没有单点问题，主要负责 Table 和 Region 的管理工作，如下所示：

(1) 管理用户对表的增、删、改和查操作。

(2) 管理 HRegionServer 的负载均衡，调整 Region 的分布。

(3) 在 Region 切分后，负责新 Region 的分布。

(4) 在 HRegionServer 停机后，负责 HRegionServer 上的 Region 迁移。

4. HRegionServer

HRegionServer 是 HBase 中最核心的模块，主要负责响应用户 I/O 请求以及向 HDFS 文件系统中读写数据。

10.3　HBase 集群的安装与配置

1. 下载并解压 HBase

HBase 集群安装与配置

在官网(http://archive.apche.org/dist/hbase)下载安装包 hbase-1.2.0-bin.tar.gz，然后上传至 hadoop1 节点的/home/hadoop/app 目录下并解压，命令如下：

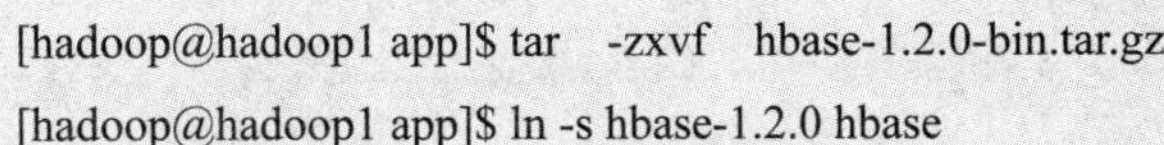

```
[hadoop@hadoop1 app]$ tar   -zxvf   hbase-1.2.0-bin.tar.gz
[hadoop@hadoop1 app]$ ln -s hbase-1.2.0 hbase
```

2. 修改配置文件

进入 hadoop1 节点的 conf 目录，命令如下，然后修改 HBase 集群的相关配置文件。

```
[hadoop@hadoop1 ~]$ cd app/hbase/conf/
```

(1) 修改 hbase-site.xml 配置文件。通过修改 hbase-site.xml 配置文件进行个性化配置，修改内容和命令如下：

```
[hadoop@hadoop1 conf]$ vi hbase-site.xml
<configuration>
    <property>
      <name>hbase.zookeeper.quorum</name>
      <value>hadoop1,hadoop2,hadoop3</value>
      <!--指定 Zookeeper 集群节点-->
    </property>
    <property>
        <name>hbase.zookeeper.property.dataDir</name>
        <value>/home/hadoop/data/zookeeper/zkdata</value>
        <!--指定 Zookeeper 数据存储目录-->
    </property>
    <property>
            <name>hbase.zookeeper.property.clientPort</name>
            <value>2181</value>
            <!--指定 Zookeeper 端口号-->
    </property>
    <property>
            <name>hbase.rootdir</name>
            <value>hdfs://mycluster/hbase</value>
            <!--指定 HBase 在 HDFS 上的根目录-->
    </property>
```

```
    <property>
        <name>hbase.cluster.distributed</name>
        <value>true</value>
        <!--指定 true 为分布式集群部署-->
    </property>
</configuration>
```

(2) 修改 regionservers 配置文件。通过修改 regionservers 配置文件来添加 RegionServer 节点角色，修改内容和命令如下：

```
[hadoop@hadoop1 conf]$ vi regionservers
hadoop1
hadoop2
hadoop3
```

按照上面角色的配置，hadoop1、hadoop2 和 hadoop3 节点都配置为 RegionServer 服务器。

(3) 修改 backup-masters 配置文件。通过修改 backup-masters 配置文件来添加备用节点，命令如下：

```
[hadoop@hadoop1 conf]$ vi backup-masters
hadoop2
```

因为 HBase 的 HMaster 角色需要配置高可用，所以选择 hadoop2 为备用节点。

(4) 修改 hbase-env.sh 配置文件。通过修改 hbase-env.sh 配置文件来添加相关环境变量，修改内容和命令如下：

```
[hadoop@hadoop1 conf]$ vi hbase-env.sh
export JAVA_HOME=/home/hadoop/app/jdk
<!-- 配置 JDK 安装路径-->
export HBASE_MANAGES_ZK=false
<!-- 使用独立的 Zookeeper 集群>
```

3. 配置 HBase 环境变量

添加 HBase 环境变量，添加内容和命令如下：

```
[hadoop@hadoop1 conf]$ vi  ~/.bashrc
export HBASE_HOME=/home/hadoop/app/hbase
```

4. 配置文件同步到集群其他节点

因为 HBase 集群配置相同，所以将 hadoop1 节点中配置好的 HBase 安装目录分发给 hadoop2 和 hadoop3 节点。这里使用 Linux 远程命令进行分发，有以下两种方法。

方法 1：使用远程拷贝命令，复制目录到相应节点。其命令如下：

```
[hadoop@hadoop1 app]$ scp -r hbase-1.2.0-bin  hadoop@hadoop2:/home/hadoop/app/
[hadoop@hadoop1 app]$ scp -r hbase-1.2.0-bin  hadoop@hadoop3:/home/hadoop/app/
```

方法 2：使用同步脚本将目录同步到相应节点。其命令如下：

```
[hadoop@hadoop1 app]$ deploy.sh hbase-1.2.0 /home/hadoop/app/ slave
```

然后，创建软连接，命令如下：

```
[hadoop@hadoop2 app]$ ln -s hbase-1.2.0 hbase
[hadoop@hadoop3 app]$ ln -s hbase-1.2.0 hbase
```

10.4　启动 HBase 集群服务

启动 HBase 集群服务

因为 HDFS 高可用集群依赖 Zookeeper 提供协调服务，HBase 集群中的数据又存储在 HDFS 集群之上，所以需要先启动 Zookeeper 集群，再启动 HDFS 集群，最后启动 HBase 集群。

1. 启动 Zookeeper 集群

在集群所有节点进入 Zookeeper 安装目录后，使用命令启动 Zookeeper 集群，有以下两种方法。

方法 1：在 3 个节点分别启动 Zookeeper 集群。其命令如下：

```
[hadoop@hadoop1 zookeeper]$ bin/zkServer.sh start
[hadoop@hadoop2 zookeeper]$ bin/zkServer.sh start
[hadoop@hadoop3 zookeeper]$ bin/zkServer.sh start
```

方法 2：使用远程脚本启动 Zookeeper 集群。其命令如下：

```
[hadoop@hadoop1 ~]$ runRemoteCmd.sh '/home/hadoop/app/zookeeper/bin/zkServer.sh start' all
```

2. 启动 HDFS 集群

在 hadoop1 节点进入 Hadoop 安装目录后，使用如下命令启动 HDFS 集群：

```
[hadoop@hadoop1 hadoop]$ sbin/start-dfs.sh
```

3. 启动 HBase 集群

在 hadoop1 节点进入 HBase 安装目录后，使用如下命令启动 HBase 集群：

```
[hadoop@hadoop1 hbase]$ bin/start-hbase.sh
```

4. 查看 HBase 启动进程

通过 jps 命令查看 hadoop1 节点的进程，如图 10-6 所示。如果出现 HMaster 进程和 HRegionServer 进程，则说明 hadoop1 节点的 HBase 服务启动成功。

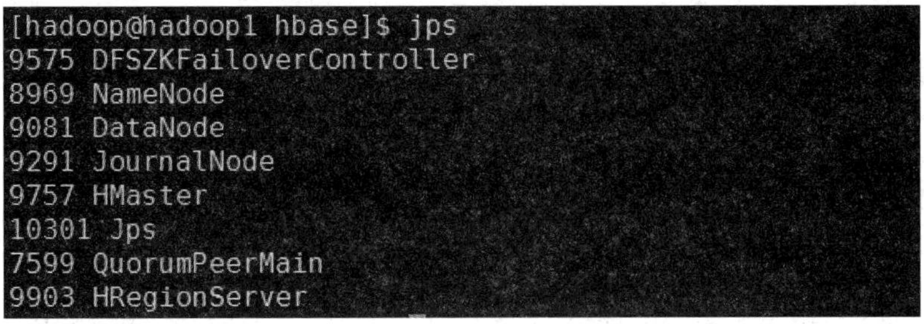

```
[hadoop@hadoop1 hbase]$ jps
9575 DFSZKFailoverController
8969 NameNode
9081 DataNode
9291 JournalNode
9757 HMaster
10301 Jps
7599 QuorumPeerMain
9903 HRegionServer
```

图 10-6　查看 HBase 启动进程

同理，通过 jps 命令可查看 hadoop2 和 hadoop3 节点的 HBase 服务启动进程。

5. 查看 HBase Web 界面

查看 HBase 主节点的 Web 界面(网址为 http://hadoop1:16010/master-status)，如图 10-7 所示，可以看到 hadoop1 节点的角色为 Master，Region Servers 列表为 hadoop1、hadoop2 和 hadoop3 节点。

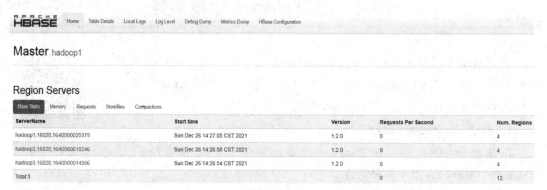

APACHE HBASE Home Table Details Local Logs Log Level Debug Dump Metrics Dump HBase Configuration

Master hadoop1

Region Servers

Base Stats Memory Requests Storefiles Compactions

ServerName	Start time	Version	Requests Per Second	Num. Regions
hadoop1,16020,1640500025379	Sun Dec 26 14:27:05 CST 2021	1.2.0	0	4
hadoop2,16020,1640500018246	Sun Dec 26 14:26:58 CST 2021	1.2.0	0	4
hadoop3,16020,1640500014956	Sun Dec 26 14:26:54 CST 2021	1.2.0	0	4
Total:3			0	12

图 10-7 查看 HBase 主节点的 Web 界面

查看 HBase 备用节点的 Web 界面(网址为 http://hadoop2:16010/master-status)，如图 10-8 所示，可以看到 hadoop2 节点的角色为 Backup Master。

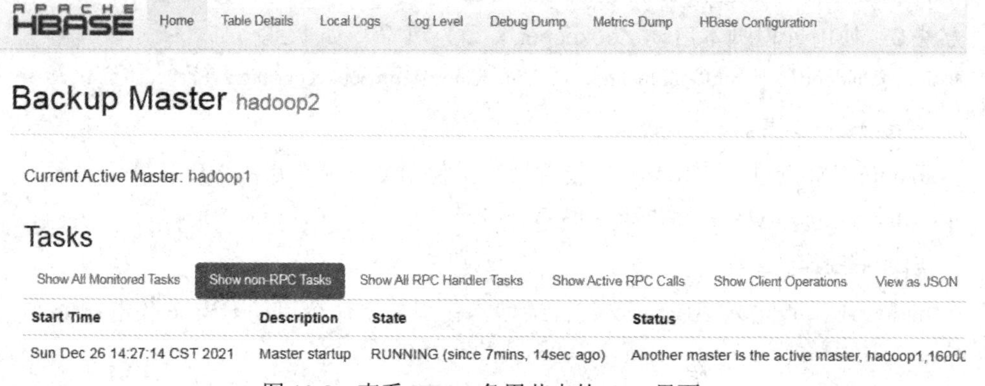

图 10-8 查看 HBase 备用节点的 Web 界面

如果上述操作正常，则说明 HBase 集群已经搭建成功。

10.5 HBase Shell 工具

访问 HBase 数据库的方式有很多种，其中包括原生 Java 客户端、HBase Shell、Thrift、Rest、MapReduce 和 Web 界面等，这些客户端有些与编程 API 相关，有些与状态统计相关。其中，Java 客户端和 HBase Shell 工具比较常用。

HBase Shell 工具由 Ruby 语言编写，并且使用了 Ruby 解释器。该 Shell 工具有两种常用模式：交互式模式和命令批处理模式。交互式模式用于实时随机访问，而命令批处理模式通过使用 Shell 编程来批量、流程化处理访问命令，常用于 HBase 集群的运维和监控中定时执行任务。

通过 HBase Shell 工具访问数据库进行以下操作时，首先需要进入 HBase Shell 交互界面，然后执行“bin/hbase shell”进入命令行。

(1) 创建 course 表，命令如下：

```
hbase(main):002:0> create 'course','cf'
```

(2) 查看 HBase 所有表，命令如下：

```
hbase(main):003:0> list
```

(3) 查看 course 表结构，命令如下：

```
hbase(main):004:0> describe 'course'
```

(4) 向 course 表插入数据，命令如下：

```
hbase(main):005:0> put 'course','001','cf:cname','hbase'
hbase(main):006:0> put 'course','001','cf:score','95'
hbase(main):007:0> put 'course','002','cf:cname','sqoop'
hbase(main):008:0> put 'course','002','cf:score','85'
hbase(main):009:0> put 'course','003','cf:cname','flume'
hbase(main):010:0> put 'course','003','cf:score','98'
```

(5) 查询 course 表中的所有数据，命令如下：

```
hbase(main):011:0> scan 'course'
```

(6) 根据行键查询 course 表。

① 查询整条记录，命令如下：

```
hbase(main):012:0> get 'course','001'
```

② 查询一个列簇数据，命令如下：

```
hbase(main):013:0> get 'course','001','cf'
```

③ 查询列簇中某一个列，命令如下：

```
hbase(main):014:0> get 'course','001','cf:cname'
```

(7) 更新 course 表数据，命令如下：

```
hbase(main):015:0> put 'course','001','cf:score','99'
hbase(main):016:0> get 'course','001','cf'
```

(8) 查询 course 表总记录，命令如下：

```
hbase(main):017:0> count 'course'
```

(9) 删除 course 表数据。

① 删除列簇中的一个列，命令如下：

```
hbase(main):021:0> delete 'course','003','cf:score'
```

② 删除整行记录，命令如下：

```
hbase(main):022:0> deleteall 'course','002'
hbase(main):023:0> scan 'course'
```

(10) 清空 course 表，命令如下：

```
hbase(main):024:0> truncate 'course'
```

```
hbase(main):025:0> scan 'course'
```

(11) 删除course表，命令如下：

```
hbase(main):026:0> disable 'course'
hbase(main):027:0> drop   'course'
```

(12) 查看表是否存在，命令如下：

```
hbase(main):028:0> exists 'course'
```

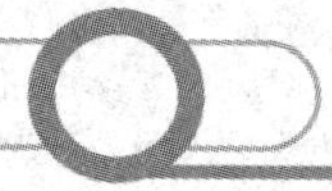

10.6 HBase Java 客户端

HBase官方代码包里包含原生访问客户端，由Java语言实现，同时它也是最主要、最高效的客户端。通过Java客户端编程接口可以很容易操作HBase数据库，例如，对表进行增、删、改、查等操作。

10.6.1 添加HBase的相关依赖

由于需要通过Java客户端操作HBase数据库，所以首先需要在项目的pom.xml文件中添加HBase的相关依赖，代码如下：

```
<dependency>
        <groupId>org.apache.hbase</groupId>
        <artifactId>hbase-client</artifactId>
        <version>1.2.0</version>
        <scope>provided</scope>
</dependency>
<dependency>
        <groupId>org.apache.hadoop</groupId>
        <artifactId>hadoop-auth</artifactId>
        <version>2.9.2</version>
</dependency>
<dependency>
        <groupId>org.apache.hbase</groupId>
        <artifactId>hbase-server</artifactId>
        <version>1.2.0</version>
        <scope>provided</scope>
</dependency>
```

10.6.2 连接HBase数据库

通过Java客户端连接HBase数据库，只需要指定Zookeeper集群的地址以及端口号即可，其核心代码如下：

```
public HBaseManager(){
        Configuration conf = HBaseConfiguration.create();
        conf.set("hbase.zookeeper.quorum","hadoop1,hadoop2,hadoop3");
        conf.set("hbase.zookeeper.property.clientPort","2181");
        try {
            connection= ConnectionFactory.createConnection(conf);
        } catch (IOException e) {
            e.printStackTrace();
        }
}
```

10.6.3　创建 HBase 表

通过 Java 客户端创建 HBase 表，只需要指定表名称和列簇数据数组即可，其核心代码如下：

```
public void createTable(String name,String[] cols){
        try {
            Admin admin=connection.getAdmin();
            TableName tableName = TableName.valueOf(name);
            if(!admin.tableExists(tableName)){
                HTableDescriptor hTableDescriptor = new HTableDescriptor(tableName);
                for(String col:cols){
                    HColumnDescriptor hColumnDescriptor=new HColumnDescriptor(col);
                    hTableDescriptor.addFamily(hColumnDescriptor);
                }
                admin.createTable(hTableDescriptor);
            }
        } catch (IOException e) {
            e.printStackTrace();
        }finally {
            closeConnection();
        }
    }
```

10.6.4　向 HBase 表中插入数据

通过 Java 客户端向 HBase 表中插入数据，需要指定表名称、行键、列簇、列以及数值，其核心代码如下：

```
public void put(String tableName,String rowKey,String columnFamily,String column,String value){
        Table table= null;
        try {
          table=connection.getTable(TableName.valueOf(tableName));
            Put put = new Put(Bytes.toBytes(rowKey));
        put.addColumn(Bytes.toBytes(columnFamily),Bytes.toBytes(column),Bytes.toBytes(value));
            table.put(put);
        } catch (IOException e) {
            e.printStackTrace();
        }finally {
            closeTable(table);
            //closeConnection();
        }
    }
```

10.6.5 查询 HBase 表数据

原生 Java 客户端有两种查询数据的方式：单行读和扫描读。单行读就是查询表中的某一行记录，可以是一行记录的全部字段，也可以是某一个列簇的全部字段，或者是某一个字段。扫描读一般是在不确定行键的情况下，遍历全表或者表的部分数据。

(1) 单行读。通过 Java 客户端单行读取 HBase 表数据，需要指定表名称和行键，其核心代码如下：

```
public void getResultByRow(String tableName,String rowKey){
        Table table = null;
        try {
            table = connection.getTable(TableName.valueOf(tableName));
            Get get =new Get(rowKey.getBytes());
            Result result = table.get(get);
            for (Cell cell:result.listCells()){
            String columnFamily = Bytes.toString(cell.getFamilyArray(),cell.getFamilyOffset(),cell.
    getFamilyLength());
            String column = Bytes.toString(cell.getQualifierArray(),cell.getQualifierOffset(),cell.
    getQualifierLength());
            String value = Bytes.toString(cell.getValueArray(),cell.getValueOffset(),cell.getValueLength());
            Long timestamp = cell.getTimestamp();
            System.out.println(columnFamily+"=="+column+"=="+value+"=="+timestamp);
        }
    } catch (IOException e) {
        e.printStackTrace();
```

```
    }finally{
        closeTable(table);
        closeConnection();
    }
}
```

(2) 扫描读。通过 Java 客户端扫描读取 HBase 表数据，需要指定表名称、起始行键和结束行键，其核心代码如下：

```
public void getResultByScan(String tableName,String startKey,String endKey){
        Table table = null;
        try {
            table = connection.getTable(TableName.valueOf(tableName));
            Scan scan = new Scan();
            scan.setStartRow(Bytes.toBytes(startKey));
            scan.setStopRow(Bytes.toBytes(endKey));
            ResultScanner rsa = table.getScanner(scan);
            for(Result result:rsa){
                for (Cell cell:result.listCells()){
                    String columnFamily =
            Bytes.toString(cell.getFamilyArray(),cell.getFamilyOffset(),cell.getFamilyLength());
                    String column =
            Bytes.toString(cell.getQualifierArray(),cell.getQualifierOffset(),cell.getQualifierLength());
                    String value =
            Bytes.toString(cell.getValueArray(),cell.getValueOffset(),cell.getValueLength());
                    Long timestamp = cell.getTimestamp();
            System.out.println(columnFamily+"=="+column+"=="+value+"=="+timestamp);
                }
            }
        } catch (IOException e) {
        e.printStackTrace();
    }finally{
        closeTable(table);
        closeConnection();
    }
}
```

10.6.6　HBase 过滤查询

通过 Java 客户端使用 HBase 单值过滤器扫描读取 HBase 表的数据，其核心代码如下：

```
public void scanAndFilter(String tableName,String rowKey,String cf,String col,String val){
        Table table = null;
        try {
            table = connection.getTable(TableName.valueOf(tableName));
            Scan scan = new Scan();
            scan.setStartRow(Bytes.toBytes(rowKey));
            FilterList filterList = new FilterList(FilterList.Operator.MUST_PASS_ONE);
            filterList.addFilter(new SingleColumnValueFilter(Bytes.toBytes(cf),Bytes.toBytes(col),
            CompareFilter.CompareOp.GREATER,Bytes.toBytes(val)));
            scan.setFilter(filterList);
            ResultScanner rsa = table.getScanner(scan);
            for(Result result:rsa){
                for (Cell cell:result.listCells()){
                    String columnFamily =
            Bytes.toString(cell.getFamilyArray(),cell.getFamilyOffset(),cell.getFamilyLength());
                    String column =
            Bytes.toString(cell.getQualifierArray(),cell.getQualifierOffset(),cell.getQualifierLength());
                    String value =
            Bytes.toString(cell.getValueArray(),cell.getValueOffset(),cell.getValueLength());
                    Long timestamp = cell.getTimestamp();
            System.out.println(columnFamily+"=="+column+"=="+value+"=="+timestamp);
                }
            }
        } catch (IOException e) {
            e.printStackTrace();
        }finally{
            closeTable(table);
            closeConnection();
        }
    }
```

10.6.7 删除 HBase 表

通过 Java 客户端，只需要指定表名称即可删除 HBase 表，其核心代码如下：

```
public void dropTable(String tableName){
        try {
            Admin admin = connection.getAdmin();
            TableName tableName1 = TableName.valueOf(tableName);
            if(admin.tableExists(tableName1)){
```

```
            admin.disableTable(tableName1);
            admin.deleteTable(tableName1);
        }
    } catch (IOException e) {
        e.printStackTrace();
    }finally {
        closeConnection();
    }
}
```

项目十一　Sqoop 的安装与部署

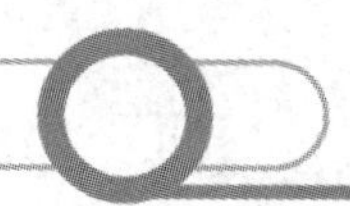

11.1　Sqoop 数据迁移工具

11.1.1　Sqoop 概述

Apache Sqoop(SQL-to-Hadoop)项目旨在协助 RDBMS 与 Hadoop 之间进行高效的大数据迁移。用户可以在 Sqoop 的帮助下，轻松地将 RDBMS 中的数据导入 Hadoop 或者与其相关的系统(如 HBase 和 Hive)中；同时，也可以将数据从 Hadoop 系统导出到 RDBMS 中。因此，可以说 Sqoop 是一个桥梁，连接了 RDBMS 与 Hadoop。Sqoop 的工作流程如图 11-1 所示。

Sqoop 数据迁移工具

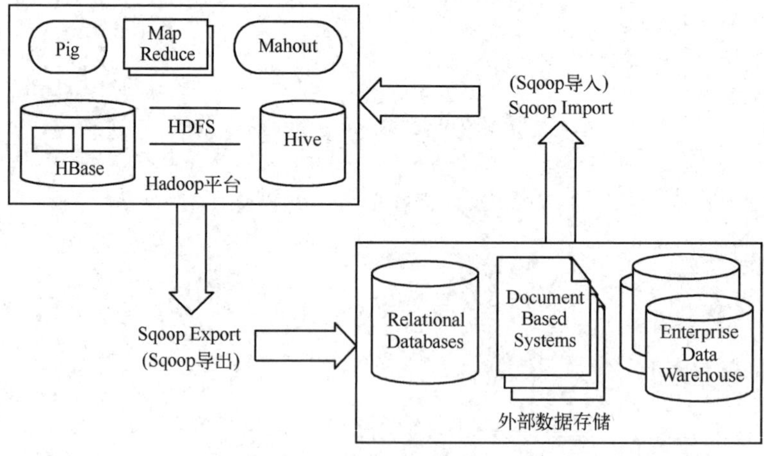

图 11-1　Sqoop 的工作流程

通过 Sqoop 可以将外部存储系统中的关系数据库、基于文档的系统和企业级数据仓库的数据导入 Hadoop 平台。

11.1.2　Sqoop 的优势

Sqoop 具有以下 3 方面的优势：

(1) Sqoop 可以高效地、可控地利用资源，可以通过调整任务数来控制任务的并发度。另外，它还可以配置数据库的访问时间。

(2) Sqoop 可以自动地完成数据库与 Hadoop 系统中数据类型的映射与转换。

(3) Sqoop 支持多种数据库，如 MySQL、Oracle 和 PostgreSQL 等数据库。

11.1.3　Sqoop 的架构及工作机制

Sqoop 的架构非常简单，主要由 Sqoop 客户端、Hadoop 平台和外部存储系统 3 个部分组成，如图 11-2 所示。

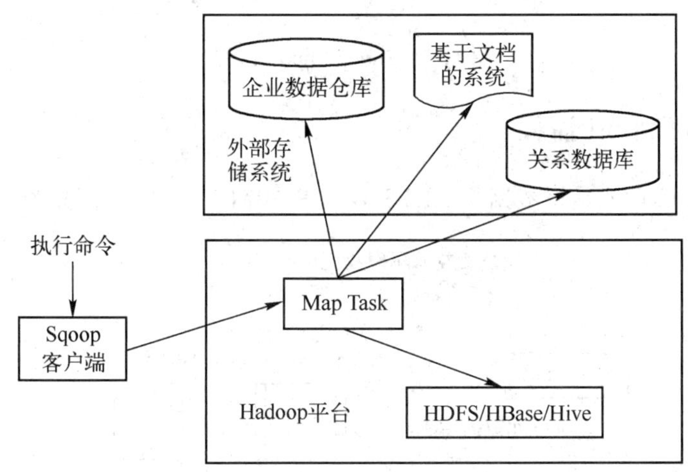

图 11-2　Sqoop 的系统架构

由图 11-2 可以看出，用户向 Sqoop 客户端发起一个命令，这个命令会转换为一个基于 Map 任务的 MapReduce 作业，Map 任务会访问数据库的元数据信息，通过并行 Map 任务将 RDBMS 的数据读取出来，然后导入 Hadoop 中。当然，也可以将 Hadoop 中的数据导入 RDBMS 中。它的核心思想就是通过基于 Map 任务(只有 Map)的 MapReduce 作业来实现数据的并发复制和传输。

11.1.4　Sqoop Import 流程

Sqoop Import 的功能就是将数据从 RDBMS 导入 HDFS，导入流程如图 11-3 所示。

由图 11-3 可以看出，用户输入一条 Sqoop Import 命令，Sqoop 会从 RDBMS 中获取元数据信息，然后会将命令转换为基于 Map 任务的 MapReduce 作业。MapReduce 作业中有多个 Map 任务，每个 Map 任务从数据库中读取一片数据，多个 Map 任务实现并发复制，将整个数据快速地复制到 HDFS 上。

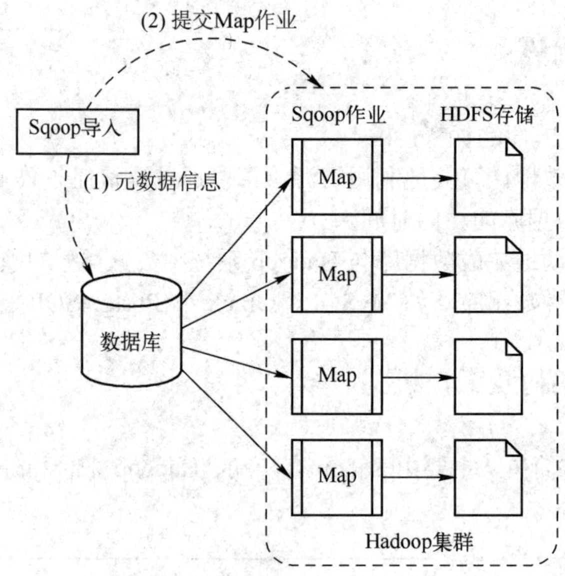

图 11-3 Sqoop Import 流程

11.1.5 Sqoop Export 流程

Sqoop Export 的功能是将数据从 HDFS 导入 RDBMS，导出流程如图 11-4 所示。

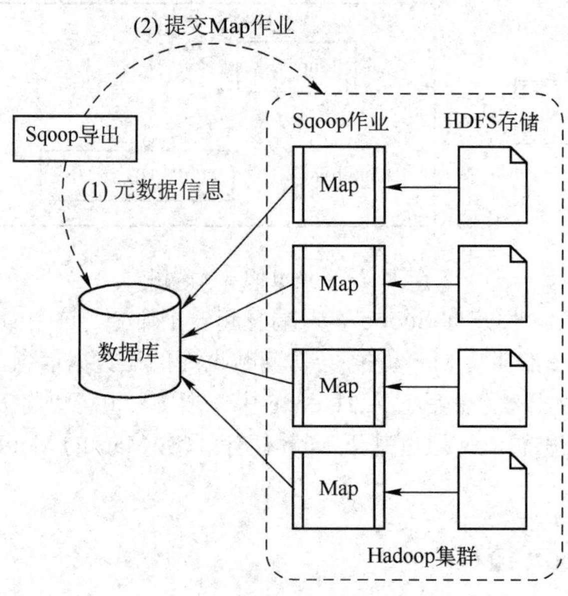

图 11-4 Sqoop Export 流程

由图 11-4 可以看出，用户输入一条 Sqoop Export 命令，Sqoop 会获取 RDBMS 的元数据，建立 Hadoop 字段与数据库表字段的映射关系。然后，将输入的命令转换为基于 Map 任务的 MapReduce 作业，这样 MapReduce 作业中会有多个 Map 任务，它们并行地从 HDFS 中读取数据，并将整个数据复制到 RDBMS 中。

11.2　Sqoop 的安装与配置

Sqoop 的
安装与配置

由于提交的 sqoop 命令最终会转换为 MapReduce 作业，所以安装 Sqoop 之前需要确保 Hadoop 集群正常运行。与 Hive 类似，选择一个节点安装 Sqoop 客户端即可，详细的安装步骤如下。

1. 下载解压

在官网(http://archive.apache.org/dist/sqoop/1.4.6/)下载 Sqoop 安装包 sqoop-1.4.6.bin__hadoop-2.0.4-alpha.tar.gz，然后上传至 hadoop1 节点的/home/hadoop/app 目录下并解压，命令如下：

```
[hadoop@hadoop1 app]$tar -zxvf sqoop-1.4.6.bin__hadoop-2.0.4-alpha.tar.gz
[hadoop@hadoop1 app]$ ln -s   sqoop-1.4.6.bin__hadoop-2.0.4-alpha sqoop
```

2. 修改配置文件

进入 Sqoop 的 conf 目录下，修改 sqoop-env.sh 配置文件，修改内容如下：

```
[hadoop@hadoop1 conf]$ mv sqoop-env-template.sh sqoop-env.sh
[hadoop@hadoop1 conf]$ vi sqoop-env.sh
export HADOOP_COMMON_HOME=/home/hadoop/app/hadoop
export HADOOP_MAPRED_HOME=/home/hadoop/app/hadoop
export HIVE_HOME=/home/hadoop/app/hive
export ZOOCFGDIR=/home/hadoop/app/zookeeper
```

3. 配置环境变量

在 hadoop 用户下，添加 Sqoop 的环境变量，添加内容如下：

```
[hadoop@hadoop1 conf]$ vi ~/.bashrc
export SQOOP_HOME=/home/hadoop/app/sqoop
# Source 生效
[hadoop@hadoop1 conf]$ source ~/.bashrc
```

4. 添加 MySQL 驱动包

由于需要通过 Sqoop 实现 Hadoop 与 MySQL 之间的数据迁移，所以还要下载 MySQL 驱动包 mysql-connector-java-5.1.38.jar，并上传至 Sqoop 的 lib 目录下。

5. 测试运行

(1) 查看 Sqoop 中的命令语法。在 Sqoop 安装目录下，使用 help 命令查看 sqoop 命令的基本用法，命令如下：

```
[hadoop@hadoop1 sqoop]$ bin/sqoop help
```

(2) 测试数据库连接。以 Hive 的元数据库 MySQL 为例，使用 list-databases 命令查看数据库名称列表，命令如下：

```
[hadoop@hadoop1 sqoop]$ bin/sqoop list-databases --connect jdbc:mysql://hadoop1 --username hive --password hive
```

如果能显示 MySQL 中的名称列表，则说明 Sqoop 可以连接上数据库。

11.3 案例：Sqoop 迁移 Hive 仓库数据

Sqoop 迁移 Hive 仓库数据

Sqoop 迁移 Hive 与 MySQL 之间的数据，具体步骤如下。

1. 准备 Hive 数据源

准备 Hive 数据源的具体命令如下：

```
[hadoop@hadoop1 hive]$ bin/hive
hive> create table mean_temperature as  select id, sum(temperature)/count(*) from temperature group by id;
```

2. MySQL 建表

进入 MySQL，创建相应的数据库和表格，具体命令如下：

```
[root@hadoop1 ~]# mysql -u hive -p
mysql> create database weather;
mysql> use weather;
CREATE TABLE IF NOT EXISTS 'mean_temperature'(
    'id' VARCHAR(20) NOT NULL,
    'average' VARCHAR(20) NOT NULL,
    PRIMARY KEY ( 'id' )
)ENGINE=InnoDB DEFAULT CHARSET=utf8;
```

3. 数据由 Hive 导入 MySQL

(1) 将 Hive 数据导入 MySQL，具体命令如下：

```
[hadoop@hadoop1 sqoop]$ bin/sqoop export \
 --connect 'jdbc:mysql://hadoop1/weather?useUnicode=true&characterEncoding=utf-8' \
 --username hive \
 --password hive \
 --table mean_temperature \
 --export-dir /user/hive/warehouse/mydb/mean_temperature \
 --input-fields-terminated-by "\001" \
 -m 1;
```

(2) 查询导出结果，具体命令如下：

```
mysql> select * from mean_temperature limit 3;
```

4. 数据由 MySQL 导入 Hive

(1) 将 MySQL 数据导入 Hive，具体命令如下：

```
[hadoop@hadoop1 sqoop]$ bin/sqoop import \
 --connect 'jdbc:mysql://hadoop1/weather?useUnicode=true&characterEncoding=utf-8' \
 --username hive \
 --password hive \
 --table mean_temperature \
  --fields-terminated-by ',' \
 --delete-target-dir \
 -m 1 \
 --hive-import \
 --hive-database weather \
 --hive-table ods_mean_temperature;
```

(2) 查看导入结果，具体命令如下：

```
hive> use weather;
hive> select * from ods_mean_temperature limit 10;
```

项目十二　Flume 的安装与使用

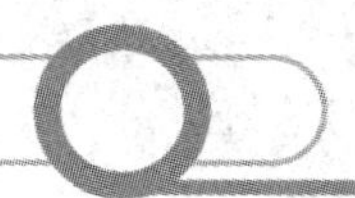

12.1　Flume 日志采集系统

12.1.1　Flume 概述

Flume 是由 Cloudera 公司开发的一个分布式、可靠、高可用的系统，它能够将不同数据源的海量日志数据进行高效的收集、聚合、移动，最后存储到一个中心化的数据存储系统中。随着互联网的发展，特别是移动互联网的兴起，导致产生了海量的用户日志信息。为了实时分析和挖掘用户需求，需要使用 Flume 高效快速地采集用户日志，同时，对日志进行聚合避免产生小文件，然后将聚合后的数据通过管道移动到存储系统进行后续的数据分析和挖掘。

Flume 日志采集系统概述

Flume 发展到现在，已经由初始的 Flume OG 版本更新到现在的 Flume NG 版本，进行了架构重构，并且现在的 NG 版本完全不兼容初始的 OG 版本。经过架构重构后，Flume NG 更像是一个轻量的小工具间，非常简单，容易适应各种方式的日志收集。图 12-1 为 Apache Flume 图标。

图 12-1　Apache Flume 图标

12.1.2　Flume NG 架构设计

Flume 之所以比较强大，是源于自身的一个设计——Agent。Agent 本身是一个 Java 进程，运行在日志收集节点上。Agent 包含 3 个核心组件：Source、Channel 和 Sink。Flume NG 构架如图 12-2 所示。

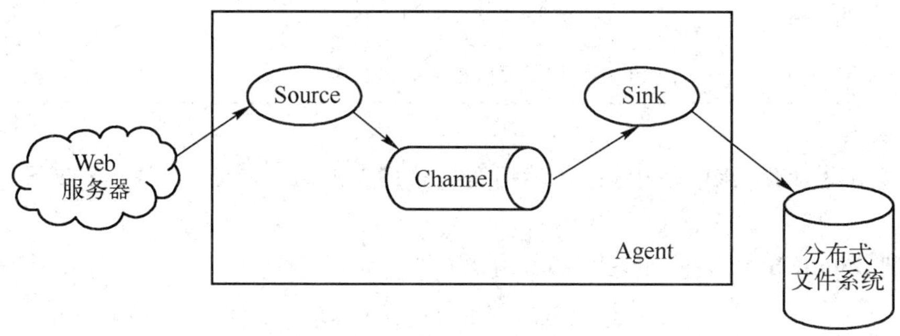

图 12-2　Flume NG 架构

Flume NG 的核心功能介绍如下：

1) Source

Source 接收外部源发过来的数据，然后将数据存储到 Channel 缓冲区。不同的 Source 接收不同的数据格式，如 Avro Source、Syslog Source 和 HTTP Source 等。Flume 自带多种 Source 组件支持采集各种数据源，常用的 Flume Source 类型如表 12-1 所示。

表 12-1　Flume Source 类型

Source 类型	说　明
Avro Source	支持 Avro 协议，内置支持
Spooling Directory Source	监控指定目录内数据变更
Exec Source	监控指定文件内数据变更
Taildir Source	可以监控一个目录，并且使用正则表达式匹配该目录中的文件名进行实时收集
Kafka Source	采集 Kafka 消息系统数据
NetCat Source	监控某个端口，将流经端口的每一个文本行数据作为 Event 输入
Syslog Source	读取 Syslog 数据，产生 Event，支持 UDP 和 TCP 两种协议
HTTP Source	基于 HTTP POST 或 GET 方式的数据源，支持 JSON、BLOB 表示形式

2) Channel

Channel 是中转 Event(数据的表现形式)的一个临时存储区，接收 Source 的输出，直到 Sink 消费掉 Channel 中的数据。Channel 中的数据直到进入下一个 Agent 的 Channel 或者进入终端系统才会被删除。当 Sink 写入失败后可以自动重启，不会造成数据丢失，可靠性高。目前常用的 Channel 主要有 Memory Channel 和 File Channel。

常用的 Flume Channel 类型如表 12-2 所示。

表 12-2　Flume Channel 类型

Channel 类型	说　　明
Memory Channel	Event 数据存储在内存中
JDBC Channel	Event 数据持久化存储，当前 Flume Channel 内置支持 Derby
File Channel	Event 数据存储在磁盘文件中
Kafka Channel	Event 数据存储在 Kafka 集群中

3) Sink

Sink 会消费 Channel 中的数据，然后发送给外部源(如 HDFS、HBase)或下一个 Agent 的 Source。

常用的 Flume Sink 类型如表 12-3 所示。

表 12-3　Flume Sink 类型

Sink 类型	说　　明
HDFS Sink	数据写入 HDFS
Logger Sink	数据写入日志文件
Avro Sink	数据被转换成 Avro Event，然后发送到配置的 RPC 端口上
File Roll Sink	存储数据到本地文件系统
HBase Sink	数据写入 HBase 数据库
ElasticSearch Sink	数据发送到 Elastic Search(搜索服务器)
Kafka Sink	数据发送到 Kafka 集群

4) Event

Event 是 Flume 中数据的基本表现形式，每个 Event 包含 Header 的一个 Map 集合和一个 Body。

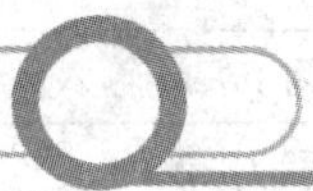

12.2　Flume 的安装与配置

Flume 的
安装与配置

Flume 的安装配置非常简单，步骤如下。

1. 下载解压

在官网(https://archive.apache.org/dist/flume/1.7.0/apache-flume-1.7.0-bin.tar.gz)下载 Flume 安装包，然后上传至 hadoop1 节点的/home/hadoop/app 目录下并解压，命令如下：

```
[hadoop@hadoop1 app]$ tar -zxvf apache-flume-1.9.0-bin.tar.gz
[hadoop@hadoop1 app]$ ln -s apache-flume-1.9.0-bin flume
```

2. 修改配置文件

进入 Flume 的 conf 目录下，修改配置文件，修改内容和命令如下：

```
[hadoop@hadoop1 conf]$ mv flume-conf.properties.template flume-conf.properties
[hadoop@hadoop1 conf]$ cat flume-conf.properties
#定义 Source、Channel 和 Sink
agent.sources = seqGenSrc
agent.channels = memoryChannel
agent.sinks = loggerSink
# 默认配置 Source 类型为序列产生器
agent.sources.seqGenSrc.type = seq
agent.sources.seqGenSrc.channels = memoryChannel
# 默认配置 Sink 类型为 logger
agent.sinks.loggerSink.type = logger
agent.sinks.loggerSink.channel = memoryChannel
#默认配置 Channel 类型为 memory
agent.channels.memoryChannel.type = memory
agent.channels.memoryChannel.capacity = 100
```

3. 启动 Flume Agent

```
[hadoop@hadoop1 flume]$ bin/flume-ng agent -n agent -c conf -f conf/flume-conf.properties
-Dflume.root.logger=INFO,console
```

上述命令行中各参数的含义如下：

flume-ng 脚本后面的 agent 代表启动 Flume 进程；-n 指定配置文件中 Agent 的名称；-c 指定配置文件所在目录；-f 指定具体的配置文件；-Dflume.root.logger=INFO,console 指控制台打印 INFO,console 级别的日志信息。

4. 同步至其他节点

将 flume 文件夹同步到其他节点，有以下两种方法。

方法 1：使用远程拷贝命令，将文件复制到其他节点。其命令如下：

```
[hadoop@hadoop1 app]$ scp -r apache-flume-1.9.0-bin
hadoop@hadoop2:/home/hadoop/app/
[hadoop@hadoop1 app]$scp -r apache-flume-1.9.0-bin
hadoop@hadoop3:/home/hadoop/app/
```

方法 2：使用同步脚本，将文件夹同步到其他节点。其命令如下：

```
[hadoop@hadoop1 app]$ deploy.sh apache-flume-1.9.0-bin /home/hadoop/app/ slave
```

同步完成后，给其他节点创建软连接，命令如下：

```
[hadoop@hadoop2 app]$ ln -s apache-flume-1.9.0-bin flume
[hadoop@hadoop3 app]$ ln -s apache-flume-1.9.0-bin flume
```

12.3 测试实例：监控端口数据

测试实例：
监控端口数据

12.3.1 案例需求

使用 Flume 监听一个端口，收集该端口的数据，并打印到控制台。需求分析如图 12-3 所示。

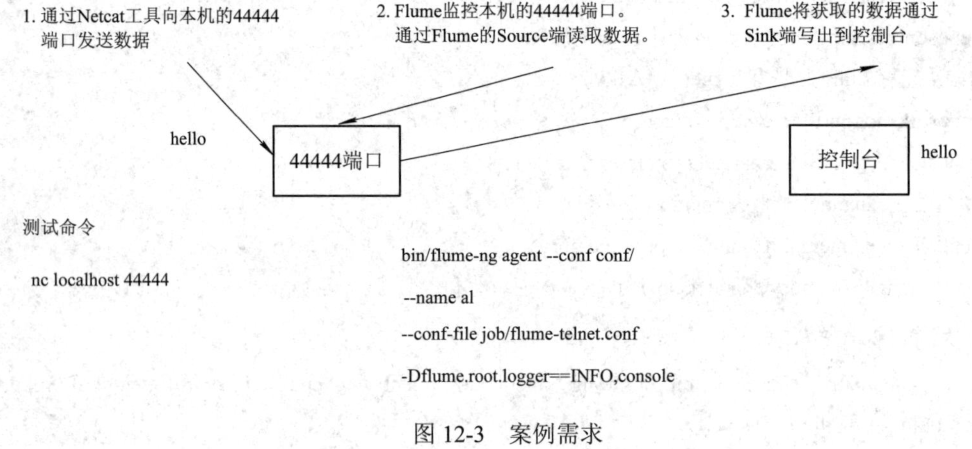

图 12-3 案例需求

12.3.2 实现步骤

实现监控端口数据的步骤如下：

(1) 安装 Netcat 工具，具体命令如下：

```
[root@hadoop1 ~]# yum install -y nc
```

(2) 在 flume 目录下创建 job 文件夹，并进入 job 文件夹，命令如下：

```
[hadoop@hadoop1 flume]$ mkdir job
```

(3) 在 job 文件夹中创建 Flume Agent 的配置文件 net-flum-logger.conf，添加如下内容。

```
[hadoop@hadoop1 job]$ vi net-flum-logger.conf
# 给 Agent 中的 Sources、Sinks 和 Channels 取别名
a1.sources = r1
a1.sinks = k1
a1.channels = c1
# 对 Source 相关属性进行配置
a1.sources.r1.type = netcat
a1.sources.r1.bind = localhost
a1.sources.r1.port = 44444
```

```
# 对 Sink 相关属性进行配置
a1.sinks.k1.type = logger
# 对 Channel 相关属性进行配置
a1.channels.c1.type = memory
a1.channels.c1.capacity = 1000
a1.channels.c1.transactionCapacity = 100
# Source 和 Sink 指定 Channel
a1.sources.r1.channels = c1
a1.sinks.k1.channel = c1
```

(4) 开启 Flume 监听端口，命令如下：

```
bin/flume-ng agent -c conf/ -n a1 -f job/net-flum-logger.conf -Dflume.root.logger=INFO,console
```

(5) 使用 Netcat 工具向本机的 44444 端口发送数据，命令如下，具体参见图 12-4。

```
[root@hadoop1 ~]# nc localhost 44444
```

```
[root@hadoop1 ~]# nc localhost 44444
ok
OK
i louve
OK
```

图 12-4　向端口发送数据

(6) 在 Flume 监听页面观察接收数据的情况，监听结果如图 12-5 所示。

```
● 1 hadoop1  ● 2 hadoop2  ● 3 hadoop3  4 hadoop1  +
Factory.java:41)] Creating instance of source r1, type netcat
2023-01-25 10:22:43,471 (conf-file-poller-0) [INFO - org.apache.flume.sink.DefaultSinkFactory.create(DefaultSinkFactor
y.java:42)] Creating instance of sink: k1, type: logger
2023-01-25 10:22:43,472 (conf-file-poller-0) [INFO - org.apache.flume.node.AbstractConfigurationProvider.getConfigurat
ion(AbstractConfigurationProvider.java:120)] Channel c1 connected to [r1, k1]
2023-01-25 10:22:43,474 (conf-file-poller-0) [INFO - org.apache.flume.node.Application.startAllComponents(Application.
java:162)] Starting new configuration:{ sourceRunners:{r1=EventDrivenSourceRunner: { source:org.apache.flume.source.Ne
tcatSource{name:r1,state:IDLE} }} sinkRunners:{k1=SinkRunner: { policy:org.apache.flume.sink.DefaultSinkProcessor@6813
b0b9 counterGroup:{ name:null counters:{} } }} channels:{c1=org.apache.flume.channel.MemoryChannel{name: c1}} }
2023-01-25 10:22:43,482 (conf-file-poller-0) [INFO - org.apache.flume.node.Application.startAllComponents(Application.
java:169)] Starting Channel c1
2023-01-25 10:22:43,483 (conf-file-poller-0) [INFO - org.apache.flume.node.Application.startAllComponents(Application.
java:184)] Waiting for channel: c1 to start. Sleeping for 500 ms
2023-01-25 10:22:43,512 (lifecycleSupervisor-1-0) [INFO - org.apache.flume.instrumentation.MonitoredCounterGroup.regis
ter(MonitoredCounterGroup.java:119)] Monitored counter group for type: CHANNEL, name: c1: Successfully registered new
MBean.
2023-01-25 10:22:43,512 (lifecycleSupervisor-1-0) [INFO - org.apache.flume.instrumentation.MonitoredCounterGroup.start
(MonitoredCounterGroup.java:95)] Component type: CHANNEL, name: c1 started
2023-01-25 10:22:43,986 (conf-file-poller-0) [INFO - org.apache.flume.node.Application.startAllComponents(Application.
java:196)] Starting Sink k1
2023-01-25 10:22:43,990 (conf-file-poller-0) [INFO - org.apache.flume.node.Application.startAllComponents(Application.
java:207)] Starting Source r1
2023-01-25 10:22:43,992 (lifecycleSupervisor-1-4) [INFO - org.apache.flume.source.NetcatSource.start(NetcatSource.java
:155)] Source starting
2023-01-25 10:22:44,071 (lifecycleSupervisor-1-4) [INFO - org.apache.flume.source.NetcatSource.start(NetcatSource.java
:166)] Created serverSocket:sun.nio.ch.ServerSocketChannelImpl[/0:0:0:0:0:0:0:1:44444]
2023-01-25 10:23:15,893 (SinkRunner-PollingRunner-DefaultSinkProcessor) [INFO - org.apache.flume.sink.LoggerSink.proce
ss(LoggerSink.java:95)] Event: { headers:{} body: 6F 6B                                      ok }
2023-01-25 10:23:19,894 (SinkRunner-PollingRunner-DefaultSinkProcessor) [INFO - org.apache.flume.sink.LoggerSink.proce
ss(LoggerSink.java:95)] Event: { headers:{} body: 69 20 6C 6F 75 76 65                       i louve }
```

图 12-5　监听的数据情况

(7) 配置文件解析。配置文件的具体解析如图 12-6 所示。

```
# Name the components on this agent                          a1:表示Agent的名称
a1.sources = r1        r1:表示a1的Source的名称
a1.sinks = k1          k1:表示a1的Sink的名称
a1.channels = c1       c1:表示a1的Channel的名称

# Describe/configure the source
a1.sources.r1.type = netcat          表示a1的输入源类型为 Netcat 端口类型
a1.sources.r1.bind = localhost       表示a1的监听主机
a1.sources.r1.port = 44444           表示a1的监听端口号

# Describe the sink
a1.sinks.k1.type = logger            表示a1的输出目的地是控制台logger类型

# Use a channel which buffers events in memory
a1.channels.c1.type = memory                      表示a1的 Channel 类型是Memory内存型
a1.channels.c1.capacity = 1000                    表示a1的 Channel 总容量1000个Event
a1.channels.c1.transactionCapacity = 100          表示a1的 Channel 传输时收集到了100条 Event 以后再去提交事务

# Bind the source and sink to the channel
a1.sources.r1.channels = c1          表示将r1和c1连接起来
a1.sinks.k1.channel = c1             表示将k1和c1连接起来
```

图 12-6 配置文件解析

项目十三　搭建 Kafka 分布式集群

13.1　Kafka 概 述

13.1.1　Kafka 的定义

Kafka 概述

Kafka 是由 LinkedIn 网站开发的一个分布式消息系统，使用 Scala 语言编写，它以可水平扩展和高吞吐率的特点被广泛使用。目前，越来越多的开源分布式处理系统(如 Spark、Flink)都支持与 Kafka 集成。例如，Flume 将采集的数据通过接口传输到 Kafka 集群(多台 Kafka 服务器组成的集群称为 Kafka 集群)，然后 Flink 或者 Spark 调用接口，直接从 Kafka 实时读取数据并进行统计分析。图 13-1 为 Apache Kafka 图标。

图 13-1　Apache Kafka 图标

13.1.2　Kafka 的设计目标

Kafka 的设计目标主要有以下 4 点：

(1) 以时间复杂度为 O(1)的方式提供消息持久化能力，即使对 TB 级以上的数据也能保证常数时间的访问性能。持久化是将程序数据在持久状态和瞬时状态间转换的机制。通俗地讲，就是瞬时数据(例如，内存中的数据是不能永久保存的)持久化为持久数据(例如，持久化至磁盘中的数据能够长久保存)。

(2) 高吞吐率。即使在廉价的商用机器上，也能支持单机每秒 10 万条消息的传输速度。

(3) 支持 Kafka Server 间的消息分区以及分布式消费消息，同时保证每个 Partition(分区)内的消息按顺序传输。

(4) 支持离线数据处理和实时数据处理。

13.1.3 Kafka 的特点

Kafka 的特点如下：

(1) 高吞吐量、低延迟。Kafka 每秒可以处理几十万条消息，它最低的延迟时间只有几毫秒。

(2) 可扩展性。Kafka 集群同 Hadoop 集群一样，支持横向扩展。

(3) 持久性、可靠性。Kafka 消息可以被持久化到本地磁盘，并且支持 Partition 数据备份，防止数据丢失。

(4) 容错性。允许 Kafka 集群中的节点失败，如果 Partition(分区)副本数量为 n，则最多允许 $n-1$ 个节点失败。

(5) 高并发。单节点支持上千个客户端同时读写，每秒有上百兆字节的吞吐量，基本达到了网卡的极限。

13.2 Kafka 的构架设计

Kafka 的整体构架如图 13-2 所示。

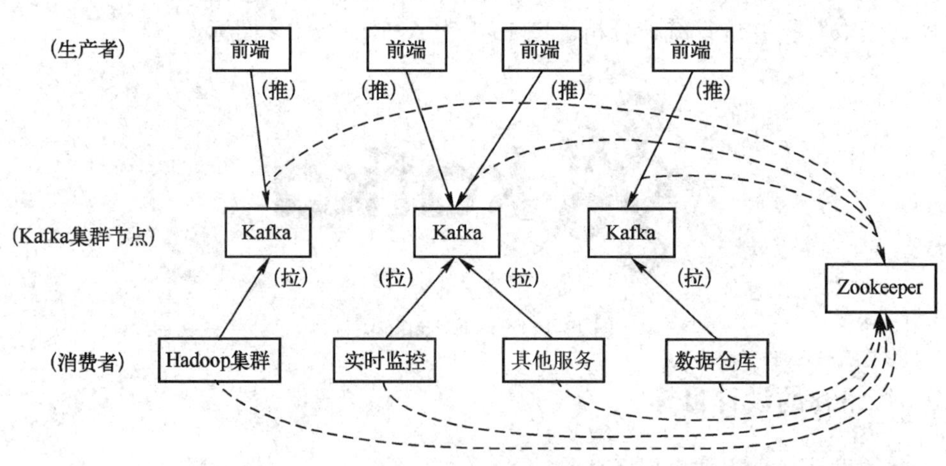

图 13-2 Kafka 的整体构架

一个典型的 Kafka 集群包括若干生产者(Producer)、若干 Kafka 集群节点(Broker)、若干消费者(Consumer)以及一个 Zookeeper 集群。Kafka 通过 Zookeeper 管理集群的配置，选举 Leader 并在消费者发生变化时进行负载均衡。生产者使用推(Push)模式将消息发布到集群节点，而消费者使用拉(Pull)模式从集群节点中订阅并消费消息。

13.2.1　主题和分区

Kafka 集群中的主题(Topic)和分区(Partition)结构示意图如图 13-3 所示。

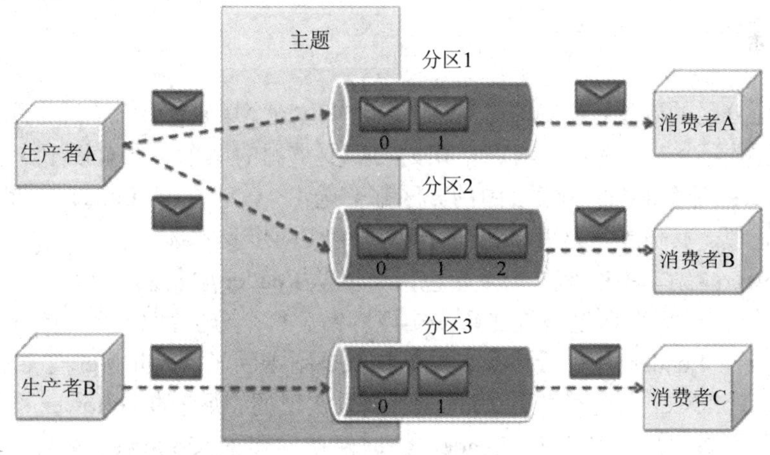

图 13-3　主题和分区结构示意图

主题和分区的具体含义如下：

(1) 主题是生产者发布到 Kafka 集群的每条信息所属的类别，即 Kafka 是面向主题的，一个主题可以分布在多个节点上。

(2) 分区是 Kafka 集群横向扩展和一切并行化的基础，每个主题可以被切分为一个或多个分区。一个分区对应一个集群节点，每个分区的内部消息是强有序的。消费者在分区中的编号是 Offset(偏移量)，每个分区中的编号都是独立的。

13.2.2　消费者和消费者组

Kafka 集群中的消费者(Consumer)和消费者组(Consumer Group)结构示意图如图 13-4 所示。

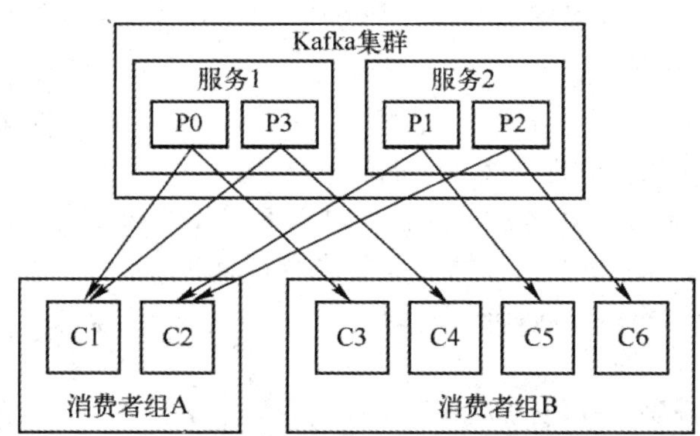

图 13-4　消费者和消费者组结构示意图

消费者和消费者组的具体含义如下：

(1) 从 Kafka 集群中消费信息的终端或服务的数据消费者，消费者自己维护消费数据的 Offset，而 Offset 保存在 Zookeeper 中(Kafka0.0 版本以后，Offset 存储在 Kafka 集群中)，这就保证了它的高可用性。

(2) 每个消费者都有与其相对应的消费者组，同一个消费者组中，每个消费者消费不同的分区，消费者组之间相互不干扰，独立消费 Kafka 集群中的消息。

13.2.3 副本

Replica 是分区的副本，Kafka 支持以分区为单位对 Message(消息)进行冗余备份，每个分区都可以配置至少 1 个副本。与副本相关的需要掌握的概念主要有以下 3 个：

(1) Leader：每个 Replica 集合中的分区都会选出一个唯一的 Leader，所有的读写请求都由 Leader 处理，其他副本从 Leader 处把数据更新同步到本地。

(2) Follower：副本中的另外一个角色，可以从 Leader 中复制数据。

(3) ISR：Kafka 集群通过数据冗余来实现容错。每个分区都会有一个 Leader 以及零个或多个 Follower，Leader 加上 Follower 的总和就是副本因子。Follower 与 Leader 之间的数据同步是通过 Follower 主动拉取 Leader 的消息来实现的。所有的 Follower 不可能与 Leader 中的数据一直保持同步，那么与 Leader 数据保持同步的 Follower 被称为 ISR(In Sync Replica)。Zookeeper 维护着每个分区的 Leader 信息和 ISR 信息。

13.3 Kafka 分布式集群的安装与配置

1. 下载并解压 Kafka

下载并解压 Kafka

在官网(https://kafka.apache.org/downloads)下载 Kafka 安装包 kafka_2.12-2.8.1.tgz，然后上传至 hadoop1 节点的/home/hadoop/app 目录下并解压，命令如下：

```
[hadoop@hadoop1 app]$ tar -zxvf    kafka_2.12-2.8.1.tgz
[hadoop@hadoop1 app]$ ln -s kafka_2.12-2.8.1 kafka
```

2. 修改 Kafka 配置文件

修改 Kafka 配置文件

从 Kafka 的架构中可以看出，它包含生产者、消费者、Zookeeper 和节点 4 个角色，接下来修改这 4 个相关的配置文件。

(1) 修改 zookeeper.properties 配置文件。进入 Kafka 的 config 目录下，修改 zookeeper. properties 配置文件，具体内容和命令如下：

```
[hadoop@hadoop1 config]$ vi zookeeper.properties
# 指定 Zookeeper 数据目录
dataDir=/home/hadoop/data/zookeeper/zkdata
# 指定 Zookeeper 端口号
clientPort=2181
```

(2) 修改 consumer.properties 配置文件。进入 Kafka 的 config 目录下，修改 consumer. properties 配置文件，具体内容和命令如下：

```
[hadoop@hadoop1 config]$ vi consumer.properties
# 配置 Kafka 集群地址
bootstrap.servers=hadoop1:9092,hadoop2:9092,hadoop3:9092
```

(3) 修改 producer.properties 配置文件。进入 Kafka 的 config 目录中，修改 producer.properties 配置文件，命令如下：

```
[hadoop@hadoop1 config]$ vi producer.properties
# 配置 Kafka 集群地址
bootstrap.servers=hadoop1:9092,hadoop2:9092,hadoop3:9092
```

(4) 修改 server.properties 配置文件。进入 Kafka 的 config 目录下，修改 server. properties 配置文件，命令如下：

```
[hadoop@hadoop1 config]$ vi server.properties
# 指定 Zookeeper 集群
zookeeper.connect=hadoop1:2181,hadoop2:2181,hadoop3:2181
```

3. 将 Kafka 安装目录分发到集群其他节点

将 hadoop1 节点中配置好的 Kafka 安装目录分发给 hadoop2 和 hadoop3 节点，有以下两种方法。

Kafka 安装目录分发到集群其他节点

方法 1：使用远程拷贝命令复制文件目录到相应节点。其命令如下：

```
[hadoop@hadoop1 app]$ scp -r kafka_2.12-2.8.1
hadoop@hadoop2:/home/hadoop/app/
[hadoop@hadoop1 app]$ scp -r kafka_2.12-2.8.1
hadoop@hadoop3:/home/hadoop/app/
```

方法 2：使用同步脚本将目录同步到相应节点。其命令如下：

```
[hadoop@hadoop1 app]$ deploy.sh kafka_2.12-2.8.1 /home/hadoop/app slave
```

然后创建软连接，命令如下：

```
[hadoop@hadoop2 app]$ ln -s kafka_2.12-2.8.1 kafka
[hadoop@hadoop3 app]$ ln -s kafka_2.12-2.8.1 kafka
```

4. 修改 Server 编号

登录 hadoop1、hadoop2 和 hadoop3 节点，分别进入 Kafka 的 config 目录下，修改 server.properties 配置文件中的 broker.id，命令如下：

```
[hadoop@hadoop1 config]$ vi server.properties
# 标识 hadoop1 节点
broker.id=1
[hadoop@hadoop2 config]$ vi server.properties
# 标识 hadoop2 节点
broker.id=2
[hadoop@hadoop3 config]$ vi server.properties
# 标识 hadoop3 节点
broker.id=3
```

修改 Server 编号

5. 启动 Kafka 集群

Zookeeper 集群管理 Kafka Broker 集群，同时 Kafka 将元数据信息保存在 Zookeeper 集群中，说明 Kafka 集群依赖 Zookeeper 集群提供协调服务，所以需要先启动 Zookeeper 集群，然后再启动 Kafka 集群。

启动 Kafka 集群

(1) 启动 Zookeeper 集群，有以下两种方法。

方法 1：在集群各个节点中进入 Zookeeper 安装目录并启动 Zookeeper 集群。其命令如下：

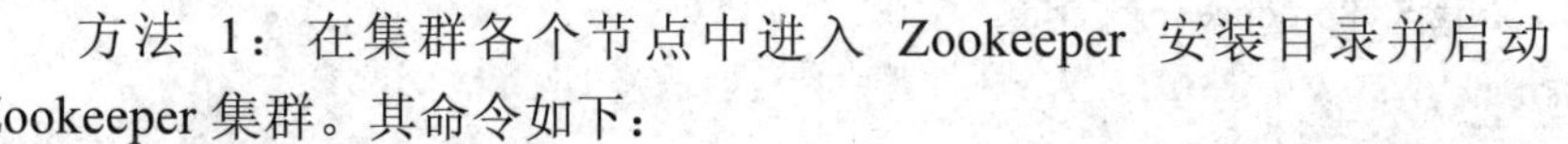

```
[hadoop@hadoop1 zookeeper]$ bin/zkServer.sh start
[hadoop@hadoop2 zookeeper]$ bin/zkServer.sh start
[hadoop@hadoop3 zookeeper]$ bin/zkServer.sh start
```

方法 2：使用远程执行脚本启动 Zookeeper 集群。其命令如下：

```
[hadoop@hadoop1 ~]$ runRemoteCmd.sh '/home/hadoop/app/zookeeper/bin/zkServer.sh start' all
```

(2) 启动 Kafka 集群。在集群各个节点中进入 Kafka 安装目录，使用如下命令启动 Kafka 集群：

```
[hadoop@hadoop1 zookeeper]$ bin/kafka-server-start.sh -daemon config/server.properties
[hadoop@hadoop2 zookeeper]$ bin/kafka-server-start.sh -daemon config/server.properties
[hadoop@hadoop3 zookeeper]$ bin/kafka-server-start.sh -daemon config/server.properties
```

在集群各个节点中，如果使用 jps 命令能查看到 Kafka 进程，则说明 Kafka 集群服务启动完成。

6. 测试 Kafka 集群

Kafka 自带有多种 Shell 脚本供用户使用，包含生产消息、消费消息和 Topic 管理等功能。接下来利用 Kafka Shell 脚本测试 Kafka 集群，步骤如下：

Kafka 集群测试

(1) 创建 Topic。使用 Kafka 的 bin 目录下的 kafka-topics.sh 脚本，通过 create 命令创建名为 test 的 Topic，命令如下：

```
[hadoop@hadoop1 kafka]$ bin/kafka-topics.sh --zookeeper localhost:2181 --create --topic test --replication-factor 3 --partitions 3
```

上述命令中，--zookeeper 指定 Zookeeper 集群；--create 创建 Topic 命令；--topic 指定 Topic 名称；--replication-factor 指定副本数量；--partitions 指定分区个数。

(2) 查看 Topic 列表。通过 list 命令可以查看 Kafka 的 Topic 列表，命令如下：

```
[hadoop@hadoop1 kafka]$ bin/kafka-topics.sh --zookeeper localhost:2181 --list
```

(3) 查看 Topic 详情。通过 describe 命令查看 Topic 的内部结构，命令如下：

```
[hadoop@hadoop1 kafka]$ bin/kafka-topics.sh --zookeeper localhost:2181 --describe --topic test
Topic: test  TopicId: Ooke58YwSp29HO3dxUYSSQ PartitionCount: 3 ReplicationFactor: 3 Configs:
Topic: test  Partition: 0 Leader: 2   Replicas: 2,1,3   Isr: 2,1,3
Topic: test  Partition: 1 Leader: 3   Replicas: 3,2,1   Isr: 3,2,1
Topic: test  Partition: 2 Leader: 1   Replicas: 1,3,2   Isr: 1,3,2
```

从显示的信息中可以看到，test 有 3 个副本和 3 个分区。

(4) 消费者消费 Topic。在 hadoop1 节点上，通过 Kafka 自带的 kafka-console-consumer.sh 脚本，开启消费者消费 Topic test 中的消息，命令如下：

```
[hadoop@hadoop1 kafka]$ bin/kafka-console-consumer.sh --bootstrap-server localhost:9092 --topic test
```

(5) 生产者向 Topic 发送消息。在 hadoop1 节点上，通过 Kafka 自带的 kafka-console-producer.sh 脚本启动生产者，然后向 Topic test 发送 3 条消息，命令如下：

```
[hadoop@hadoop1 kafka]$ bin/kafka-console-producer.sh --broker-list localhost:9092 --topic test
>kafka
>kafka
>kafka
```

查看消费者控制台，如果成功消费了 3 条数据，则说明 Kafka 集群可以正常对消息进行生产和消费。

项目十四　Davinci 的安装与部署

14.1　Davinci 的架构设计

14.1.1　Davinci 的定义

Davinci 是一个 DVaaS(Data Visualization as a Service，数据可视化即服务)平台，面向业务▯员、数据工程师、数据分析师和数据科学家等，致力于提供一站式数据可视化解决方案。Davinci 既可作为公有云和私有云独▯部署使用，也可作为可视化插件集成到第三方系统，用户只需在可视化 UI 上简单配置即可服务多种数据可视化应用，并支持高级交互、行业分析、模式探索和社交智能等可视化功能。

14.1.2　Davinci 的架构设计

Davinci 的整体架构如图 14-1 所示。

Davinci 的架构设计

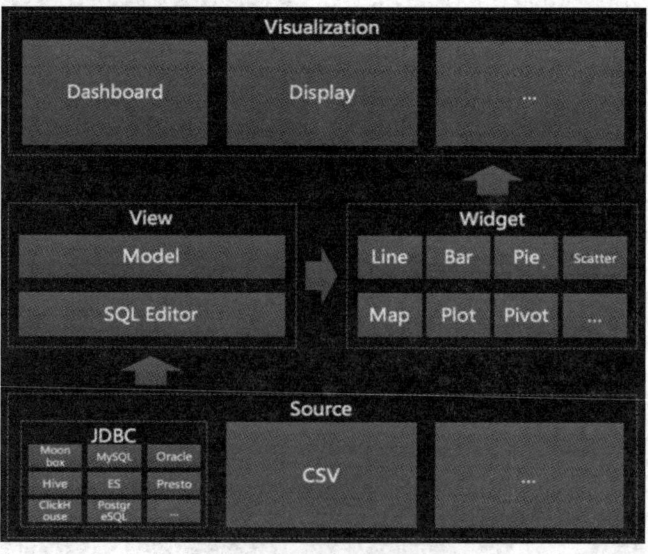

图 14-1　Davinci 整体架构

由图 14-1 可知，Davinci 主要包含 Source、View、Widget 和 Visualization 等 4 个模块，具体介绍如下：

(1) Source 模块用于添加各种外部数据源，如 CSV、MySQL 等。

(2) View 模块用于可视化建模，所有图表上展示的数据都可以通过 SQL 来获取。

(3) Widget 模块由一系列可视化组件组成，可用于对获取的数据进行可视化展示，同一个数据视图可以被多个可视化组件使用，并可用不同的图形展示。

(4) Visualization 模块用于展示业务数据，包含 Dashboard(仪表板)和 Display(大屏)等组件。Dashboard 添加定义完成的各种 Widget 后，可以自由拖拽生成数据仪表盘；Display 支持用户将 Widget 以自定义布局和背景的方式放置到画布中，同时 Display 本身也支持自定义尺寸和背景，在多种搭配之下用户可以打造多样化的可视化应用。

模块的具体使用方法，将在项目十五中结合案例再详细介绍。

14.1.3　Davinci 的应用场景

Davinci 的应用场景主要有以下 3 种。

1. 安全多样且自助交互式报表

一次配置即可实现可视组件的高级过滤、高级控制、联动、钻取、下载和分享等功能，帮助业务人员快速地完成对比、地理分析、分布、趋势以及聚类等分析。自动布局的 Dashboard(仪表板)，适用于大多数通过快速配置即可查看和分享的可视化报表。自由布局的 Display(大屏)，适用于一些特定的、需要添加额外修饰元素的、长时间查看的场景，通常配置这类场景需要一定的时间和精力，如“双 11”大屏。

2. 实时监控运营状态

实时观察运营状态，衔接各个环节，对比检测异常的情况，处理关键环节的问题。透视驱动与图表驱动两种图表配置模式，可满足不同场景的应用需求。

3. 快速集成

通过分享链接、IFRAME(嵌入式框架)或调用开发接口，可方便快捷地集成到第三方系统，并能够支持二次开发与功能拓展，充分适应不同业务人员的个性化需求。业务人员可快速打造属于自己的数据可视化平台。

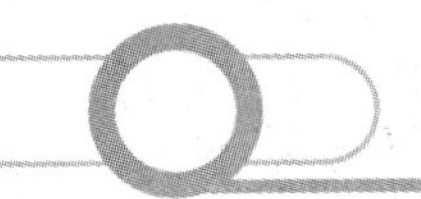

14.2　Davinci 的安装与部署

部署规划

14.2.1　部署规划

在安装 Davinci 之前，先做好规划，具体如表 14-1 所示。

表 14-1　Davinci 部署规划

依赖组件	规　划
JDK1.8 或以上	已经安装好
MySQL5.5 或以上	复用 Hive 的元数据库
Phantomjs	同 Davinci 安装在一个节点，本书选择 phantomjs
Davinci	Hadoop01 节点

14.2.2　准备前置环境

前置环境准备

安装 Phantomjs。Phantomjs 用于看板导出与邮件发送，和 Davinci 安装在同一个节点，具体步骤如下：

(1) 切换至 app 目录，下载 Phantomjs 安装包，命令如下：

```
[hadoop@hadoop1 ~]$ cd app
[hadoop@hadoop1 app]$ wget https://bitbucket.org/ariya/phantomjs/downloads/ phantomjs-2.1.3- Linux-x86_64.tar.bz2
```

(2) 切换至 root 用户，安装 bzip2，命令如下：

```
[hadoop@hadoop1 app]$ su - root
[root@hadoop1 ~]# yum install -y bzip2
```

(3) 切换回 hadoop 用户，进入 app 目录，然后进行解压缩，并创建软连接，命令如下：

```
[root@hadoop1 ~]# su - hadoop
[hadoop@hadoop1 ~]$ cd app
[hadoop@hadoop1 app]$ tar -jxvf phantomjs-2.1.3-Linux-x86_64.tar.bz2
[hadoop@hadoop1 app]$ ln -s phantomjs-2.1.3-Linux-x86_64 phantomjs
```

14.2.3　下载安装包

Davinci 部署

下载 Davinci 安装包，命令如下：

```
[hadoop@hadoop1 app]$ wget https://github.com/edp963/davinci/releases/download/v0.3.0-beta.9/
davinci- assembly_3.0.1-0.3.1-SNAPSHOT-dist-beta.9.zip
```

注意：若无法上网，则可以将安装包上传至 app 目录。

14.2.4　安装与初始化目录

(1) 安装步骤如下：

① 切换至 root 用户，安装 bzip2，命令如下：

```
[hadoop@hadoop1 app]$ su - root
[root@hadoop1 ~]# yum install -y unzip
```

② 切换回 hadoop 用户，进入 app 目录，命令如下：

```
[root@hadoop1 ~]# su - hadoop
[hadoop@hadoop1 ~]$ cd app
```

(2) 初始化目录，具体操作如下：

```
[hadoop@hadoop1 app]$ mkdir davinci
[hadoop@hadoop1 davinci]$ mv ../davinci-assembly_3.0.1-0.3.1-SNAPSHOT-dist-beta.9.zip .
[hadoop@hadoop1 davinci]$ unzip davinci-assembly_3.0.1-0.3.1-SNAPSHOT-dist-beta.9.zip
[hadoop@hadoop1 davinci]$ rm -rf davinci-assembly_3.0.1-0.3.1-SNAPSHOT-dist-beta.9.zip
```

14.2.5　配置环境变量

配置环境变量的步骤如下：

(1) 修改配置，命令如下：

```
[hadoop@hadoop1 davinci]$ vi ~/.bashrc
```

(2) 添加如下内容。

```
export DAVINCI3_HOME=/home/hadoop/app/davinci
export PATH=$DAVINCI3_HOME/bin:$PATH
```

(3) 使环境变量生效，命令如下：

```
[hadoop@hadoop1 davinci]$ source ~/.bashrc
```

14.2.6　初始化数据库

1. 创建数据库及用户

(1) 登录 MySQL，命令如下：

```
[root@hadoop1 ~]# mysql -u root -p
```

(2) 创建数据库，命令如下：

```
mysql> CREATE DATABASE IF NOT EXISTS davinci DEFAULT CHARSET utf8 COLLATE utf8_general_ci;
```

(3) 创建用户，并赋予 Davinci 用户在 hadoop1 节点上所有权限，命令如下：

```
CREATE USER 'davinci' IDENTIFIED BY 'davinci';
grant all on *.* to 'davinci'@'hadoop1' identified by 'davinci';
FLUSH PRIVILEGES;
```

(4) 授予 Davinci 用户所有权限，命令如下：

```
grant all on *.* to 'davinci'@'%' identified by 'davinci';
FLUSH PRIVILEGES;
```

(5) 授予当前节点 root 用户权限，命令如下：

```
grant all on *.* to 'root'@'hadoop1' identified by 'root';
flush privileges;
```

(6) 授予 root 用户远程访问权限，命令如下：

```
GRANT ALL PRIVILEGES ON *.* TO 'root'@'%' IDENTIFIED BY 'root';
flush privileges;
```

(7) 查看 MySQL 用户表，命令如下：

```
select host,user,password from mysql.user;
```

2. 建表

(1) 修改 Davinci 初始化脚本，命令如下：

```
[hadoop@hadoop1 ~]$ cd app/davinci/bin/
[hadoop@hadoop1 bin]$ vi initdb.sh
#!/bin/bash
mysql -P 3306 -h hadoop1 -u root -proot davinci < $DAVINCI3_HOME/bin/davinci.sql
```

(2) 保存并退出，然后增加执行权限，命令如下：

```
[hadoop@hadoop1 bin]$ chmod u+x initdb.sh
```

注意以下 2 种报错方式。

报错 1：

```
[hadoop@hadoop1 bin]$ sh initdb.sh
ERROR 1115 (42000) at line 1: Unknown character set: 'utf8mb4'
```

原因：MySQL 从 5.5 版本开始采用的是 utf8mb4 编码，而目前数据库旧版本还是采用的 utf8。

解决办法：将所有数据库文件编码 utf8mb4 修改成 utf8 即可。

报错 2：

```
[hadoop@hadoop1 bin]$ sh initdb.sh
ERROR 1294 (HY000) at line 143: Invalid ON UPDATE clause for 'create_time' column
```

原因：低版本的 MySQL 不能识别 ON UPDATE CURRENT_TIMESTAMP，所以报错。

解决办法：将“'createTime' datetime DEFAULT NULL ON UPDATE CURRENT_TIMESTAMP”语句中的 ON UPDATE CURRENT_TIMESTAMP 去掉即可。

(3) 执行 initdb.sh，命令如下：

```
[hadoop@hadoop1 bin]$ sh initdb.sh
```

3. 初始化配置

进入 config 目录，将 application.yml.example 重命名为 application.yml，命令如下：

```
[hadoop@hadoop1 davinci]$ cd config/
[hadoop@hadoop1 config]$ ls
application.yml.example    datasource_driver.yml.example    logback.xml
[hadoop@hadoop1 config]$ mv application.yml.example application.yml
```

注意：由于 0.3 版本使用 yml 作为应用配置文件格式，所以要务必确保每个配置项键后的冒号和值之间至少有一个空格。

```
[hadoop@hadoop1 config]$ vi application.yml
```

主要配置如下所示：

```
server:
    protocol: http
    address: hadoop1
    port: 8080
datasource:
        url:
jdbc:mysql://hadoop1:3306/davinci?useUnicode=true&characterEncoding=UTF-8&zeroDateTimeBehavior
=convertToNull&allowMultiQueries=true
        username: davinci
        password: davinci
        driver-class-name: com.mysql.jdbc.Driver
        initial-size: 2
        min-idle: 1
        max-wait: 60000
max-active: 10
mail:
        host: smtp.qq.com
        port: 25
        username: 364150803@qq.com
        fromAddress:
        password: ovaejgpeiylvbghe
nickname: Davinci
screenshot:
    default_browser: PHANTOMJS
    timeout_second: 600
    phantomjs_path: /home/hadoop/app/phantomjs
    chromedriver_path: $your_chromedriver_path$
```

14.2.7 Davinci 服务器的启停与注册

Davinci
服务器的启停

完成服务器的配置后，对服务器进行启动、关闭和注册。

(1) 启动服务器，命令如下：

```
[hadoop@hadoop1 davinci]$ bin/start-server.sh
```

启动后，通过网址 http：//hadoop1:8080/可以访问如图 14-2 所示的界面。

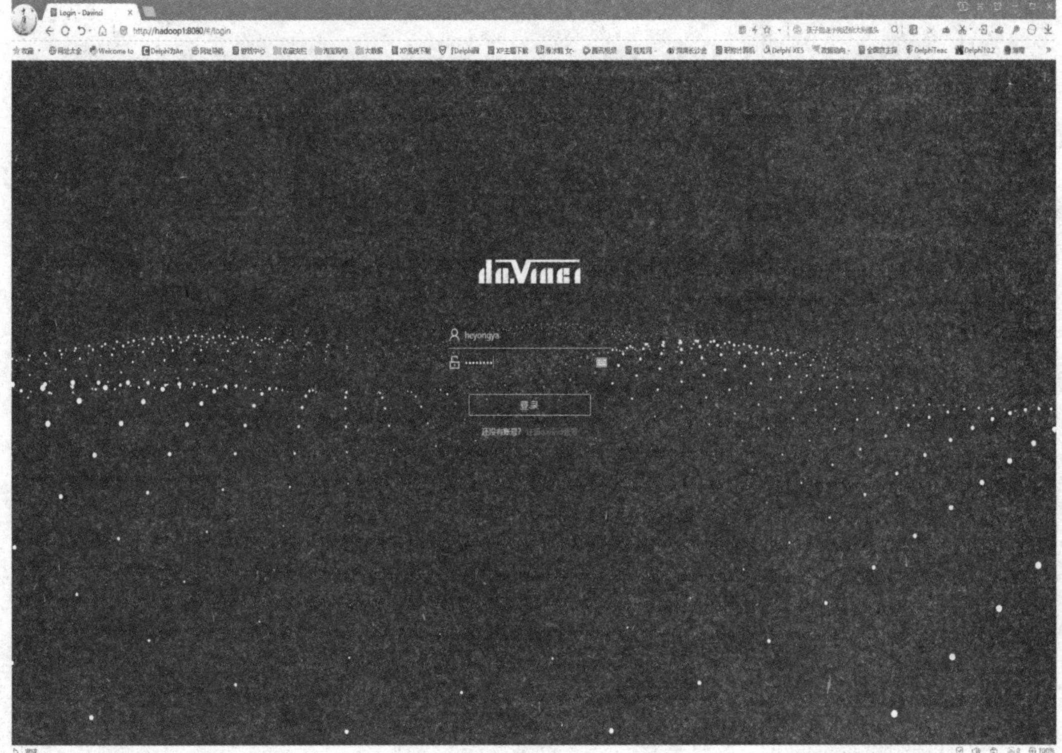

图 14-2　Davinci 登录界面

(2) 关闭服务器，命令如下：

```
[hadoop@hadoop1 davinci]$ bin/stop-server.sh
```

(3) 注册用户登录。

在 Web 界面，点击“注册 Davinci 账号”链接，完成注册。

项目十五　互联网金融项目的离线分析

15.1　需求分析及流程设计

某互联网金融公司提供了大量贷款用户的基本身份信息、银行卡账单和信用卡账单等，需要大数据分析人员基于公司现有的数据，对用户的特征和行为进行分析，进而控制风险、改善运营状况，以及实现服务创新、产品创新和精准营销。

需求分析

(1) 互联网金融项目的需求如下：

① 信用卡持卡用户特征分析。

② 信用卡用户消费行为分析。

③ 信用卡管理行为分析。

(2) 数据流程设计如图 15-1 所示。

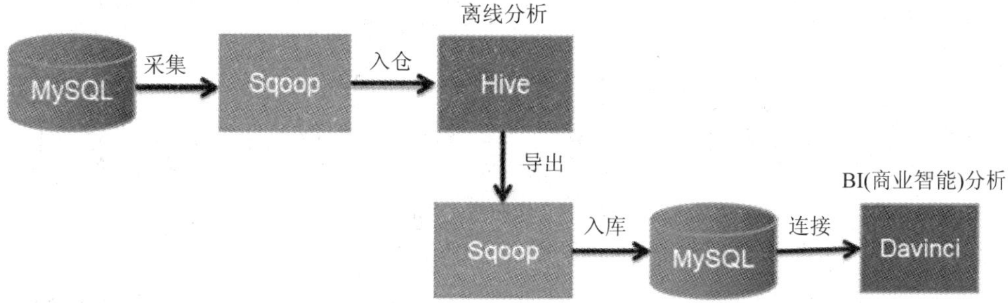

图 15-1　数据流程

15.2 创建文件夹与数据库

1. 创建文件夹

创建/home/hadoop/shell/sql/目录，命令如下：

```
[hadoop@hadoop1 ~]$ cd shell
[hadoop@hadoop1 shell]$ mkdir sql
```

如图 15-2 所示，使用 FileZilla 工具将相应的 sql 文件上传至 sql 目录。

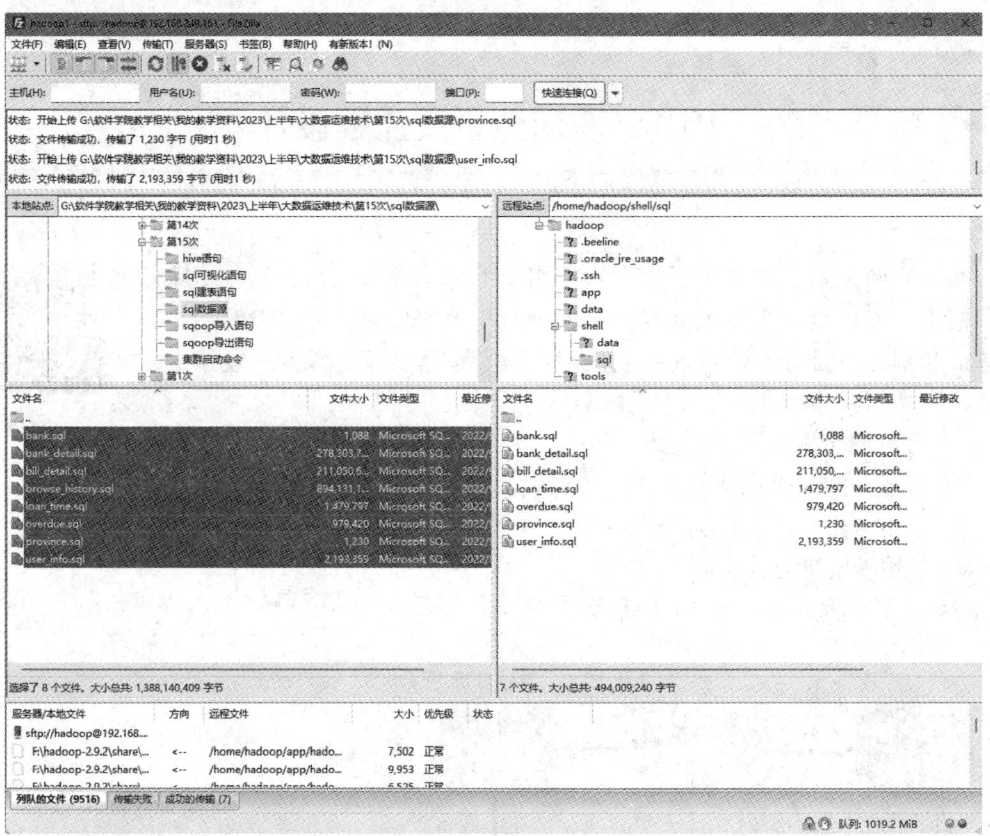

图 15-2　上传相应的 sql 文件

2. 创建数据库

使用 hive 用户登录 MySQL，并创建 finance 数据库，命令如下：

创建数据库以及相应表格

```
[root@hadoop1 ~]# mysql -h hadoop1 -u hive -p
mysql>CREATE DATABASE IF NOT EXISTS finance DEFAULT CHARSET utf8
COLLATE utf8_general_ci;
mysql> use finance;
```

15.3 创建相应表格

1. 创建 user_info 表

用户的基本属性 user_info 表包含 6 个字段，分别为用户 ID、性别、职业、教育程度、婚姻状态和户口类型。其中，性别字段 1 表示男，2 表示女，0 表示性别未知。部分样例数据如下：

6 346,1,2,4,4,2

2 583,2,2,2,2,1

9 530,1,2,4,4,2

在 finance 数据库中，通过 source 命令执行 user_info.sql 文件，创建 user_info 表并导入测试数据集，命令如下：

```
mysql>source /home/hadoop/shell/sql/user_info.sql
```

2. 创建 bank_detail 表

银行流水记录 bank_detail 表包含 5 个字段，分别为用户 ID、时间戳、交易类型、交易金额和工资收入标记。其中，第 2 个字段中 0 表示时间未知；第 3 个字段中 1 表示支出，0 表示收入；第 5 个字段中 1 表示工资收入，0 表示非工资收入。部分样例数据如下：

6 951,5 894 316 387,0,13.756 664,0

6 951,5 894 321 388,1,13.756 664,0

18 418,5 896 951 231,1,11.978 812,0

在 finance 数据库中，通过 source 命令执行 bank_detail.sql 文件，创建 bank_detail 表并导入测试数据集，命令如下：

```
mysql>source /home/hadoop/shell/sql/bank_detail.sql
```

3. 创建 bill_detail 表

信用卡账单记录 bill_detail 表包含 15 个字段，分别为用户 ID、账单时间戳、银行 ID、上期账单金额、上期还款金额、信用卡额度、本期账单余额、本期账单最低还款额、消费笔数、本期账单金额、调整金额、循环利息、可用余额、预借现金额度和还款状态。其中，第 2 个字段中 0 表示时间未知。部分样例数据如下：

3 147,5 906 744 363,6,18.626 118,18.661 937,20.664 418,18.905 766,17.847 133,1,0.000 000,0.000 000,0.000 000,0.000 000,19.971 271,0

22 717,5 934 018 585,3,0.000 000,0.000 000,20.233 635,18.574 069,18.396 785,0,0.000 000,0.000 000,0.000 000,0.000 000,0.000 000,0

22 718,5 934 018 585,4,0.000 000,0.000 000,20.233 635,18.574 069,19.396 785,0,0.000 000,0.000 000,0.000 000,0.000 000,0.000 000,0

在 finance 数据库中，通过 source 命令执行 bill_detail.sql 文件，创建 bill_detail 表并导

入测试数据集，命令如下：

```
mysql>source /home/hadoop/shell/sql/bill_detail.sql
```

4. 创建 loan_time 表

放款时间信息 loan_time 表包含 2 个字段，分别为用户 ID 和放款时间。部分样例数据如下：

1,5 914 855 887

2,5 914 855 887

3,5 914 855 887

在 finance 数据库中，通过 source 命令执行 loan_time.sql 文件，创建 loan_time 表并导入测试数据集，命令如下：

```
mysql>source /home/hadoop/shell/sql/loan_time.sql
```

5. 创建 overdue 表

用户发生逾期行为记录 overdue 表包含 2 个字段，分别为用户 ID 和样本标签。样本标签为 1，表示逾期 30 天以上；样本标签为 0，表示逾期 10 天以内。注意：逾期 10～30 天的用户，并不在此问题考虑的范围内。部分样例数据如下：

1,1

2,0

3,1

在 finance 数据库中，通过 source 命令执行 overdue.sql 文件，创建 overdue 表并导入测试数据集，命令如下：

```
mysql>source /home/hadoop/shell/sql/overdue.sql
```

6. 创建 bank 表

银行数据字典 bank 表包含 2 个字段，分别为银行编号 ID 和银行名称。部分样例数据如下：

1,中信银行

2,兴业银行

3,光大银行

在 finance 数据库中，通过 source 命令执行 bank.sql 文件，创建 bank 表并导入测试数据集，命令如下：

```
mysql>source /home/hadoop/shell/sql/bank.sql
```

7. 创建 province 表

国家省份数据字典 province 表包含 2 个字段，分别为省份编号 ID 和省份名称。部分样例数据如下：

0,河北省

1,山东省

2,辽宁省

在 finance 数据库中，通过 source 命令执行 province.sql 文件，创建 province 表并导入

测试数据集，命令如下：

```
mysql>source /home/hadoop/shell/sql/province.sql
```

15.4 Sqoop 采集 MySQL 中的数据

15.4.1 启动集群相关服务

Sqoop 采集 MySQL 中的数据

(1) 启动 Zookeeper 集群，有以下两种方法。

方法 1：在 3 个节点分别启动 Zookeeper 集群。其命令如下：

```
[hadoop@hadoop1 zookeeper]$ bin/zkServer.sh start
[hadoop@hadoop2 zookeeper]$ bin/zkServer.sh start
[hadoop@hadoop3 zookeeper]$ bin/zkServer.sh start
```

方法 2：使用远程脚本启动 Zookeeper 服务。其命令如下：

```
[hadoop@hadoop1 ~]$ runRemoteCmd.sh '/home/hadoop/app/zookeeper/bin/zkServer.sh start' all
```

(2) 启动 HDFS 集群，命令如下：

```
[hadoop@hadoop1 ~]$ cd app/hadoop
[hadoop@hadoop1 hadoop]$ sbin/start-dfs.sh
```

(3) 启动 YARN 集群，命令如下：

```
[hadoop@hadoop1 hadoop]$ sbin/start-yarn.sh
```

(4) 启动 MySQL 服务，命令如下：

```
[root@hadoop1 ~]# service mysqld start
```

15.4.2 创建 Hive 数据库

进入 Hive 安装目录，命令如下：

```
[hadoop@hadoop1 ~]$ cd /home/hadoop/app/hive
[hadoop@hadoop1 hive]$ bin/hive
hive> create database if not exists finance location "/user/hive/warehouse/finance";
```

15.4.3 MySQL 数据迁移至 Hive

(1) 进入 Sqoop 安装目录，命令如下：

```
[hadoop@hadoop1 ~]$ cd /home/hadoop/app/sqoop
```

(2) user_info 表迁移，命令如下：

```
[hadoop@hadoop1 sqoop]$ bin/sqoop import \
--connect 'jdbc:mysql://hadoop1/finance?useUnicode=true&characterEncoding=utf-8' \
--username hive \
--password hive \
```

```
--table user_info \
--fields-terminated-by ',' \
-m 3 \
--hive-import \
--hive-overwrite \
--hive-table finance.user_info;
```

(3) bank_detail 表迁移，命令如下：

```
[hadoop@hadoop1 sqoop]$ bin/sqoop import \
--connect 'jdbc:mysql://hadoop1/finance?useUnicode=true&characterEncoding=utf-8' \
--username hive \
--password hive \
--table bank_detail \
--fields-terminated-by ',' \
-m 3 \
--hive-import \
--hive-overwrite \
--hive-table finance.bank_detail;
```

(4) bill_detail 表迁移，命令如下：

```
[hadoop@hadoop1 sqoop]$ bin/sqoop import \
--connect 'jdbc:mysql://hadoop1/finance?useUnicode=true&characterEncoding=utf-8' \
--username hive \
--password hive \
--table bill_detail \
--fields-terminated-by ',' \
-m 3 \
--hive-import \
--hive-overwrite \
--hive-table finance.bill_detail;
```

(5) overdue 表迁移，命令如下：

```
[hadoop@hadoop1 sqoop]$ bin/sqoop import \
--connect 'jdbc:mysql://hadoop1/finance?useUnicode=true&characterEncoding=utf-8' \
--username hive \
--password hive \
--table overdue \
--fields-terminated-by ',' \
-m 1 \
--hive-import \
--hive-overwrite \
```

```
--hive-table finance.overdue;
```

(6) bank 表迁移，命令如下：

```
[hadoop@hadoop1 sqoop]$ bin/sqoop import \
--connect 'jdbc:mysql://hadoop1/finance?useUnicode=true&characterEncoding=utf-8' \
--username hive \
--password hive \
--table bank \
--fields-terminated-by ',' \
-m 1 \
--hive-import \
--hive-overwrite \
--hive-table finance.bank;
```

(7) province 表迁移，命令如下：

```
[hadoop@hadoop1 sqoop]$ bin/sqoop import \
--connect 'jdbc:mysql://hadoop1/finance?useUnicode=true&characterEncoding=utf-8' \
--username hive \
--password hive \
--table province \
--fields-terminated-by ',' \
-m 1 \
--hive-import \
--hive-overwrite \
--hive-table finance.province;
```

15.5　对金融项目进行离线分析

15.5.1　信用卡用户特征分析

Hive 对金融项目进行离线分析

(1) 统计出所有持有信用卡的用户并存入 middle_bill_user，具体操作如下：

```
[hadoop@hadoop1 hive]$ bin/hive -e 'create table finance.middle_bill_user as select u.* from (select  uid from finance.bill_detail group by uid) tbd inner join finance.user_info u on tbd.uid=u.uid'
```

(2) 统计 80 后、90 后等不同年龄段持有信用卡的用户量，具体操作如下：

```
[hadoop@hadoop1 hive]$ bin/hive -e "create table finance.period_credit_users
row format delimited fields terminated by ','
```

```
STORED AS TEXTFile
as select mbu.period,count(mbu.uid) as num from (select u.uid,case when u.birthday>='1990' and u.birthday<='1999' then '90 后' when u.birthday>='1980' and u.birthday<='1989' then '80 后' when u.birthday>='1970' and u.birthday<='1979' then '70 后' when u.birthday>='1960' and u.birthday<='1969' then '60 后' when u.birthday>='1950' and u.birthday<='1959' then '50 后' else '其他' end as period from finance.middle_bill_user u) mbu group by mbu.period;"
```

(3) 统计男性和女性持有信用卡的用户量。可以根据 middle_bill_user 表来统计男性和女性持有信用卡的用户量，具体操作如下：

```
[hadoop@hadoop1 hive]$ bin/hive -e "create table finance.sex_credit_users
row format delimited
fields terminated by ','
STORED AS TEXTFile
as select sex,count(uid) as num from  finance.middle_bill_user group by sex;"
```

(4) 统计不同省份持有信用卡的用户量。可以根据 middle_bill_user 表来统计不同省份持有信用卡的用户量，具体操作如下：

```
[hadoop@hadoop1 hive]$ bin/hive -e "create table finance.province_credit_users
row format delimited
fields terminated by ','
STORED AS TEXTFile
as select province,count(uid) as num from finance.middle_bill_user group by province;"
```

(5) 统计不同收入等级持有信用卡的用户量。通过对 bank_detail 和 middle_bill_user 表进行连接操作，统计不同收入等级持有信用卡的用户量，具体操作如下：

```
[hadoop@hadoop1 hive]$ bin/hive -e "create table finance.level_credit_users
row format delimited
fields terminated by ','
STORED AS TEXTFile
as select bds.salarylevel,count(bds.uid) as num from
(select bd.uid,
case when bd.amount>=30 000 then '30 000 元以上'
when bd.amount>=20 000 and bd.amount<30 000 then '20 000～30 000 元'
when bd.amount>=10 000 and bd.amount<20 000 then '10 000～20 000 元'
when bd.amount>=5 000 and bd.amount<10 000 then '5 000～10 000 元'
when bd.amount>=1 000 and bd.amount<5 000 then '1 000～5 000 元'
else '1 000 元以下' end as salarylevel
from
(select b.uid,sum(b.tradeacount) as amount from finance.bank_detail b LEFT JOIN finance.middle_bill_user u on u.uid=b.uid and b.tradetype=0 group by b.uid) bd) bds group by bds.salarylevel;"
```

15.5.2　信用卡用户消费行为分析

(1) 统计持有不同信用卡数的用户量。基于 bill_detail 表统计持有不同信用卡数的用户量，具体操作如下：

```
[hadoop@hadoop1 hive]$ bin/hive -e "create table finance.creditnum_users
row format delimited
fields terminated by ','
STORED AS TEXTFile
as select bdm.banknum,count(bdm.uid) as num from
(select bd.uid,
case when bd.num>=5 then '持卡 5 张及以上'
when bd.num=4 then '持卡 4 张'
when bd.num=3 then '持卡 3 张'
when bd.num=2 then '持卡 2 张'
else '持卡 1 张' end as banknum
from (select uid,count(distinct bankid) as num from finance.bill_detail group by uid) bd) bdm group by
bdm.banknum;"
```

(2) 统计持有不同银行的信用卡的用户量。基于 bill_detail 表统计持有不同银行的信用卡的用户量，具体操作如下：

```
[hadoop@hadoop1 hive]$ bin/hive -e "create table finance.bank_credit_users
row format delimited
fields terminated by ','
STORED AS TEXTFile
as select bd.bankid,count(bd.uid) as usernum from
(select distinct uid, bankid from finance.bill_detail ) bd group by bd.bankid;"
```

(3) 统计消费金额/收入金额不同占比范围的用户量。基于 bank_detail 表统计消费金额/收入金额不同占比范围的用户量，具体操作如下：

```
[hadoop@hadoop1 hive]$ bin/hive -e "create table finance.consume_income_users
row format delimited
fields terminated by ','
STORED AS TEXTFile
as select bdtt.consumeproportion,count(bdtt.uid) as num from
(select bdt.uid,
case when   bdt.proportion>=3.0 then '300%以上'
when bdt.proportion>=2.0 and bdt.proportion<3.0 then '200%～300%'
when bdt.proportion>=1.0 and bdt.proportion<2.0 then '100%～200%'
when bdt.proportion>=0.5 and bdt.proportion<1.0 then '50%～100%'
else '50%以下' end as consumeproportion from
(select bd.uid,max(case when bd.tradetype=1 then bd.amount else 0 end)/max(case when bd.tradetype=0
```

```
then bd.amount else 0 end) as proportion from (select uid,tradetype,sum(tradeacount) as amount from finance.bank_detail group by uid,tradetype) bd group by bd.uid) bdt) bdtt group by bdtt.consumeproportion;"
```

(4) 统计信用卡账单不同总金额范围的用户量。基于 bill_detail 表统计信用卡不同范围账单总金额的用户量，具体操作如下：

```
[hadoop@hadoop1 hive]$ bin/hive -e "create table finance.credit_amount_users
row format delimited
fields terminated by ','
STORED AS TEXTFile
as select bdt.amountlevel,count(bdt.uid) as num from
(select bd.uid,
case when bd.amount>=10 000 then '10 000 元以上'
when bd.amount>=8 000 and bd.amount<10 000 then '8 000～10 000 元'
when bd.amount>=5 000 and bd.amount<8 000 then '5 000～8 000 元'
when bd.amount>=3 000 and bd.amount<5 000 then '3 000～5 000 元'
when bd.amount>=1 000 and bd.amount<3 000 then '1 000～3 000 元'
else '1 000 元以下' end as amountlevel
from (select uid,sum(currentBillAmount) as amount from finance.bill_detail group by uid) bd) bdt group by bdt.amountlevel;"
```

15.5.3 信用卡用户管理行为分析

(1) 统计信用卡不同总额度范围的用户量。基于 bill_detail 表统计信用卡不同总额度范围的用户量，具体操作如下：

```
[hadoop@hadoop1 hive]$ bin/hive -e "create table finance.credit_limit_users
row format delimited
fields terminated by ','
STORED AS TEXTFile
as select bdh.amountlevel,count(bdh.uid) as num from
(select bdt.uid,
case when bdt.amount>=10 000 then '10 000 元以上'
when bdt.amount>=5 000 and bdt.amount<10 000 then '5 000～10 000 元'
when bdt.amount>=1 000 and bdt.amount<5 000 then '1 000～5 000 元'
else '1 000 元以下' end as amountlevel
from (select bd.uid,sum(bd.creditlimit) as amount from finance.bill_detail bd group by uid) bdt) bdh group by bdh.amountlevel;"
```

(2) 统计信用卡用户在不同时间范围内逾期还款的用户量。基于 overdue 表统计信用卡用户在不同时间范围内逾期还款的用户量，具体操作如下：

```
[hadoop@hadoop1 hive]$ bin/hive -e "create table finance.credit_overdue_users
row format delimited
```

```
fields terminated by ','
STORED AS TEXTFile
as select sampleLabel,count(uid) as num from finance.overdue group by sampleLabel;"
```

15.6　创建 MySQL 业务表

1. 创建 period_credit_users 表

在 MySQL 中，创建 period_credit_users 表存储 80 后、90 后等不同年龄段持有信用卡的用户量，具体操作如下：

创建 MySQL 业务表

```
DROP TABLE IF EXISTS 'period_credit_users';
CREATE TABLE 'period_credit_users' (
        'rid' int(11) NOT NULL AUTO_INCREMENT,
        'period' varchar(10) NOT NULL,
        'num' double DEFAULT NULL,
        PRIMARY KEY ('rid')
    ) ENGINE=InnoDB DEFAULT CHARSET=utf8;
```

2. 创建 sex_credit_users 表

在 MySQL 中，创建 sex_credit_users 表存储男性和女性持有信用卡的用户量，具体操作如下：

```
DROP TABLE IF EXISTS 'sex_credit_users';
CREATE TABLE 'sex_credit_users' (
        'rid' int(10) NOT NULL AUTO_INCREMENT,
        'sex' varchar(3)    NOT NULL,
        'num' double DEFAULT NULL,
        PRIMARY KEY ('rid')
    ) ENGINE=InnoDB DEFAULT CHARSET=utf8;
```

3. 创建 province_credit_users 表

在 MySQL 中，创建 province_credit_users 表存储不同省份持有信用卡的用户量，具体操作如下：

```
DROP TABLE IF EXISTS 'province_credit_users';
CREATE TABLE 'province_credit_users' (
        'rid' int(11) NOT NULL AUTO_INCREMENT,
        'province' varchar(10) NOT NULL,
        'num' double DEFAULT NULL,
```

```
    PRIMARY KEY ('rid')
) ENGINE=InnoDB DEFAULT CHARSET=utf8;
```

4. 创建 level_credit_users 表

在 MySQL 中，创建 level_credit_users 表存储不同收入等级持有信用卡的用户量，具体操作如下：

```
DROP TABLE IF EXISTS 'level_credit_users';
CREATE TABLE 'level_credit_users' (
    'rid' int(11) NOT NULL AUTO_INCREMENT,
    'salarylevel' varchar(20) NOT NULL,
    'num' double DEFAULT NULL,
    PRIMARY KEY ('rid')
) ENGINE=InnoDB DEFAULT CHARSET=utf8;
```

5. 创建 creditnum_users 表

在 MySQL 中，创建 creditnum_users 表存储持有不同信用卡数的用户量，具体操作如下：

```
DROP TABLE IF EXISTS 'creditnum_users';
CREATE TABLE 'creditnum_users' (
    'rid' int(11) NOT NULL AUTO_INCREMENT,
    'banknum' varchar(20) NOT NULL,
    'num' double DEFAULT NULL,
    PRIMARY KEY ('rid')
) ENGINE=InnoDB DEFAULT CHARSET=utf8;
```

6. 创建 bank_credit_users 表

在 MySQL 中，创建 bank_credit_users 表存储持有不同银行的信用卡的用户量，具体操作如下：

```
DROP TABLE IF EXISTS 'bank_credit_users';
CREATE TABLE 'bank_credit_users' (
    'rid' int(11) NOT NULL AUTO_INCREMENT,
    'bankid' varchar(10) NOT NULL,
    'num' double DEFAULT NULL,
    PRIMARY KEY ('rid')
) ENGINE=InnoDB DEFAULT CHARSET=utf8;
```

7. 创建 consume_income_users 表

在 MySQL 中，创建 consume_income_users 表存储消费金额/收入金额不同占比范围的用户量，具体操作如下：

```
DROP TABLE IF EXISTS 'consume_income_users';
```

```
CREATE TABLE 'consume_income_users' (
        'rid' int(11) NOT NULL AUTO_INCREMENT,
        'consumeproportion' varchar(10) NOT NULL,
        'num' double DEFAULT NULL,
        PRIMARY KEY ('rid')
    ) ENGINE=InnoDB DEFAULT CHARSET=utf8;
```

8. 创建 credit_amount_users 表

在 MySQL 中，创建 credit_amount_users 表存储信用卡账单不同总金额范围的用户量，具体操作如下：

```
DROP TABLE IF EXISTS 'credit_amount_users';
CREATE TABLE 'credit_amount_users' (
        'rid' int(11) NOT NULL AUTO_INCREMENT,
        'amountlevel' varchar(20) NOT NULL,
        'num' double DEFAULT NULL,
        PRIMARY KEY ('rid')
    ) ENGINE=InnoDB DEFAULT CHARSET=utf8;
```

9. 创建 credit_limit_users 表

在 MySQL 中，创建 credit_limit_users 表存储信用卡不同总额度范围的用户量，具体操作如下：

```
DROP TABLE IF EXISTS 'credit_limit_users';
CREATE TABLE 'credit_limit_users' (
        'rid' int(11) NOT NULL AUTO_INCREMENT,
        'amountlevel' varchar(20) NOT NULL,
        'num' double DEFAULT NULL,
        PRIMARY KEY ('rid')
    ) ENGINE=InnoDB DEFAULT CHARSET=utf8;
```

10. 创建 credit_overdue_users 表

在 MySQL 中，创建 credit_overdue_users 表存储信用卡用户在不同时间范围内逾期还款的用户量，具体操作如下：

```
DROP TABLE IF EXISTS 'credit_overdue_users';
CREATE TABLE 'credit_overdue_users' (
        'rid' int(11) NOT NULL AUTO_INCREMENT,
        'sampleLabel' varchar(3)    NOT NULL,
        'num' double DEFAULT NULL,
        PRIMARY KEY ('rid')
    ) ENGINE=InnoDB DEFAULT CHARSET=utf8;
```

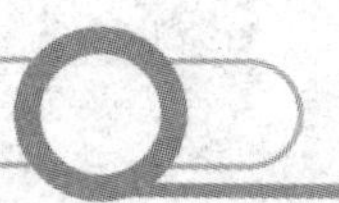

15.7 统计结果导入 MySQL

1. 将统计结果 period_credit_users 表导入 MySQL

使用 Sqoop 中的命令将统计结果 period_credit_users 表导入 MySQL，具体操作如下：

统计结果导入 MySQL

```
[hadoop@hadoop1 ~]$ cd /home/hadoop/app/sqoop
[hadoop@hadoop1 sqoop]$ bin/sqoop export \
--connect 'jdbc:mysql://hadoop1/finance?useUnicode=true&characterEncoding=utf-8' \
--username hive \
--password hive \
--table period_credit_users \
--columns period,num \
--export-dir '/user/hive/warehouse/finance/period_credit_users' \
--fields-terminated-by ',' \
-m 1;
```

2. 将统计结果 sex_credit_users 表导入 MySQL

使用 Sqoop 中的命令将统计结果 sex_credit_users 表导入 MySQL，具体操作如下：

```
[hadoop@hadoop1 sqoop]$ bin/sqoop export \
--connect 'jdbc:mysql://hadoop1/finance?useUnicode=true&characterEncoding=utf-8' \
--username hive \
--password hive \
--table sex_credit_users \
--columns sex,num \
--export-dir '/user/hive/warehouse/finance/sex_credit_users' \
--fields-terminated-by ',' \
-m 1;
```

3. 将统计结果 province_credit_users 表导入 MySQL

使用 Sqoop 中的命令将统计结果 province_credit_users 表导入 MySQL，具体操作如下：

```
[hadoop@hadoop1 sqoop]$ bin/sqoop export \
--connect 'jdbc:mysql://hadoop1/finance?useUnicode=true&characterEncoding=utf-8' \
--username hive \
--password hive \
--table province_credit_users \
--columns province,num \
--export-dir '/user/hive/warehouse/finance/province_credit_users' \
--fields-terminated-by ',' \
```

```
-m 1;
```

4. 将统计结果 level_credit_users 表导入 MySQL

使用 Sqoop 中的命令将统计结果 level_credit_users 表导入 MySQL，具体操作如下：

```
[hadoop@hadoop1 sqoop]$ bin/sqoop export \
--connect 'jdbc:mysql://hadoop1/finance?useUnicode=true&characterEncoding=utf-8' \
--username hive \
--password hive \
--table level_credit_users \
--columns salarylevel,num \
--export-dir '/user/hive/warehouse/finance/level_credit_users' \
--fields-terminated-by ',' \
-m 1;
```

5. 将统计结果 creditnum_users 表导入 MySQL

使用 Sqoop 中的命令将统计结果 creditnum_users 表导入 MySQL，具体操作如下：

```
[hadoop@hadoop1 sqoop]$ bin/sqoop export \
--connect 'jdbc:mysql://hadoop1/finance?useUnicode=true&characterEncoding=utf-8' \
--username hive \
--password hive \
--table creditnum_users \
--columns banknum,num \
--export-dir '/user/hive/warehouse/finance/creditnum_users' \
--fields-terminated-by ',' \
-m 1;
```

6. 将统计结果 bank_credit_users 表导入 MySQL

使用 Sqoop 中的命令将统计结果 bank_credit_users 表导入 MySQL，具体操作如下：

```
[hadoop@hadoop1 sqoop]$ bin/sqoop export \
--connect 'jdbc:mysql://hadoop1/finance?useUnicode=true&characterEncoding=utf-8' \
--username hive \
--password hive \
--table bank_credit_users \
--columns bankid,num \
--export-dir '/user/hive/warehouse/finance/bank_credit_users' \
--fields-terminated-by ',' \
-m 1;
```

7. 将统计结果 consume_income_users 表导入 MySQL

使用 Sqoop 中的命令将统计结果 consume_income_users 表导入 MySQL，具体操作如下：

```
[hadoop@hadoop1 sqoop]$ bin/sqoop export \
```

```
--connect 'jdbc:mysql://hadoop1/finance?useUnicode=true&characterEncoding=utf-8' \
--username hive \
--password hive \
--table consume_income_users \
--columns consumeproportion,num \
--export-dir '/user/hive/warehouse/finance/consume_income_users' \
--fields-terminated-by ',' \
-m 1;
```

8. 将统计结果 credit_amount_users 表导入 MySQL

使用 Sqoop 中的命令将统计结果 credit_amount_users 表导入 MySQL，具体操作如下：

```
[hadoop@hadoop1 sqoop]$ bin/sqoop export \
--connect 'jdbc:mysql://hadoop1/finance?useUnicode=true&characterEncoding=utf-8' \
--username hive \
--password hive \
--table credit_amount_users \
--columns amountlevel,num \
--export-dir '/user/hive/warehouse/finance/credit_amount_users' \
--fields-terminated-by ',' \
-m 1;
```

9. 将统计结果 credit_limit_users 表导入 MySQL

使用 Sqoop 中的命令将统计结果 credit_limit_users 表导入 MySQL，具体操作如下：

```
[hadoop@hadoop1 sqoop]$ bin/sqoop export \
--connect 'jdbc:mysql://hadoop1/finance?useUnicode=true&characterEncoding=utf-8' \
--username hive \
--password hive \
--table credit_limit_users \
--columns amountlevel,num \
--export-dir '/user/hive/warehouse/finance/credit_limit_users' \
--fields-terminated-by ',' \
-m 1;
```

10. 将统计结果 credit_overdue_users 表导入 MySQL

使用 Sqoop 中的命令将统计结果 credit_overdue_users 表导入 MySQL，具体操作如下：

```
[hadoop@hadoop1 sqoop]$ bin/sqoop export \
--connect 'jdbc:mysql://hadoop1/finance?useUnicode=true&characterEncoding=utf-8' \
--username hive \
--password hive \
--table credit_overdue_users \
--columns sampleLabel,num \
```

```
--export-dir '/user/hive/warehouse/finance/credit_overdue_users' \
--fields-terminated-by ',' \
-m 1;
```

15.8　Davinci 数据可视化分析

Davinci 数据可视化分析

15.8.1　启动 Davinci 并创建项目

启动 Davinci 并创建项目的操作步骤如下：

(1) 启动 Davinci，命令如下，登录界面如图 15-3 所示。

```
[hadoop@hadoop1 ~]$ cd app/davinci/
[hadoop@hadoop1 davinci]$ bin/start-server.sh
```

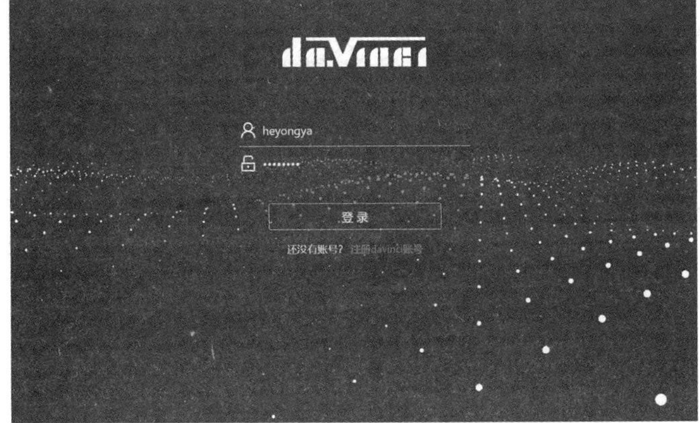

图 15-3　登录 Davinci

(2) 登录后，如图 15-4 所示，创建新的项目，单击“保存”按钮。

图 15-4　创建新的项目

(3) 弹出 15-5 所示的界面，单击左侧导航栏中“Source”进入数据源设置。首先单击右上角的“+”按钮录入数据源的相关信息，然后单击“保存”按钮。

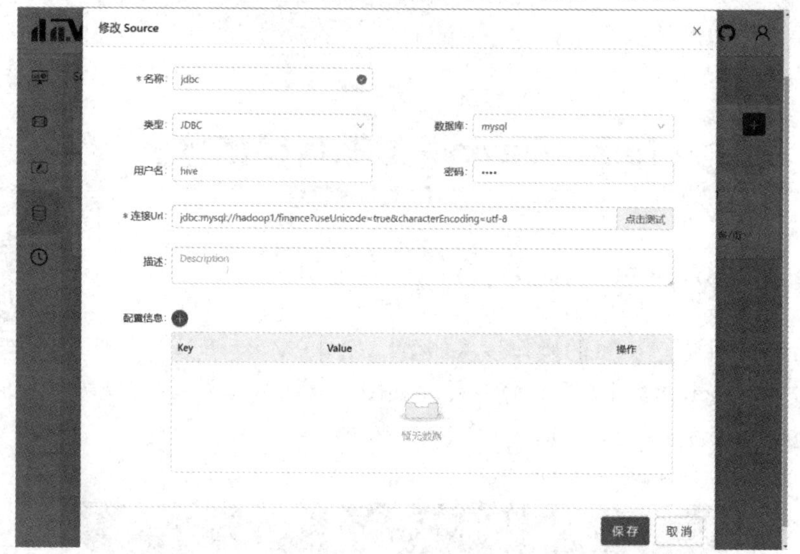

图 15-5 添加数据源

15.8.2 创建不同的视图

创建不同的视图的操作步骤如下：

(1) 在左侧导航栏选择“View”，进入 View 设置界面，单击右上角的“+”按钮，创建如图 15-6 所示的 10 个视图(View)。

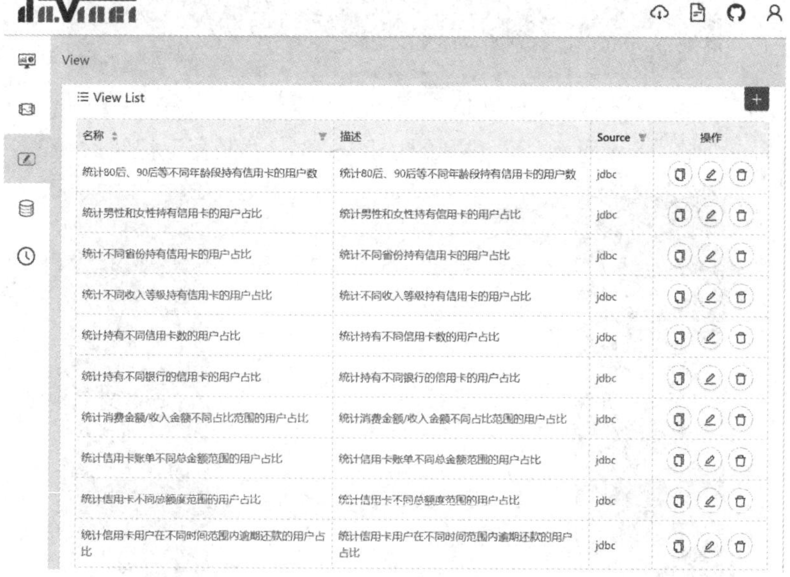

图 15-6 创建视图

(2) 使用如下语句创建统计 80 后、90 后等不同年龄段持有信用卡的用户数的视图，如图 15-7 所示。

```
select period,num from period_credit_users
```

具体操作步骤如下：

① 在图左上角输入 View 的名称、备注和选择数据源 jdbc，在编辑框中输入相应的 SQL 语句，然后单击“执行”按钮获取数据后，单击“下一步”按钮。

② 跳转到编辑数据模型与权限界面，设置相应字段的数据类型及可视化类型，单击“保存”按钮，保存视图。

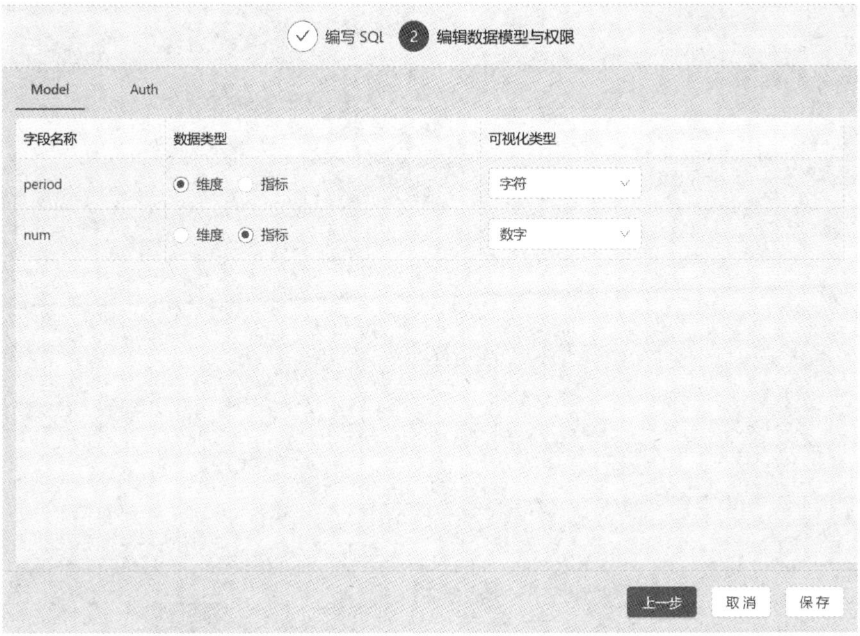

图 15-7　创建统计 80 后、90 后等不同年龄段持有信用卡的用户数的视图

(3) 使用如下语句创建统计男性和女性持有信用卡的用户占比的视图，如图 15-8 所示。(具体步骤参照“创建不同年龄段持有信用卡的用户数的视图”。)

select sex,FORMAT(num/tmp.sum_num,3) as percent from sex_credit_users,(select sum(num) as sum_num from sex_credit_users) as tmp;

① 编写 SQL ② 编辑数据模型与权限

统计男性和女性持有信用卡的用

统计男性和女性持有信用卡的用

jdbc

搜索表/字段名称

bank
bank_credit_users
bank_detail
bill_detail
consume_income_users
credit_amount_users
credit_limit_users
credit_overdue_users
creditnum_users
level_credit_users
loan_time

```
1 select sex,FORMAT(num/tmp.sum_num,3) as
2 percent from sex_credit_users,
3 (select sum(num) as sum_num
4 from sex_credit_users) as tmp;
```

变量 +

暂无变量

sex	percent
0	0.030
1	0.794
2	0.176

< 1 > 100 条/页

展示前 500 条数据 取消 执行 下一步

✓ 编写 SQL ② 编辑数据模型与权限

Model Auth

字段名称	数据类型	可视化类型
sex	◉ 维度 ○ 指标	字符
percent	○ 维度 ◉ 指标	数字

上一步 取消 保存

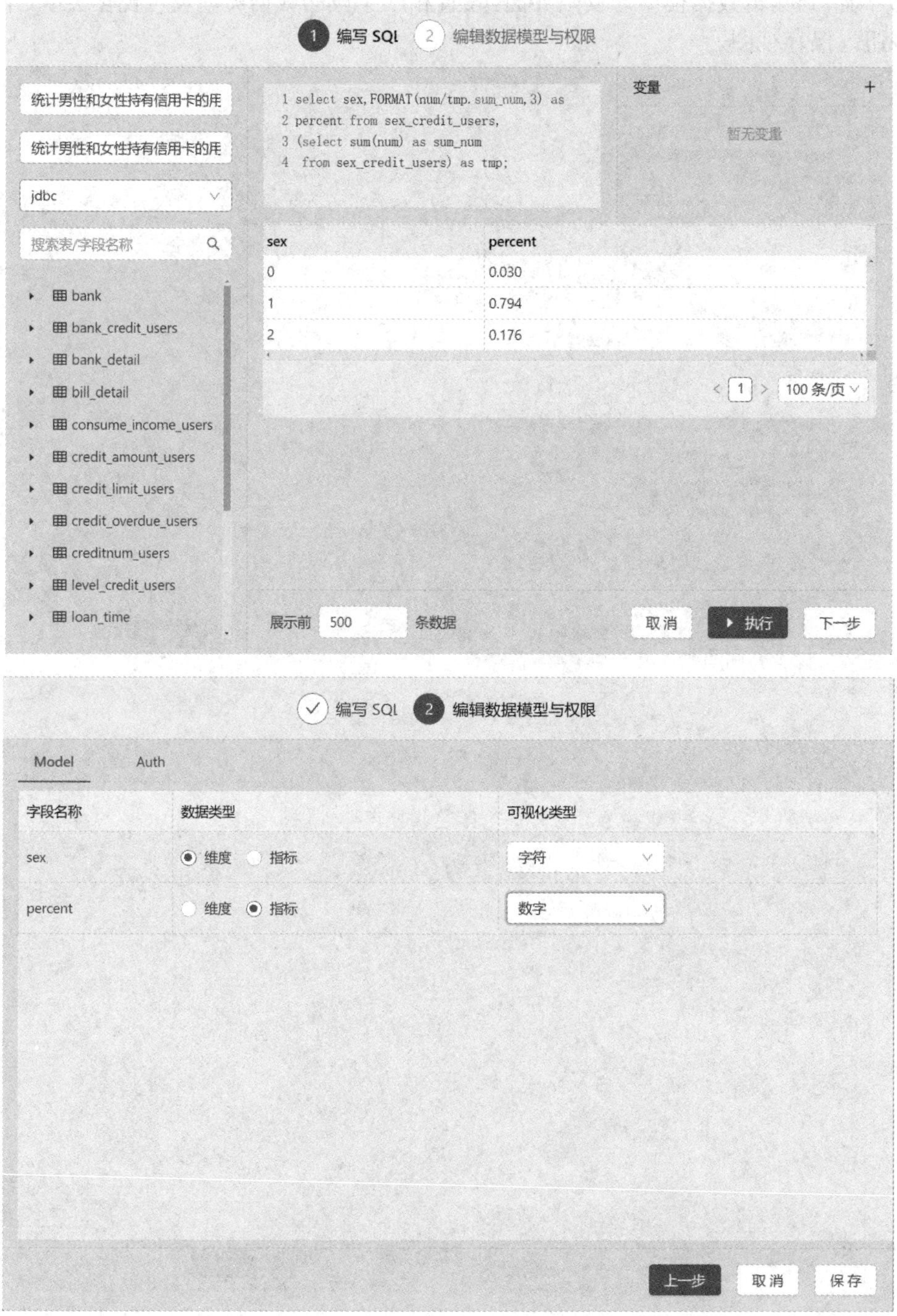

图 15-8　创建统计男性和女性持有信用卡的用户占比的视图

(4) 创建统计不同省份持有信用卡的用户占比的视图，如图 15-9 所示。(具体步骤参照“创建不同年龄段持有信用卡的用户数的视图”)

select name,percent from (select province,FORMAT(num/tmp.sum_num,3) as percent from province_credit_users,(select sum(num) as sum_num from province_credit_users) as tmp) result join province on province=pid;

1 编写 SQL　2 编辑数据模型与权限

统计不同省份持有信用卡的用户

统计不同省份持有信用卡的用户

jdbc

搜索表/字段名称

bank
bank_credit_users
bank_detail
bill_detail
consume_income_users
credit_amount_users
credit_limit_users
credit_overdue_users
creditnum_users
level_credit_users
loan_time

```
select name,percent from (select province,
FORMAT(num/tmp.sum_num,3) as percent from
province_credit_users,(select sum(num) as
 sum_num  from province_credit_users)
 as tmp) result  join province
 on province=pid;
```

变量　+

暂无变量

name	percent
河北省	0.037
山东省	0.036
湖南省	0.038
江西省	0.036
浙江省	0.038
广东省	0.037

< 1 >　100 条/页

展示前 500 条数据　　取消　执行　下一步

编写 SQL　2 编辑数据模型与权限

Model　Auth

字段名称	数据类型	可视化类型
name	◉ 维度　○ 指标	字符
percent	○ 维度　◉ 指标	数字

上一步　取消　保存

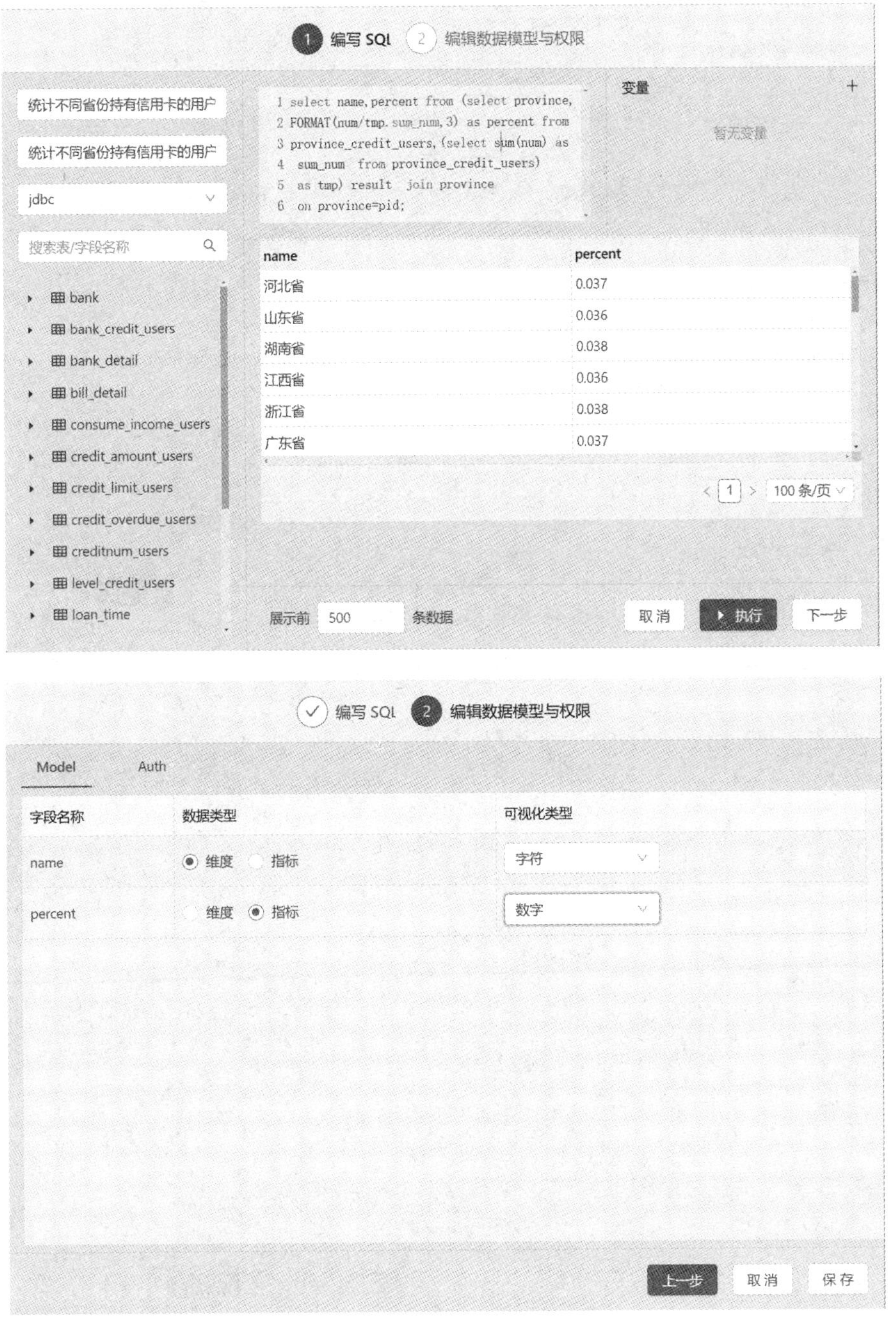

图 15-9　创建统计不同省份持有信用卡的用户占比的视图

(5) 使用如下语句创建统计不同收入等级持有信用卡的用户占比的视图，如图 15-10 所示。(具体步骤参照“创建不同年龄段持有信用卡的用户数的视图”)

select salarylevel,FORMAT(num/tmp.sum_num,3) as percent from level_credit_users, (select sum(num) as sum_num from level_credit_users) as tmp;

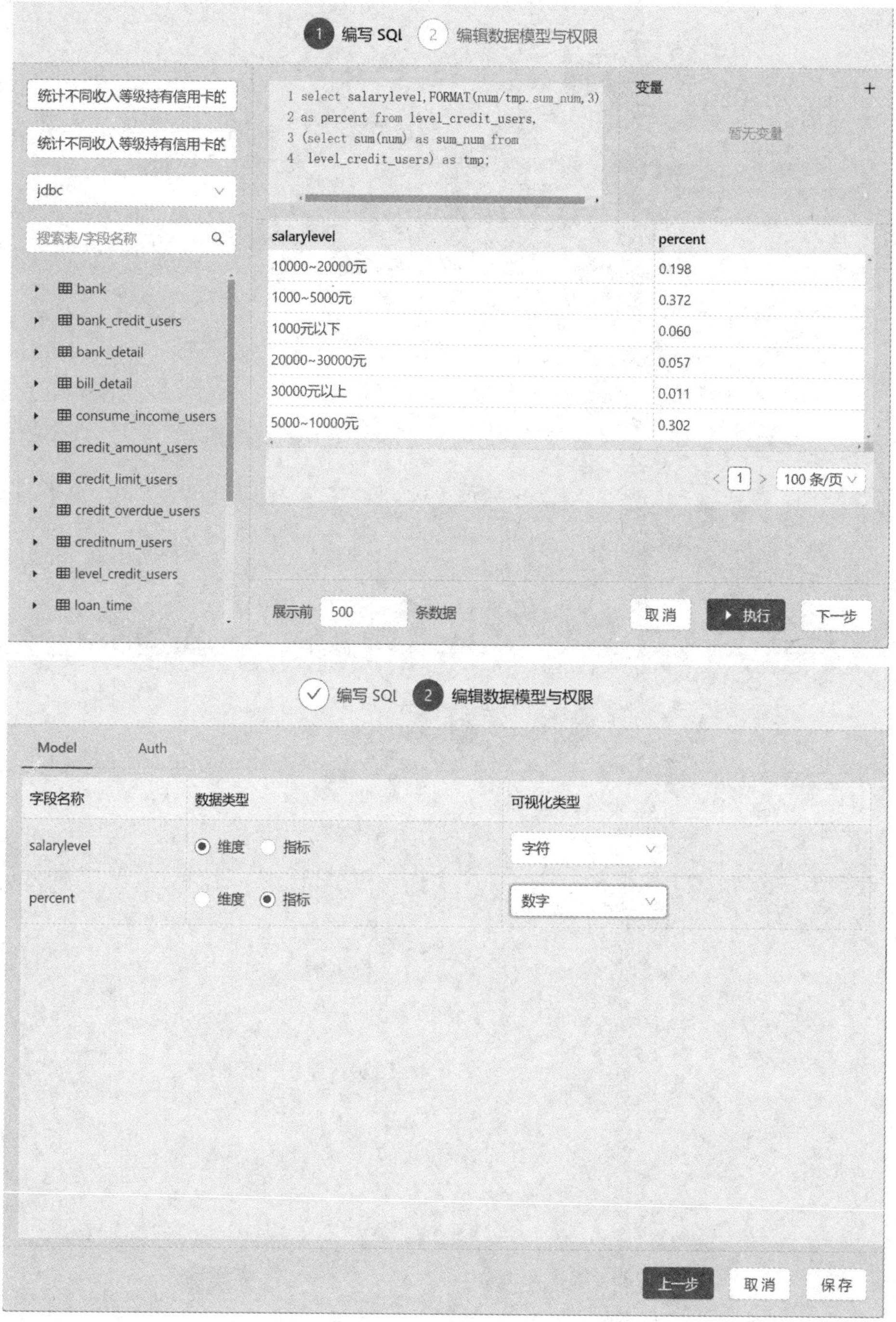

图 15-10 创建统计不同收入等级持有信用卡的用户占比的视图

(6) 使用如下语句创建统计持有不同信用卡数的用户占比的视图，如图 15-11 所示。(具体步骤参照“创建不同年龄段持有信用卡的用户数的视图”)

select banknum,FORMAT(num/tmp.sum_num,3) as percent from creditnum_users,(select sum(num) as sum_num from creditnum_users) as tmp;

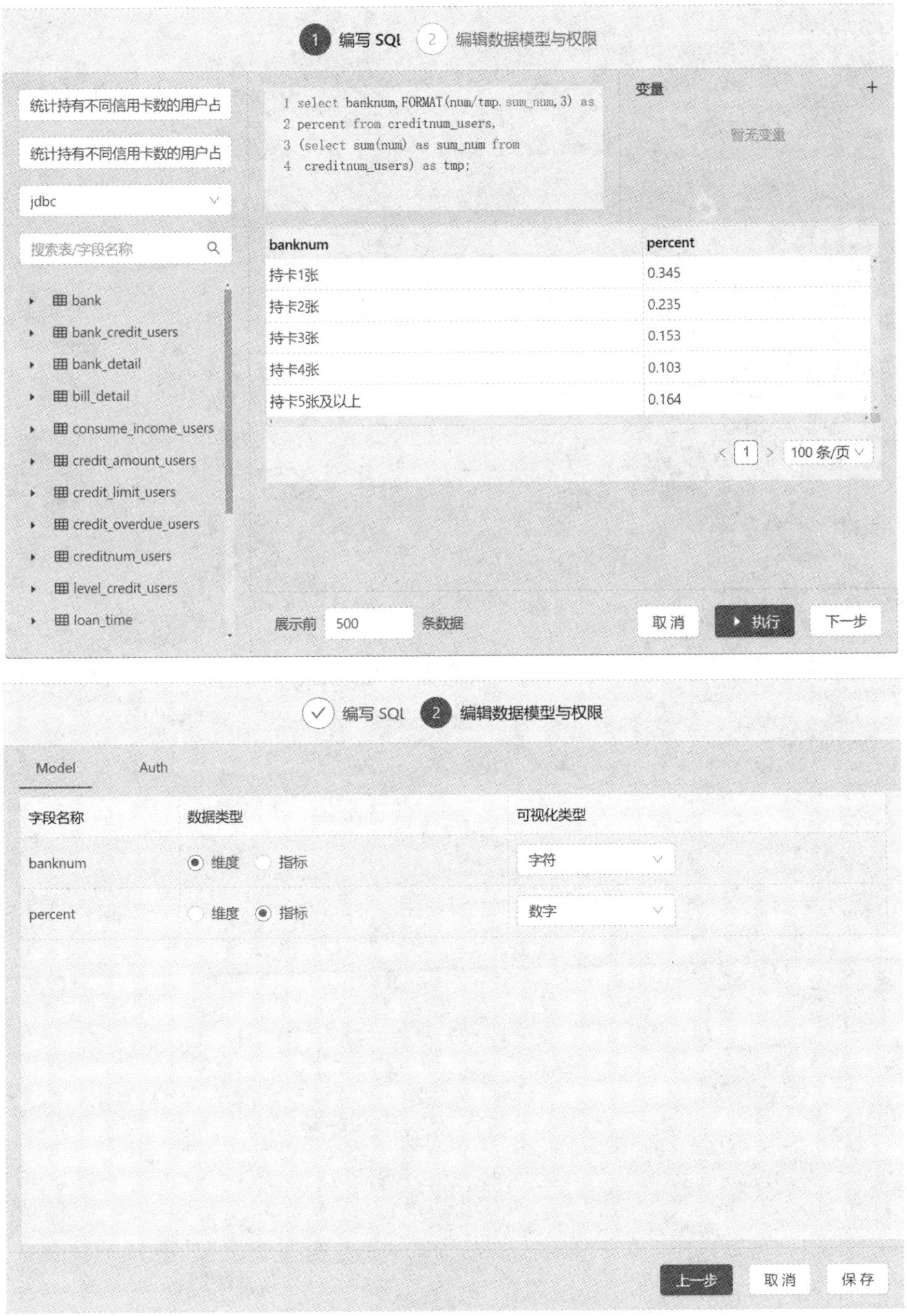

图 15-11　创建统计持有不同信用卡数的用户占比的视图

(7) 使用如下语句创建统计持有不同银行的信用卡的用户占比的视图，如图 15-12 所示。(具体步骤参照“创建不同年龄段持有信用卡的用户数的视图”)

```
select bankname,percent from(select bankid as id, FORMAT(num/tmp.sum_num,3) as percent from bank_credit_users,(select sum(num) as sum_num from bank_credit_users) as tmp) result join bank on id=bankid;
```

图 15-12　创建统计持有不同银行的信用卡的用户占比的视图

(8) 使用如下语句创建统计消费金额/收入金额不同占比范围的用户占比的视图，如图 15-13 所示。(具体步骤参照“创建不同年龄段持有信用卡的用户数的视图”)

select consumeproportion,FORMAT(num/tmp.sum_num,3) as percent from consume_ income_users, (select sum(num) as sum_num from consume_income_users) as tmp;

1 编写 SQL　2 编辑数据模型与权限

统计消费金额/收入金额不同占比

统计消费金额/收入金额不同占比

jdbc

搜索表/字段名称

- bank
- bank_credit_users
- bank_detail
- bill_detail
- consume_income_users
- credit_amount_users
- credit_limit_users
- credit_overdue_users
- creditnum_users
- level_credit_users
- loan_time

```
1 select consumeproportion,
2 FORMAT(num/tmp.sum_num,3) as percent
3 from consume_income_users,
4 (select sum(num) as sum_num
5 from consume_income_users) as tmp;
```

变量　+

暂无变量

consumeproportion	percent
100%~200%	0.377
200%~300%	0.399
300%以上	0.214
50%~100%	0.009
50%以下	0.002

< 1 >　100 条/页

展示前 500 条数据　取消　执行　下一步

编写 SQL　2 编辑数据模型与权限

Model　Auth

字段名称	数据类型	可视化类型
consumeproportion	◉ 维度 ○ 指标	字符
percent	○ 维度 ◉ 指标	数字

上一步　取消　保存

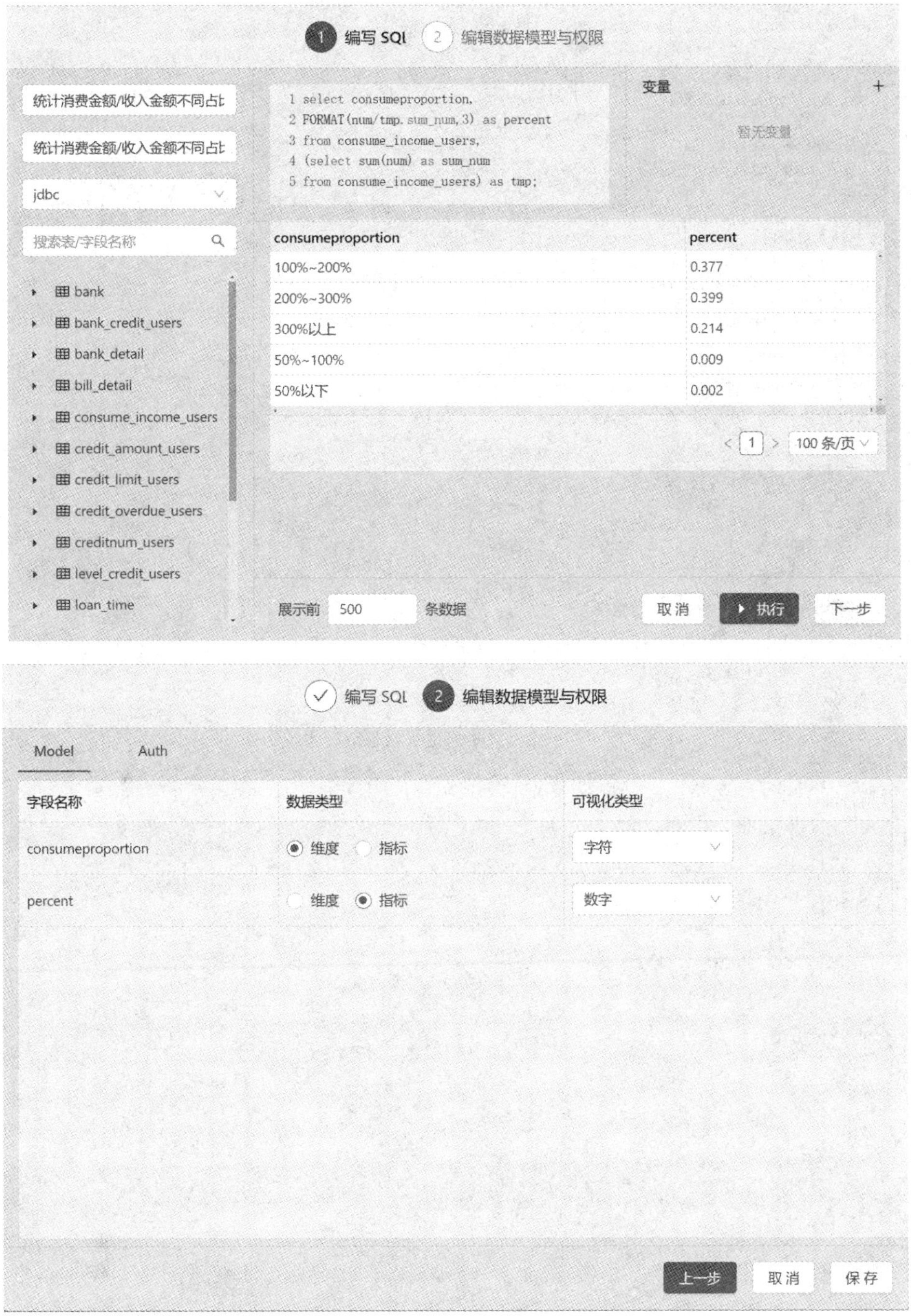

图 15-13　创建统计消费金额/收入金额不同占比范围的用户占比的视图

(9) 使用如下语句创建统计信用卡账单不同总金额范围的用户占比的视图，如图 15-14 所示。(具体步骤参照“创建不同年龄段持有信用卡的用户数的视图”)

select amountlevel,FORMAT(num/tmp.sum_num,3) as percent from credit_amount_users, (select sum(num) as sum_num from credit_amount_users) as tmp;

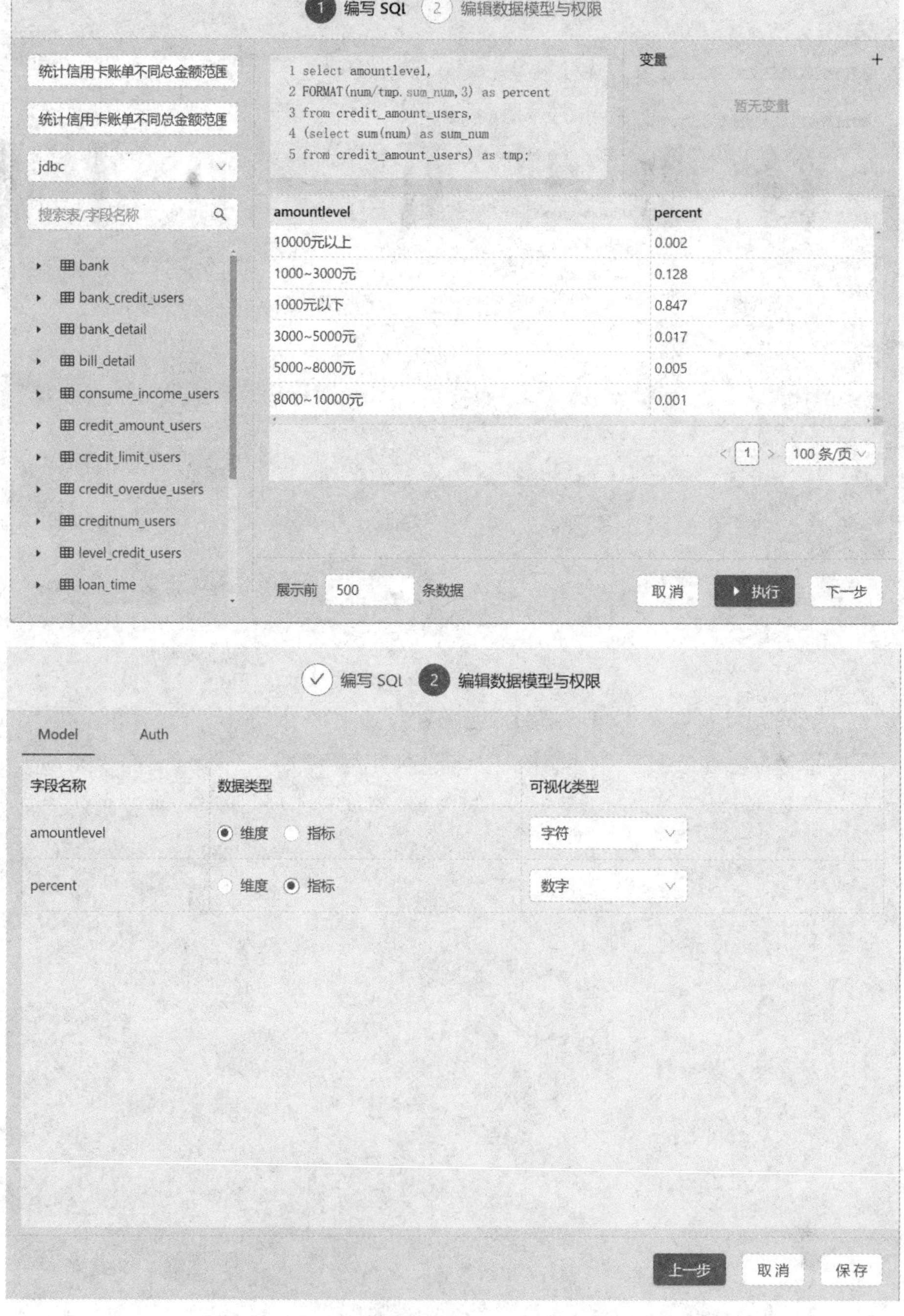

图 15-14 创建统计信用卡账单不同总金额范围的用户占比的视图

(10) 使用如下语句创建统计信用卡不同总额度范围的用户占比的视图，如图 15-15 所示。(具体步骤参照“创建不同年龄段持有信用卡的用户数的视图”)

select amountlevel,FORMAT(num/tmp.sum_num,3) as percent from credit_limit_users, (select sum(num) as sum_num from credit_limit_users) as tmp;

1 编写 SQL　2 编辑数据模型与权限

统计信用卡不同总额度范围的用

统计信用卡不同总额度范围的用

jdbc

搜索表/字段名称

bank
bank_credit_users
bank_detail
bill_detail
consume_income_users
credit_amount_users
credit_limit_users
credit_overdue_users
creditnum_users
level_credit_users
loan_time

```
select amountlevel,
FORMAT(num/tmp.sum_num,3) as percent
from credit_limit_users,
(select sum(num) as sum_num
from credit_limit_users) as tmp;
```

变量　+

暂无变量

amountlevel	percent
10000元以上	0.003
1000~5000元	0.193
1000元以下	0.794
5000~10000元	0.010

< 1 >　100 条/页

展示前 500 条数据　取消　执行　下一步

编写 SQL　2 编辑数据模型与权限

Model　Auth

字段名称	数据类型	可视化类型
amountlevel	◉ 维度 ○ 指标	字符
percent	○ 维度 ◉ 指标	数字

上一步　取消　保存

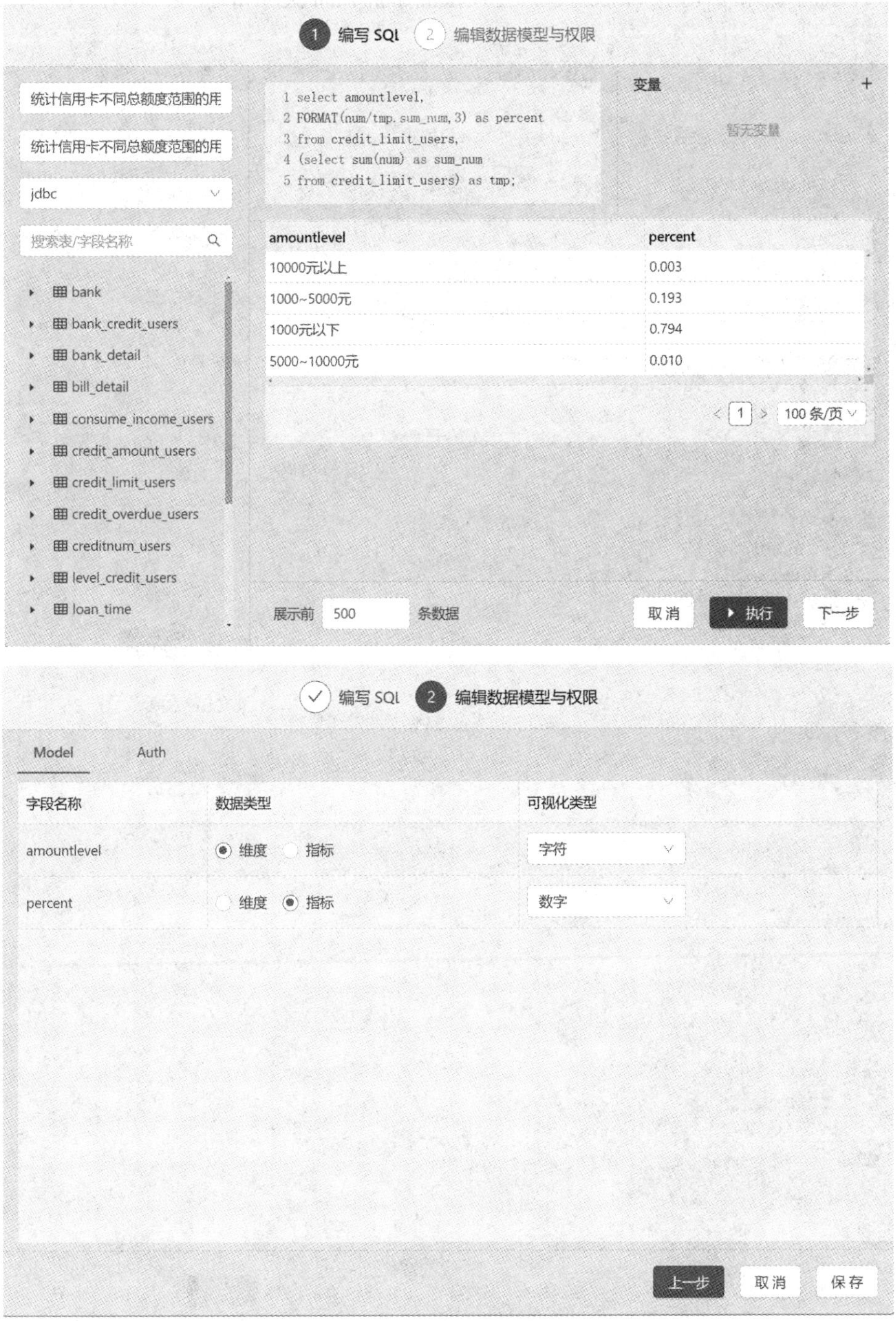

图 15-15　创建统计信用卡不同总额度范围的用户占比的视图

(11) 使用如下语句创建统计信用卡用户在不同时间范围内逾期还款的用户占比的视图，如图 15-16 所示。(具体步骤参照“创建不同年龄段持有信用卡的用户数的视图”)

select case when sampleLabel='0' then '逾期 10 天以内' when sampleLabel='1' then '逾期 30 天以上' else '逾期 1—30 天' end as sampleLabel,percent from (select sampleLabel, FORMAT(num/tmp.sum_num,3) as percent from credit_overdue_users, (select sum(num) as sum_num from credit_overdue_users) as tmp) result;

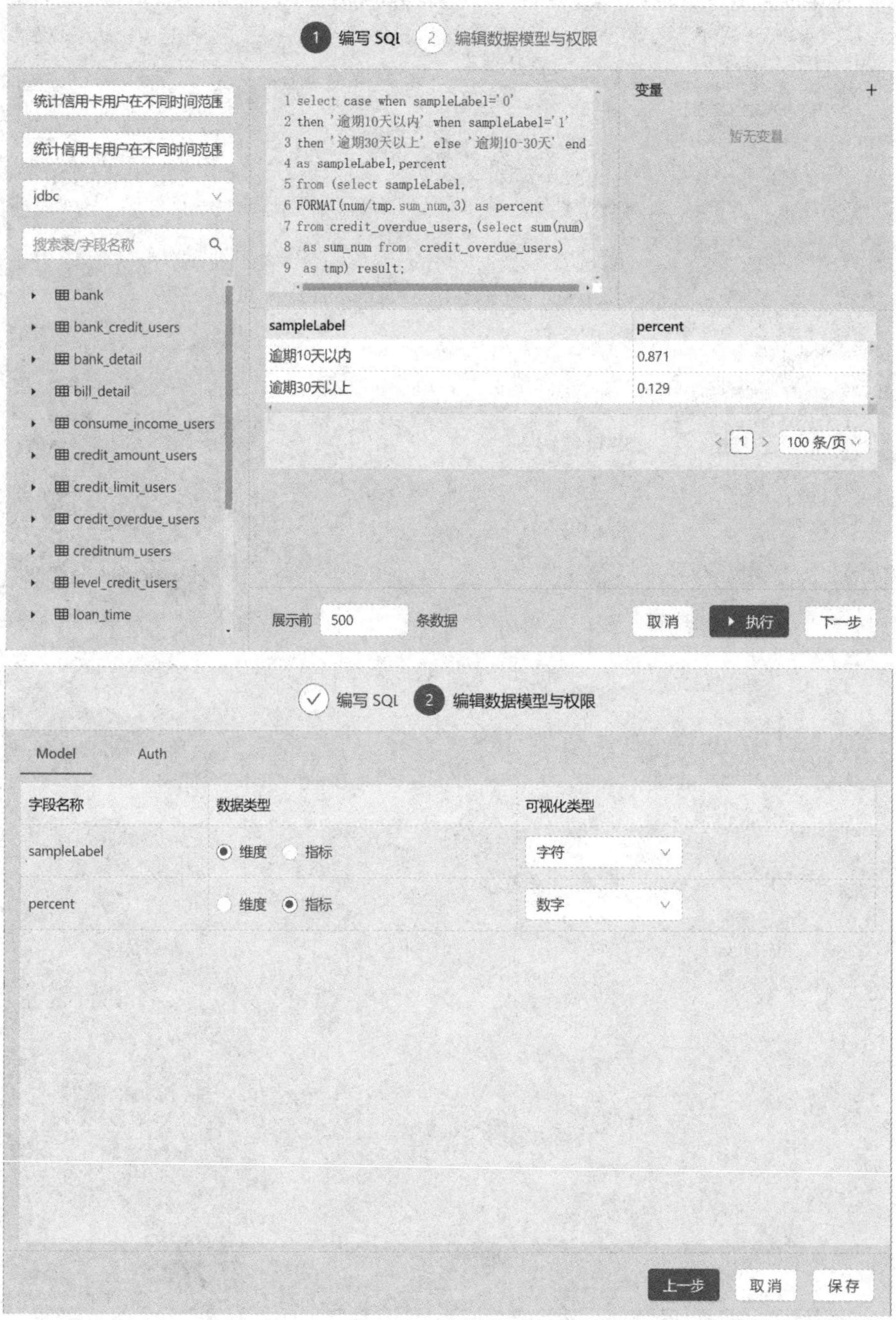

图 15-16　创建统计信用卡用户在不同时间范围内逾期还款的用户占比的视图

15.8.3　创建不同的图表

创建不同的图表的操作步骤如下：

(1) 选择左侧导航栏中“Widget”，单击右上方“+”按钮，创建如图 15-17 所示的 10 个图表。

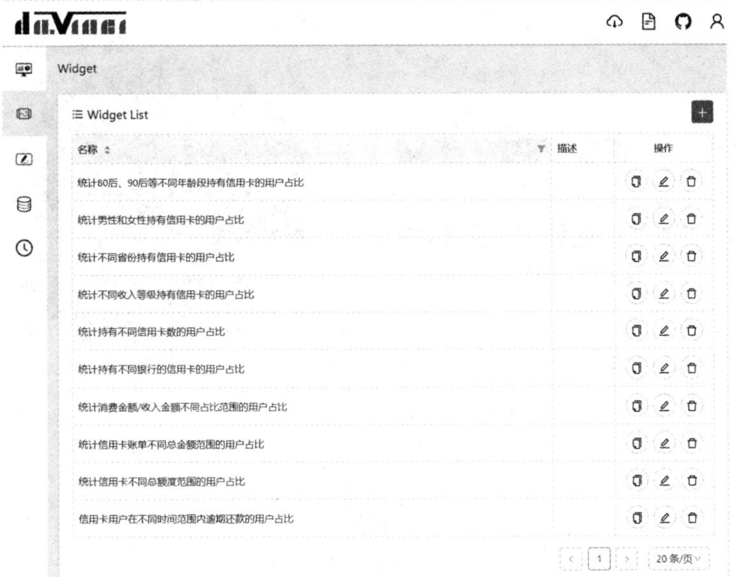

图 15-17　创建图表

(2) 创建统计 80 后、90 后等不同年龄段持有信用卡的用户占比的饼图，如图 15-18 所示。

具体步骤如下：

① 在顶端输入 Widget 的描述，选择相应的 View，并在图表驱动中选择饼状图。

② 将分类型字段拖拽到图表驱动中的维度字段，将数值型字段拖拽到图表维度中的指标字段，然后单击“保存”按钮。

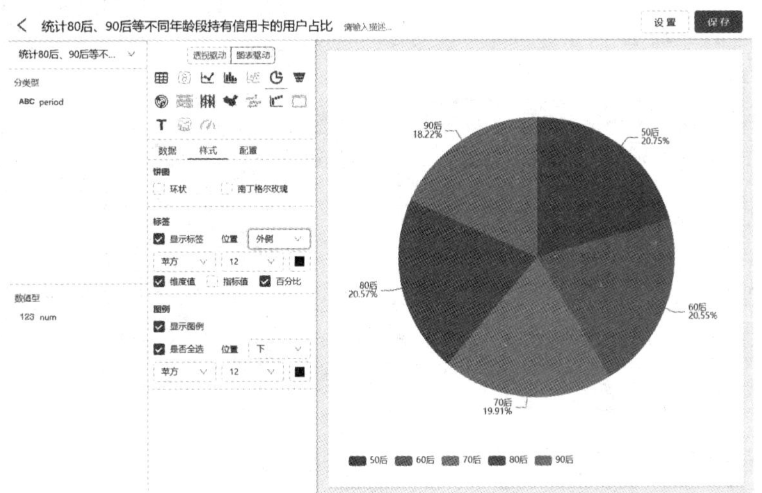

图 15-18　创建统计 80 后、90 后等不同年龄段持有信用卡的用户占的饼图

(3) 同理，创建统计男性和女性持有信用卡的用户占比的饼图，如图 15-19 所示。

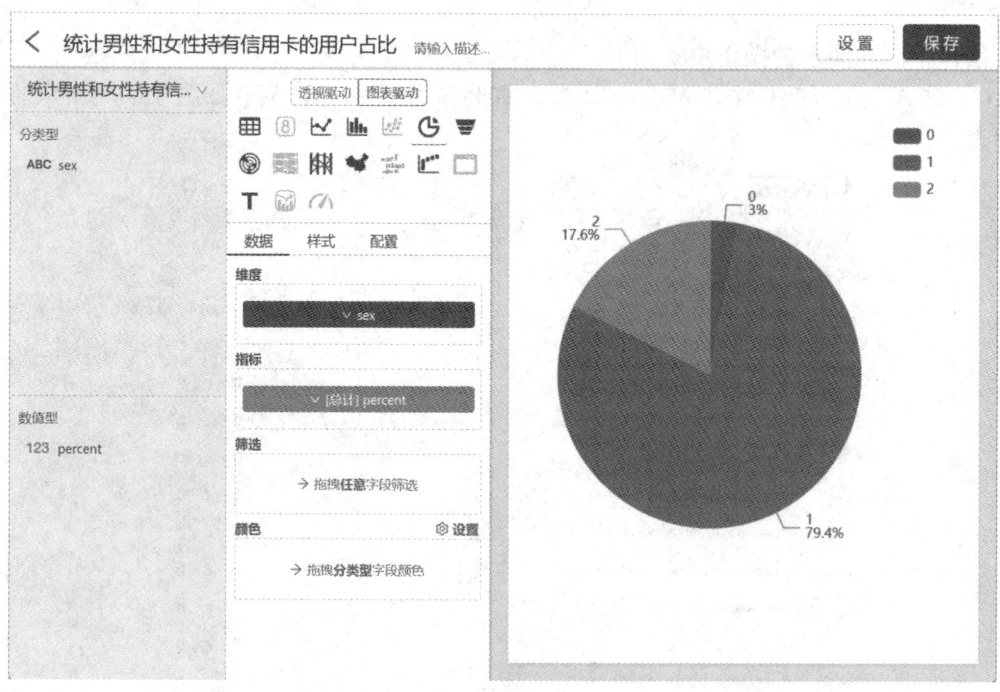

图 15-19 创建统计男性和女性持有信用卡的用户占比的饼图

(4) 同理，创建统计不同省份持有信用卡的用户占比的柱状图，如图 15-20 所示。

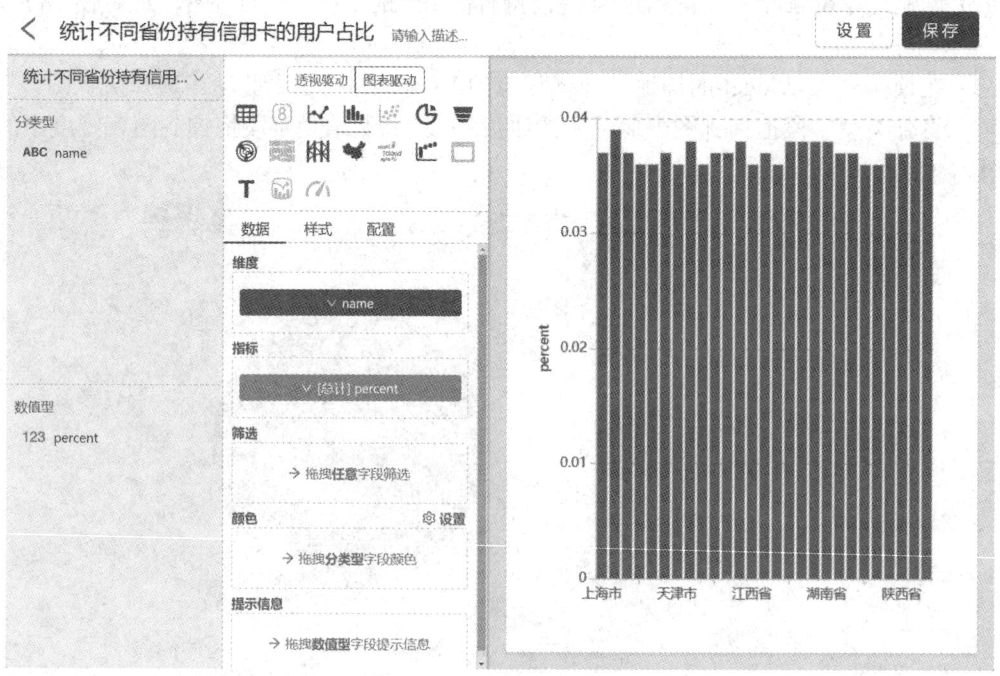

图 15-20 创建统计不同省份持有信用卡的用户占比的柱状图

(5) 同理，创建统计不同收入等级持有信用卡的用户占比的柱状图，如图 15-21 所示。

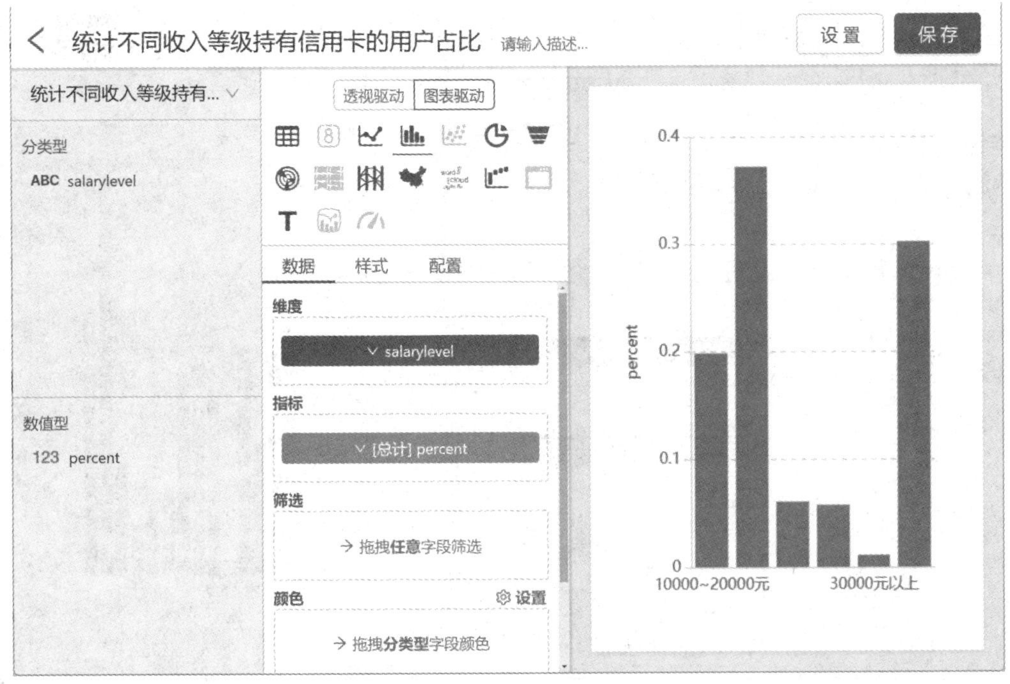

图 15-21　创建统计不同收入等级持有信用卡的用户占比的柱状图

(6) 同理，创建统计持有不同信用卡数的用户占比的饼图，如图 15-22 所示。

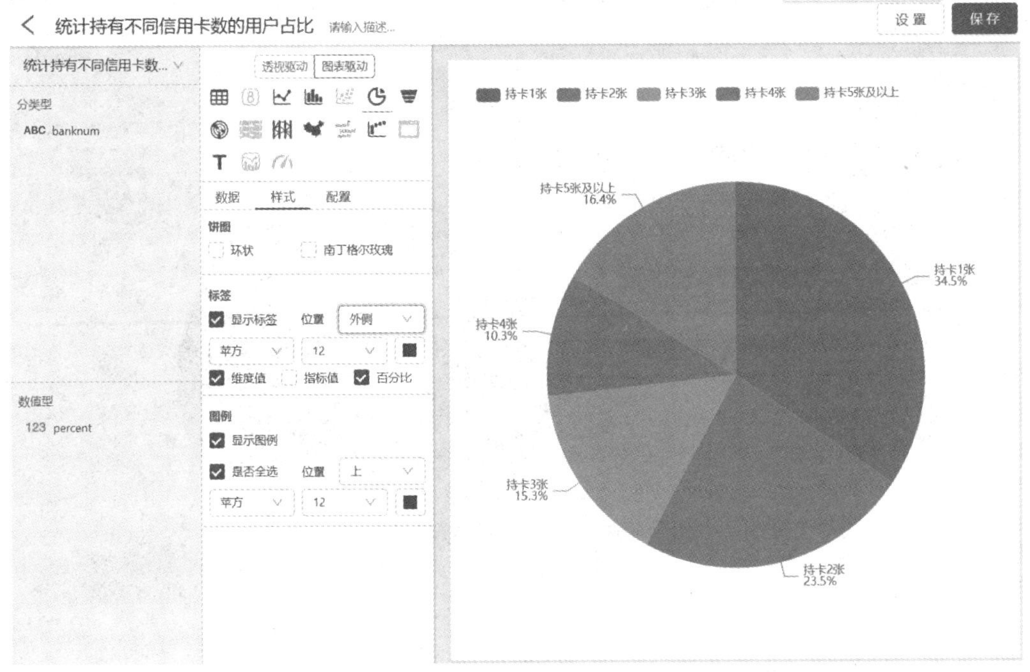

图 15-22　创建统计持有不同信用卡数的用户占比的饼图

(7) 同理，创建统计持有不同银行的信用卡的用户占比的柱状图，如图 15-23 所示。

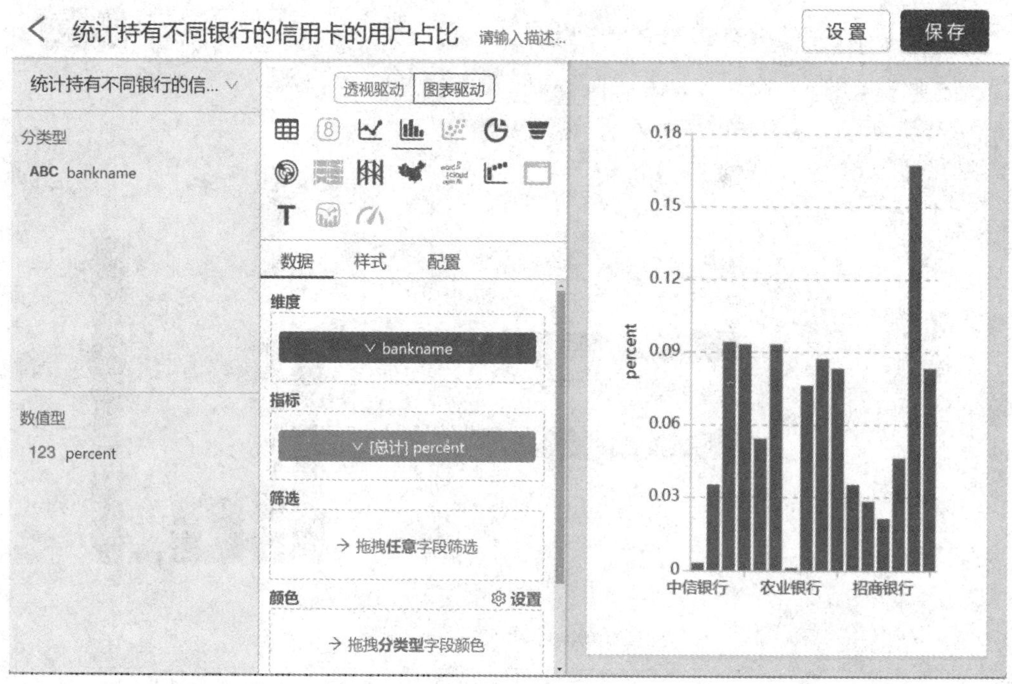

图 15-23 创建统计持有不同银行的信用卡的用户占比的柱状图

(8) 同理，创建统计消费金额/收入金额不同占比范围的用户占比的饼状图，如图 15-24 所示。

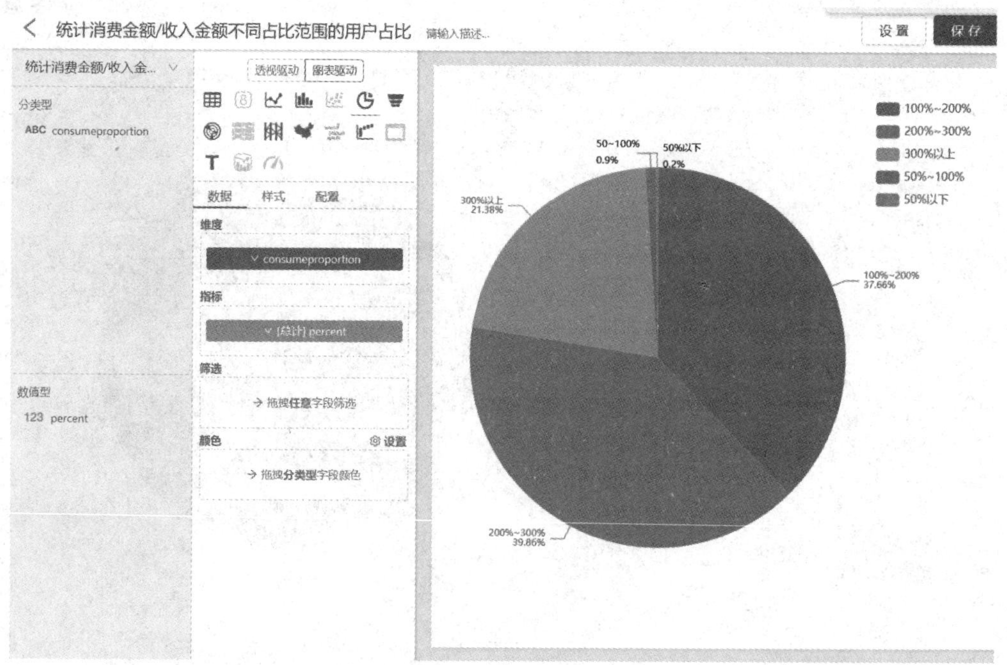

图 15-24 创建统计消费金额/收入金额不同占比范围的用户占比的饼图

(9) 同理，创建统计信用卡账单不同总金额范围的用户占比的柱状图，如图 15-25 所示。

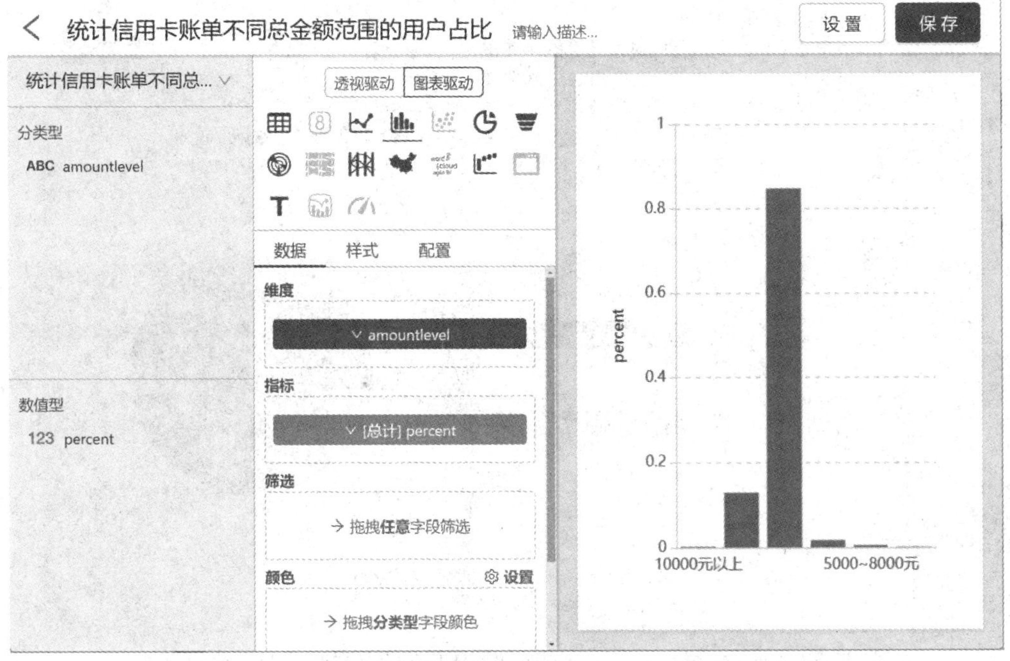

图 15-25　创建统计信用卡账单不同总金额范围的用户占比的柱状图

(10) 同理，创建统计信用卡不同总额度范围的用户占比的饼状图，如图 15-26 所示。

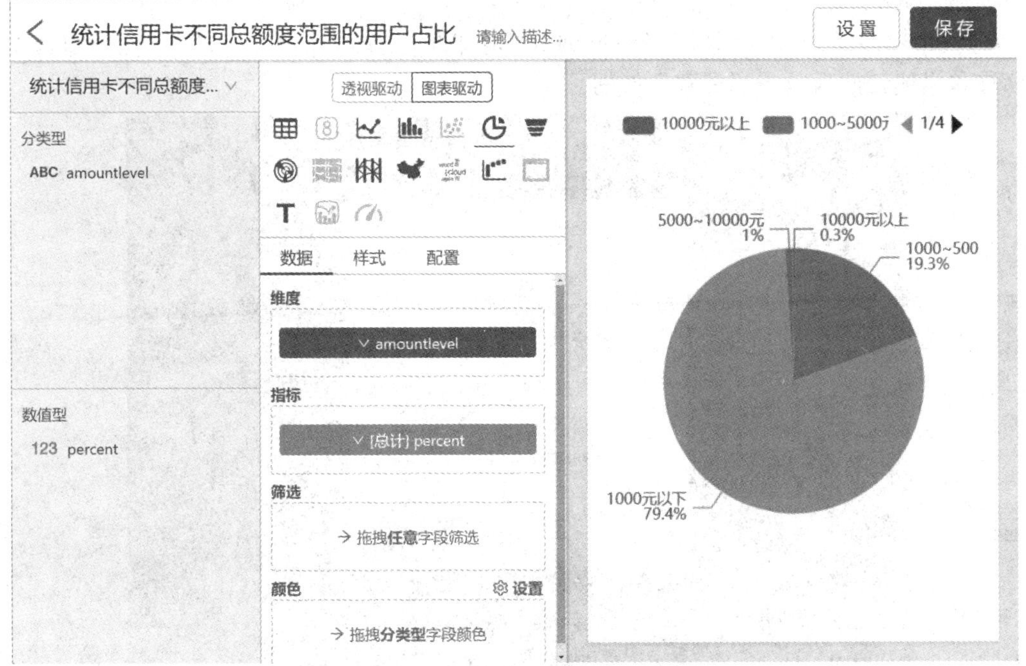

图 15-26　创建统计信用卡不同总额度范围的用户占比的饼图

(11) 同理，创建信用卡用户在不同时间范围内逾期还款的用户占比的饼状图，如图 15-27 所示。

图 15-27 创建信用卡用户在不同时间范围内逾期还款的用户占比的饼图

15.8.4 创建大屏

创建大屏的操作步骤如下：

(1) 如图 15-28 所示，创建新 Dashboard(仪表板)，单击“新增 Portal”按钮，填写项目的名称和描述，然后单击“保存”按钮。

图 15-28 创建新 Dashboard

(2) 进入后，单击“+”按钮，如图 15-29 所示，填写大屏的基本信息，然后单击“保存”按钮。

图 15-29　填写名称

(3) 如图 15-30 所示，单击右上的“+”按钮，将图表全部选中，然后单击“下一步”按钮。

新增 Widget

1 Widget　2 数据更新　3 完成

	名称	描述
☐	统计80后、90后等不同年龄段持有信用卡的用户占比	
☐	统计男性和女性持有信用卡的用户占比	
☑	统计不同省份持有信用卡的用户占比	
☑	统计不同收入等级持有信用卡的用户占比	
☐	统计持有不同信用卡数的用户占比	
☑	统计持有不同银行的信用卡的用户占比	
☐	统计消费金额/收入金额不同占比范围的用户占比	
☑	统计信用卡账单不同总金额范围的用户占比	
☐	统计信用卡不同总额度范围的用户占比	
☐	信用卡用户在不同时间范围内逾期还款的用户占比	

1　20 条/页

下一步

图 15-30　选择需要展示的 Widget

(4) 如图 15-31 所示，设置数据刷新模式和时长，单击“保存”按钮。

新增 Widget

Widget 2 数据更新 3 完成

数据刷新模式: 手动刷新

上一步 保存

图 15-31 设置数据刷新模式和时长

(5) 完成如图 15-32 所示的大屏制作。

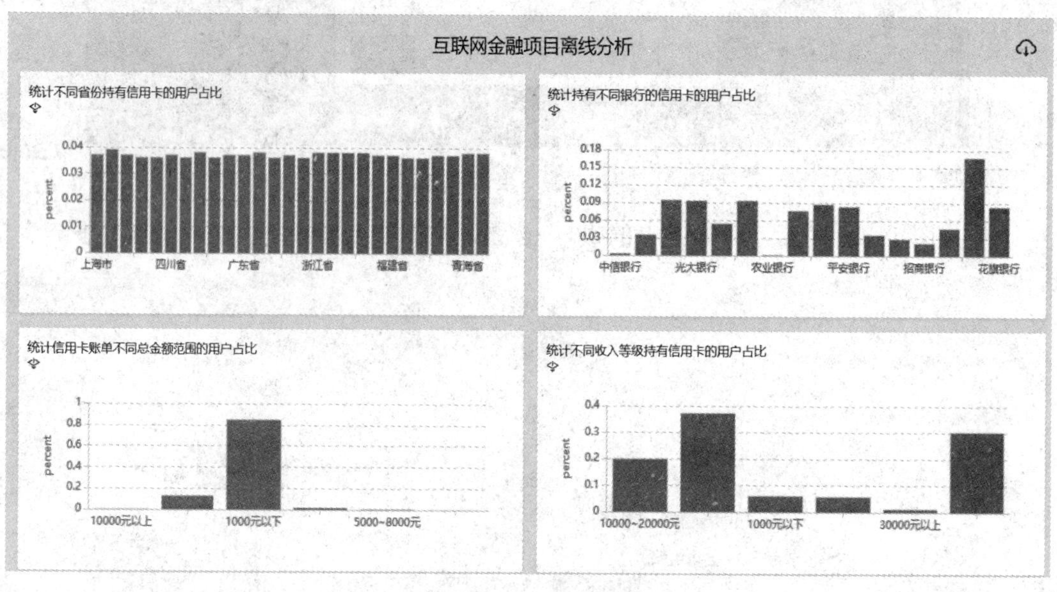

图 15-32 最终大屏效果图

参 考 文 献

[1] 杨俊. 实战大数据(Hadoop+Spark+Flink)从平台构建到交互式数据分析. 北京：机械工业出版社，2021.
[2] 温春水，毕洁馨. 从零开始学 Hadoop 大数据分析. 北京：机械工业出版社，2021.
[3] 新华三技术有限公司. 大数据平台运维. 北京：电子工业出版社，2021.